本书由教育部人文社会科学研究
“元明以降淮北地区社会变迁研究”
（项目编号：14YJA770008）项目资助

淮河历史文化丛书 | 吴海涛 李良玉 主编

淮河流域名家大族

梁家贵 吕 壮 著

黄山书社

图书在版编目(CIP)数据

淮河流域名家大族 / 吴海涛，李良玉主编；梁家贵，吕壮著 .
—合肥： 黄山书社，2019.12
（淮河历史文化丛书）
ISBN 978-7-5461-8901-7

Ⅰ .①淮… Ⅱ .①吴… ②李… ③梁…④吕… Ⅲ .①淮河流域—家族—家庭道德—研究 Ⅳ .① B823.1

中国版本图书馆 CIP 数据核字 (2020) 第 015632 号

淮河历史文化丛书 · 淮河流域名家大族
HUAIHE LISHI WENHUA CONGSHU HUAIHE LIUYU MINGJIA DAZU

吴海涛　李良玉　主编
梁家贵　吕　壮　著

出 品 人	贾兴权
责任编辑	周振华
责任印制	李晓明　李　磊
装帧设计	观止堂 _ 未　氓
出版发行	黄山书社（http：//www.hspress.cn）
地址邮编	安徽省合肥市蜀山区翡翠路 1118 号出版传媒广场 7 层 230071
印　　刷	合肥锐达印务有限责任公司
版　　次	2022 年 4 月第 1 版
印　　次	2023 年 3 月第 2 次印刷
开　　本	700mm × 1000mm　1/16
字　　数	270 千字
印　　张	17.75
书　　号	ISBN 978-7-5461-8901-7
定　　价	70.00 元

服务热线　0551-63533706

销售热线　0551-63533761

官方直营书店（https://hsss.tmall.com）

总序

淮河，是我国中原腹地的一条古河流，自古就与黄河、长江、济水并称为“四渎”，在早期中国的地位举足轻重，在当代仍被列为我国七大江河之一。用“源远流长，博大精深，兼容并包，影响深远”来形容淮河文化，绝不为过。淮河流域在我国数千年的文明发展史上，始终占有极其重要的位置。淮河流域不但在地形、降水、气候上表现出明显的过渡性质，而且具有相对封闭又便于交流的地域形态，独流入海的淮河使得该流域成为一个相对完整的文化体系。淮河流域东部面向大海，西部深入中原腹地，涵盖中原文化区、海岱文化区，其南又有宁镇文化区，正处在东、西、南、北文化交汇之处，因此形成了十分复杂的古文化面貌，表现出特有的多元性、过渡性和开放性。淮河流域在5000多年的中华文明史中孕育了灿烂辉煌的文化遗产，这些丰富多彩的历史文化不仅代表了中华文明的卓越成就，还彰显了淮河流域在古代社会的重要地位，更对中华文明的形成产生了重要作用。

“说史自省，研古鉴今。”研究传统文化是为了更好地造就新文化、服务新文化，为今天大力发展社会主义精神文明服务。本套丛书以淮河流域历史文化为研究对象，以“淮河文化的历史溯源”“淮河历史文化的纵向传承与变迁”“淮河历史文化的横向内涵与外延”“淮河历史文化的自身特征”为四个子系统，运用“全息史观”理论，多角度、全方位系统考察淮河文化的历史发展与演变，探讨淮河流域历史文化的内涵、外延。同时，通过与其他区域文化的比较，细致研究淮河流域历史文化的特征。该研究可以进一步促进和深化淮河历史文化的研究，拓展我国区域社会历史文化研究的空间，丰富区域社会文化史研究的内容，进一步推动我国文化史研究向前发展。

学术界对淮河流域历史文化的研究取得了相当不错的成绩。然而，今天看来，淮河流域历史文化研究还存在一些比较薄弱的环节，主要表现在：其一，淮河历史文化整体性研究不足，研究深度有待提高，系统性的资料挖掘和整理还比较缺乏。其二，相对于经济史研究而言，淮河流域文化史研究有待加强。一方面，各个时期、各专题研究存在不平衡的现象；另一方面，就研究角度而言，对历史时期淮河流域治乱兴衰与文化传承间的关系研究涉及较少，对淮河流域文化传承与变迁的深层次原因等问题研究不够深入。其三，研究成果资鉴性不明显。淮河流域文化变迁史昭示着中国文明的兴衰。淮河流域文化传承与变迁是一个漫长过程，而影响这种变迁的因素又是至为复杂和不断变化的。在种种因素中寻找出某些有规律性的现象，总结经验教训，找出症结所在，并为该地区今后文化的可持续发展提供历史借鉴，是既有学术价值又有现实意义的课题。其四，影响不足。碎片化、个案化、学术化较强，使得关心、关注淮河流域的读者对其缺乏整体性、连贯性、易接受性的了解。

本套丛书共包括《淮河流域早期文明》等八本书，分别是：

《淮河流域早期文明》：淮河流域地处我国东部之中，气候温和，土地肥沃，雨量适中，物产丰富，人杰地灵，开发历史悠久，是我国经济、文化较早繁荣发达的地区之一，也是中华文明的早期起源地之一。沂源人、许昌人化石是我国较早的猿人化石。该流域也以发达的稻作农业和丰富的礼乐文化而著称于世，从史前到夏商周三代，都成为中华文明的重要源头之一。在中华文明的形成过程中，作为三大集团（华夏、东夷、苗蛮）之一的东夷集团扮演了不可或缺的角色。先秦时期东夷文化产生、发展、繁荣直至融入华夏文明的过程，其实质是与中原华夏文明及其周边诸文化之间相互交流、碰撞、融合的过程。春秋时期淮河流域就有了水利开发的历史，而且还取得了很大的成就。楚庄王时，孙叔敖在淮河流域兴修水利。吴王夫差开挖邗江，沟通江淮。邗沟连同后来修建的菏水、鸿沟运河，都是中国早期运河。淮河流域在先秦时期就处在政治、经济、文化的中心地位，史前时期的农业、手工业、家畜饲养以及历史遗存（如聚落、建筑）是其物质文化的重要基础；文字、音乐、思想等则是精神层面的典型表现。淮河流域还是中华思想的发源地。孕育于淮河流域的这些文化因素，不但起源时间早，而且发展程度较高，为早期中华文明的形成作出了重要贡献。

《淮河流域民俗风情》：淮河流域生产习俗是民众在长期的生产实践中

创造、享用的物质文化事象。生产习俗具有周期性、延续性、区域性特征。迎春活动隆重，农业的禁忌、祭祀多样。手工业尊崇行业祖师爷，师徒关系严格。商业开张敬财神、重禁忌，庙会活动兴盛，会馆与商会较多。淮河流域服饰官民有别，贫富悬殊。日常米面同食，以面食为主，日常菜肴贫富有差异，饮酒在饮食中占有重要地位。建房有禁忌，喜聚族而居。民众远行多择吉日、晴日，出行的禁忌风气较浓。淮河流域有幼儿诞生庆贺的习俗，满月、百天、周岁都要庆贺。给长者祝寿是中华民族尊老敬老的传统之一，民间甚为重视且气氛祥和。婚姻重礼仪，重视贞节观，下层民众的婚姻困难较多。丧葬讲究礼仪，贫富人家丧葬有差异。淮河流域对岁时节日极为重视，并形成自己的特色。初一吃素饺意为素素净净过年。正月十五吃元宵意谓和和美美。清明节给坟“添土”延续着怀念故人的思绪。端午节吃粽子、佩带香袋等既是对屈原的纪念，也是对饮食文化的沿袭。七夕节是我国传统节日中最具浪漫情调的。中秋节讲究团圆，体现了亲情最重。重阳节敬老、爱老成为全社会共识，传承了自古以来中华民族尊老的美德。淮河流域祈求城隍神保佑民众风调雨顺、安居乐业。宗族建立祠堂，希冀先祖护佑。淮河流域与水患、蝗灾、民生有关的神灵如龙王、刘猛将军、河（湖）神、风神等祭祀之风兴盛。祭祀名宦实际上是对正直、业绩突出官员的崇拜。民间信仰有诸多功利性、实用性。流域内崇武风气长期盛行，至近代尤为突出，传承至今。

《淮河流域名家大族》：一个家族如若保持数十年甚至数百年而不衰，与该家族重视家训、家风以及家谱有着极为密切的关系。正如钱穆先生指出的：“一个大门第，决非全赖于外在之权势与财力，而能保泰持盈达于数百年之久；更非清虚与奢汰，所能使闺门雍穆，子弟循谨，维护此门户于不衰。当时极重家教门风，孝弟妇德，皆从两汉儒学传来。”本书选取曲阜孔氏家族、龙亢桓氏家族、亳州曹氏家族、颍川钟氏家族、淮南廖氏家族、凤阳汤氏家族、寿县孙氏家族、淮安丁氏家族、太邱刘氏家族、颍州程氏家族等历史时期淮河流域较为具有代表性的十个家族，梳理其发展脉络，阐释其家训、家风，归纳其繁衍不衰的内在原因，研判其在社会历史发展中的作用。这不仅有助于人们了解这段历史，传承弘扬中华民族传统家庭美德，也可为当前社会主义精神文明建设提供有益的借鉴。

《淮河流域灾害与治理》：人和自然关系的和谐，经济发展和人口、资源、环境之间的互相适应，生产发展，生活幸福，生态美丽已经上升为国家战略。这些正是环境变迁史或灾害史关注和研究的重要内容。12世纪以前，淮河是独流入海的，尾闾也十分通畅，水旱灾害比较少，民间也流传着“走千走万，不如淮河两岸”的赞誉。12世纪以后，由于黄河夺淮的影响，淮河水系遭到巨大的破坏，下游入海河道逐渐变为地上河，无法排泄淮河洪水，许多支流发生了变迁或淤废，造成淮河流域经常河水泛滥，受灾严重，尤其是中下游地区。面对灾害，历代统治者虽然也采取过一些治理的措施，实施了一些应对之策，但未能扭转淮河对人民危害巨大的局面，灾害反而愈演愈烈，致使淮河成为一条名声在外的害河。新中国成立后，尽管淮河的灾害仍在持续，但在党中央治淮方针的指引下，数千万淮河儿女几十年如一日艰苦奋斗、团结治水，淮河的治理取得了举世瞩目的伟大成就。新中国在治理水灾方面已经走出了历史上经常出现的因灾致荒、由荒致乱、因乱而水利失修、因水利失修而易生灾害的怪圈。淮河既是中华民族多灾多难的缩影，同时也是中华民族团结奋斗、战天斗地大无畏精神的展现，更是新时代党和人民政府为民造福、改造自然的一座永恒的丰碑。

《淮河流域历史人物》：淮河流域是我国古代著名的帝王之乡，蚌埠怀远诞生了夏后帝启，江苏宿迁孕育了西楚霸王项羽，沛县是西汉开国皇帝刘邦的故乡，亳州为三国曹魏政权曹丕的发迹之所，凤阳则走出了布衣皇帝朱元璋。伴随着这些君主帝王而建功立业的文臣武将也如群星璀璨，如张良、萧何、韩信、英布、鲁肃、吕蒙、诸葛亮、李善长、徐达、常遇春等。淮河流域历史悠久，人文荟萃，开放、包容的社会环境，使各种思想文化在此交流碰撞、混生杂融，并不时迸发、孕育出影响中华文明进程、改写中国历史的深刻思想与睿智哲学。涡水流域是道家文化的肇兴地，道家的创始人老子、庄子都诞生于淮河流域的涡水蒙地。此外，这里还诞生了管子、曹操、华佗、嵇康等一代先哲。近代以来，淮河流域风云激荡，英雄人物辈出。晚清时期，捻军首领张乐行在雉河集起义抗清，军阀始祖苗沛霖割据淮上，盘踞一方。这里还涌现出一批朝廷重臣，诸如两广总督徐广缙、光绪帝师孙家鼐、清末名将马玉昆、长江水师提督程文炳、新疆巡抚袁大化。民国时期淮河流域也孕育出一批致力革命的仁人志士，比如同盟会元老柏文蔚、程恩普，开国元勋周恩来总理。作为将军摇篮的鄂豫皖苏区也横跨淮河流域，许世友、李德生、洪学智、皮定均等一百多位将军都是从这里走出来的。近代以来的淮河流域也是多姿多彩的，银行家周作民、实业家倪道杰、亦官亦商的孙多森、史学家萧一山、考古学家罗振玉、文学家蒋光慈、画家李可染、新闻学家戈公振，等等，他们都用精诚、睿智与努力书写着人生的传奇。

《淮河流域名城古镇》：本书选取淮河流域的安徽、江苏、河南、山东四省近 30 个历史名城古镇，分上、下两编，分别介绍。全书在充分调研的基础上，对这些名城古镇的建置沿革、水陆交通、城镇变迁、历史遗迹、历史名人、民风民俗、传统美食以及文化艺术等进行较为翔实的介绍。该研究可以丰富淮河流域名城古镇历史文化的研究，有利于读者了解淮河流域名城古镇深厚的历史文化，也为地方政府合理利用名城古镇丰富历史文化资源以及保护名城古镇文化的多样性与独特性提供理论参考。

《淮河流域战争风云》：淮河流域独特的社会经济条件，受到各类政治集团的关注，成为各类政治力量争相控制的地区，也成为中国历史上战争多发地。据统计，中国历史上较为著名的战役有两百余次，发生在淮河流域的约占四分之一。有些战役规模之大，影响之远，深刻改变了中国历史的发展，推动了王朝的更替。淮河流域战争多发频发的原因是多方面的，既有自然地理因素，也有社会阶级因素，同时也与淮河流域所处的战略经济地位密切相关。本书从四个方面介绍了淮河流域发生的著名战役战争，根据其影响、性质将其分为部落之战与诸侯争霸、王朝争战与南北相持、农民起义与农民战争、抗日烽火与解放战争，以点带面，以战役发生、经过为论述角度、节点，辅之背景及影响、意义、后果等，来考察这一时期战争的性质及历史地位。在此基础上，探讨淮河流域战争多发的因素及其战略地位与影响，给人们提供一个观察、了解、评价这一区域历史发展与历史地位的新角度，推动淮河流域历史研究向多视角、多维度纵深发展。

《淮河流域非物质文化遗产》：淮河流域的非物质文化遗产有着悠久的历史和深厚的文化底蕴，有民间文学、传统美术、传统技艺、戏剧曲艺、武术医药等多种文化类型。这些文化遗产不仅种类繁多，内涵丰富，还具有独特的地域特征。淮河流域的非物质文化，有自己的脉络，有自己古老的阵势，它与祖祖辈辈生活在淮河两岸人民的生活紧密结合，同我们血脉中的基因难以割舍，是与生俱来的原真性、原生性文化。非物质文化遗产和自然遗产、物质文化遗产一样具有突出意义和普遍价值。非物质文化是一种具有特殊价值的人类文化活动，以文化形式存在于人类的活动、表现之中。作为一种精神活动，非物质文化遗产如果没有人继承，就会随着掌握它的特定人群甚至特定个人的放弃、灭失而消亡。作为遗产，非物质文化必须有人继承才能得以传承。我们要保护、传承非物质文化遗产，让它成为我们民族文化的巨大资源。

本套丛书由吴海涛和李良玉教授策划，由阜阳师范大学历史文化与旅游学院历史学专业骨干教师分工编写。我们力求将知识性、学术性、通俗性、可读性融为一体，期望更多读者加深对淮河历史文化的了解。淮河历史源远流长，淮河文化博大精深，这是我们编写组短时间内无法完全涉及的。本丛书一定有诸多不足之处，敬请读者指正！

目录

引言

何为家族？按照费孝通先生的观点，“家族是根据单系（父系）亲属原则组成的社群，它是家庭的扩大，家庭是其基本组成单位，是一个‘社群的社群’”[①]。换言之，家族是家庭的扩大，它的基本单位是家庭，家庭就是按照父系血缘关系而联结成的社会群体。若将家族进一步延伸，即成为宗族。

姓氏是一个家族区别于另一个家族的重要标志。最初，“姓”和“氏”是分开使用的，各自具有不同的含义。正如古书所云：“三代以前，姓氏分而为二。”[②]所谓“姓”，《说文》中解释：“姓，人所生也。”[③]由此可以看出，它表明一个家族成员的血缘关系。有学者认为，家族的向心力不仅体现在同一祖先、血统，还体现在同一精神。其中，“姓”的荣誉感重于一切。“姓”实际上代表了“家族”。“家族”地位的高低，由“姓”表露无遗[④]。“氏”由“姓”衍生而来。由于人口繁衍，加上封邑、官职等方面的改变，同一家族的成员逐渐分散在各地，进而形成诸多分支。为方便识别，各分支便使用一个特殊的号来作标志，这就是“氏”。

关于“姓”和“氏”的区别，班固曾指出：“人所以有姓者何？所以崇恩爱、厚亲亲、远禽兽、别婚姻也。……所以有氏者何？所以贵功德、贱使力……闻其氏即可知，其所以勉人为善也。”[⑤]因此，最初的“姓”与“氏”是两个不同的概念，前者的外延比后者大得多。学术界一般认为，“姓”与“氏”

① 费孝通：《乡土中国生育制度》，北京大学出版社 1998 年版，第 39 页。

② 郑樵：《通志・氏族略・序》，中华书局 1987 年版，第 439 页。

③ 许慎：《说文解字》卷十二下，中华书局 2005 年版，第 258 页。

④ 何启民：《中古门第论集》，（台北）学生书局 1978 年版，第 2 页。

⑤ 班固：《白虎通德论・姓名》，上海古籍出版社 1990 年版，第 63 页。

在汉之后或至少到司马迁时已经开始通用，“姓氏之称，自太史公始混而为一”[①]。

要了解各个家族的发展演变史，离不开族谱。族谱，又称家谱、宗谱，是一种明血统、序昭穆、记载家族历史的谱牒，是以特殊形式记载的关于家庭起源、家族形成、民族融合及其繁衍生存、迁徙分布、发展兴衰的重要史籍，对历史学、人口学、经济学、教育学、民俗学等都有重要的研究价值。中国古人特别重视修族谱，以保持“世系的清晰”，不至于“世系不明或支派紊焉”[②]。对每一个家族成员而言，其一生中必须要做的事情，就是被写入族谱；一旦犯下不可饶恕的罪过，将不被家族接受，不能写入族谱，即使已经写上，也要从族谱中删除。

所谓家训，或者族训，就是一个家族对成员（主要指子孙后代）如何为人处世、持家治业等方面的教诲，也就是家族成员所遵循的道德标准、行为规范，家规是其内容的具体化。当一个人的行为遭人不齿时，常常被认为“缺少家教”。这里的“家教”实则是家训。中国古人极为重视对家族成员的教诲。历史上以家训为名的著述在南北朝就已出现，之后绵延不断，直至晚清民国，是我国教育文化的一个重要方面。我国古代刊印流传的家训作品，数量多、历史久、影响大，是中华传统文化的重要组成部分。此外，还有家族内口传的不成文的家训家规。二者共同构成中华民族的家教文化[③]。例如《颜氏家训》，这是我国汉民族历史上第一部体系宏大且内容丰富的家训，一直被尊奉为家训范本。再如《朱子家训》，又叫《朱子治家格言》或《朱伯庐治家格言》，这是我国古代最著名的家训之一。尽管《朱子家训》全文仅634字，却用简洁易懂的语言精辟地阐明了修身齐家的道理。清人曾将它作为蒙学课本，流传极广，其中的一些话，已经成为民间格言，如“一粥一饭，当思来之不易；

---

① 顾炎武：《日知录校注》，陈垣校注，安徽大学出版社2007年版，第1249页。

② 刘汝楷：《续修刘氏族谱序》，中华民国三十二年（1943），《颍上掩龙刘氏族谱》（一），刘氏后人2008年续修。

③ 陈来：《从传统家训家规中汲取优良家风滋养》，《学习月刊》2017年第2期。

半丝半缕，恒念物力维艰”，“莫贪意外之财，莫饮过量之酒”，“见富贵而生谄容者最可耻，遇贫贱而作骄志者贱莫甚”。

在我国的家教文化中，有家训、家规之说。从整体上来看，以家训为名者居多，以家规等为名者相对少一些。一般说来，家训表达一个家庭的基本价值观，家规是家庭关系与活动的具体规范，二者常常互通互见。

家风是指一个家族的生活方式、文化氛围及其成员的修养、行为方式等，它是长期形成、世代传承的，很难用几句话来概括，但又是具体的、实在的，自觉不自觉地体现在家族日常生活中的点点滴滴，以及成员的一言一行、一举一动中。有学者认为，“家风”一词较早见于魏晋南北朝，唐以后大量使用。东晋玄学家袁宏提出“有家风化导然也”之说，认为家风的作用是“化导”，即教育引导。南朝经学家皇侃提到“家风由父”，说明当时父亲在家风形成中起决定性作用[①]。家风与家谱、家训联系密切。可以说，家训是形成家风的保障，而家谱则是家风的载体。

并非每一个家族都有家谱、家规、家训和家风。有这样一种说法：有家谱的家族，属于生活殷实之家；有收藏家谱的家族，属于名门望族之家；有家谱、家规的家族，属于书香门第之家；有家谱、家规和家训的家族，属于豪门贵族之家；有家谱、家规、家训和家风的家族，属于王侯将相之家。该说法尽管有些偏颇，如将家风界定为王侯将相之家所特有的说法，但是，有家谱、家训、家风的家族的确是拥有较高的经济地位、显赫的社会声誉，并且数代名人迭出的家族。事实上，一个家族如若保持数十年甚至数百年、千年而不衰，与该家族重视家训、家风以及家谱有着极为密切的关系。正如有学者指出：“一个大门第，决非全赖于外在之权势与财力，而能保泰盈持达于数百年之久；更非清虚与奢汰，所能使闺门雍穆，子弟循谨，维护此门户于不衰。当时极重家教门风，孝弟妇德，皆从两汉儒学传来。”[②]

---

① 陈来：《从传统家训家规中汲取优良家风滋养》，《学习月刊》2017 年第 2 期。

② 钱穆：《略论魏晋南北朝学术文化与当时门第之关系》，《中国学术思想史论丛》（三），三联书店 2009 年版，第 140 页。

本书将选取历史上淮河流域较为著名的十个家族，梳理其发展脉络，阐释其家训、家风，不仅有助于人们了解这段历史，传承弘扬中华民族传统家庭美德，也可为当前社会主义精神文明建设提供有益的借鉴。

第一章 中华第一家：孔子家族

先前时期，淮河流域北部的豫鲁皖苏四省交界处[①]，降水丰沛，土壤肥沃，人口众多，文化发达，为我国春秋时期鲁国的统治区域。号称“中华第一家”的孔子家族代表人——孔子就诞生在这里。

毫无疑问，孔子是我国历史上最著名的思想家、教育家，儒家学派的创始人，为我国历代封建统治者所尊崇，被称为“圣人”“万世师表”。不仅如此，孔子的光环还泽被后人，使孔子家族成为中国历史上独一无二的不为封建王朝内部权争所摇撼、不随封建王朝更替而沉浮的封建大家族，历经两千五百余年而不衰，堪称“中华第一家”。这其中的原因不仅有历代封建统治者的青睐，家训家风也发挥了极其重要的作用。

一、家族发展史

（一）孔子姓“孔”吗？

按照《史记》的记载，孔子于鲁襄公二十二年（前551）出生在鲁国昌平乡（今山东省曲阜市）的陬邑[②]，字仲尼。已有研究成果显示，孔子为“子”姓，“孔”是他的氏。

据史书记载，孔子的先祖因辅佐大禹治水有功而被赐“子”姓，其后建

---

① 豫鲁皖苏交界处由于地势低洼、湖沼密布，自元明清后逐渐形成了“南四湖”水系，即微山湖、昭阳湖、独山湖、南阳湖四个湖的总称，因其中的微山湖面积最大，故又统称为微山湖。

② 陬邑（zōuyì）：边远乡邑，即边远的村庄。

立了殷（商）朝。也就是说，孔子为殷（商）朝王室后裔。正因为如此，据传孔氏族人不言纣恶。

周灭殷（商）后，周成王封殷（商）纣王的庶兄微子启于宋，建都商丘（今河南商丘一带）。微子启死后，其弟微仲（一作微仲衍）即位。微仲即为孔子的嫡系先祖。当然，微子启在孔子家族兴起、发展的过程中也起到了至关重要的作用。正因为微子启，孔氏才得以立命安身，并代代相传。可以说，没有微子启，孔氏一脉，便不知其源，故微子启在孔氏先祖中的地位非常重要。也正因为如此，孔子本人十分推崇这位先祖，他在《论语·微子》中曾赞美微子、箕子、比干为殷之“三仁”。

据《孔子家语》卷第九《本姓解》所载：

> 后作《微子之命》申之。与国于宋，徙殷之子孙，惟微子先往仕周，故封之贤。其弟曰仲思，名衍，或名泄，嗣微子后，故号微仲。生宋公稽，胄子虽迁爵易位，而班级不及其故者，得以故官为称。故二微虽为宋公，而犹以微之号自终，至于稽乃称公焉。宋公生丁公申，申公生缗公共及襄公熙，熙生弗父何及厉公方祀，方祀以下，世为宋卿。弗父何生宋父周，周生世子胜，胜生正考甫，考甫生孔父嘉，五世亲尽，别为公族，故后以孔为氏焉。一曰孔父者，生时所赐号也，是以子孙遂以氏族。

从上记载可以看出，历经数代后，至孔子的六世祖孔父嘉后，孔氏开始以“孔”为氏①。正如本书序言所述，汉之后或至少到司马迁时，“姓”和“氏”“始混而合一”，“孔”便成为孔氏家族的姓了。

---

① 有一种观点认为，孔父嘉的“孔”只是字，既非姓也非氏，也因为如此，他的后几世子孙如木金父、祈父、防叔、伯夏、叔梁纥，称呼中都不加“孔”。孔子因为名闻天下，所以他的后世才将“孔”作为姓氏延续下来，如孔子的儿子叫孔鲤，孙子叫孔伋，曾孙叫孔白，等等，以彰显与孔子的血缘关系。——可参见宋敏：《孔子姓氏考辨》，《济宁学院学报》2014 年第 1 期。此外，也有学者从造字的角度，探讨了“孔”与“子”的联系。可参见徐敏：《孔子先世考辨》，《中国社会科学院研究生院学报》1997 年第 4 期；王蕴智：《略论“孔”和孔姓的起源》，《华夏考古》1997 年第 4 期。

（二）孔子生平

1. 孔子出世

孔子的六世祖孔父嘉，为宋国大臣，官至大司马，在宋国宫廷内乱中被杀。孔父嘉仅有一子，名木金父。金父生睾夷，睾夷生防叔。防叔即为孔子的曾祖父，为了逃避宋国内乱，携家人逃到了鲁国，自此孔氏成为鲁国人。

防叔到鲁国后生伯夏，伯夏生叔梁纥。叔梁纥即为孔子的父亲。叔梁纥是当时鲁国有名的武士，曾任陬邑大夫。按史书记载，叔梁纥先娶妻施氏，生九女，无子；又娶妾，生长子取名伯尼，即孟皮。孟皮脚有毛病，依当时的礼制不宜做继承人继嗣。《史记·孔子世家》云：

> 纥与颜氏女野合而生孔子，祷于尼丘得孔子。鲁襄公二十二年而孔子生。生而首上圩顶，故因名曰丘云。字仲尼，姓孔氏。

由上面记载可知，“纥与颜氏女野合而生孔子”。所谓“野合”，就是没有按照当时的礼制，或者低于礼制标准就结婚了。叔梁纥因曾在尼丘山祈祷而得孔子，加上孔子刚出生时头顶是凸出来的，所以取名为丘，字仲（意为排行第二）尼。

孔子三岁时，其父叔梁纥就去世了。孔子母子也不为叔梁纥的正妻施氏所容，只得与孟皮一起移居到阙里（在今山东曲阜城内阙里街，特指孔子居住的地方），生活极为艰难。正如他在《论语》中所说：“吾少亦贱，故多能鄙事。”孔子“年少好礼”，自小就熟悉各种祭器，练习做祭祀的各种礼仪动作，并常常乐此不疲，从而为他精通“六艺”，即礼（礼节）、乐（音乐）、射（射箭）、御（驾车）、书（书写）、数（计算）打下了坚实的基础。在他17岁时，其母颜氏去世。孔子依照礼制将母亲同父亲葬在一起，并守丧三年。

孔子虚心好学，勤学好问，认为“三人行，必有我师焉；择其善者而从之，其不善者而改之”，“知之为知之，不知为不知”。孔子曾拜7岁的项橐为师，如《三字经》云："昔仲尼，师项橐，古圣贤，尚勤学。"他还曾向郯国（今山东郯城北）国君郯子请教少皞氏时代的官职名称的由来，至今保存在曲阜孔庙内的《圣述图》中有一幅插图名《学于郯子》，讲的就是"孔子师郯子"的故事。周敬王二年（前518），孔子造访苌弘，求教《韶》乐与《武》乐之异同，并于次年前往齐国聆听了《韶》乐的演奏，乐得手舞足蹈，如醉如痴，"三月不知肉味"。孔子还问礼于老子，学琴于师襄，都留下了千古佳话。

鲁昭公九年（前533），孔子十九岁，娶宋国人丌官氏之女为妻。丌官家和孔家一样，也是由宋国迁至鲁国的。一年后，丌官氏生了一个男孩。鲁昭公闻讯派人送鲤鱼表示祝贺，孔子十分高兴，故给儿子取名为鲤，字伯鱼。鲁哀公十年（前485），孔子夫人丌官氏去世，至宋代时被追封为郓国夫人，同时也被儒家后世尊为圣母。孔庙中的寝殿，就是供奉孔子夫人丌官氏的专祠。著名学者杨绛先生对丌官氏很感兴趣，也充满了钦佩之情。她曾这样写道：

> 我读孔子的书，肯定他是一位躬行君子，自己没做到的事是不说的。他栖栖一代中，要求修身、齐家、治国、平天下，他的家一定是和洽的。所以我对孔夫子家的女人，很有兴趣，尤其想见见孔夫子的夫人。……孔子能齐家，亓官夫人也顶着半个家呢。在我的想象里，亓官夫人想必治家严谨。孔夫子对日常生活够挑剔的，而家里却很和洽。孔子的女儿，儿媳，孙女，以及伺候的女佣，一大群呢，孔子想必"养"得很好，一方面相当亲近，一方面也不让放肆。他认为"君子之道，造端乎夫妇"，所以他和亓官夫人，必定感情很好。亓官夫人即使不是贤能的夫人，至少也是以顺为正，能按照夫子的意愿管理这一大家的女人。[①]

据载，明初朱元璋时期发起的改姓运动中，"丌官"氏被改成了"亓"氏。民国八年（1919），山东省曲阜孔庙举办祭孔大典，还专门恭请亓氏（即明

① 杨绛：《孔夫子的夫人》，中共浙江省委宣传部编：《开卷有益·和谐》，浙江人民出版社2014年版，第22—26页。

代之前的丌官氏后裔）门人参加，并作为舅亲，奉为上座。

2. 收徒讲学

在今孔庙主体院落大成门内、大成殿前的广场，是祭祀孔子的中心场所。大成门里东侧有一石栏，栏内有一棵桧树，相传为孔子亲手所植。进入大成门，举目北望，迎面一块深蓝色的匾额分外醒目，正书金色“杏坛”二字，这就是相传孔子当年坐在坛上弦歌讲学、弟子读书的地方。宋天圣二年（1024），孔子四十五代孙孔道辅监修孔庙时，在正殿旧址“除地为坛，环植以杏，名曰杏坛”[①]。于是，“杏坛”一名由此而来。“杏坛”也特指孔子讲学的地方，成为教育圣地的代名词。

“三十而立”。大约在三十岁时[②]，孔子开始收徒讲学，第一批学生有颜由（颜回之父）、曾点（曾参之父）、冉耕等。在孔子之前，我国实行“学在官府”“有教有类”。也就是说，官府垄断教育机构，把人分为不同的类别，只有少数贵族才能接受教育。孔子是中国“私学”的开拓者，他以私人身份从事讲学活动四十多年，并实行“有教无类”，打破了“学在官府”的窠臼。这是孔子对我国文化教育的一大贡献，在我国教育史上产生了深远的影响。

《论语·述而》云：“自行束脩以上，吾未尝无诲焉。”有人解释说，只要交上“束脩”（十条肉脯）以上，就可以听孔子讲学[③]。相传，孔子有弟子三千人，得意门生七十二人。从地区来看，有鲁国的颜渊、冉求，卫国的子夏、子贡，宋国的司马耕，吴国的子游，楚国的公孙龙，秦国戎族的秦祖。从出身来说，有出身平民的颜回、子路、曾参、原宪、仲弓等；也有贵族家庭出身的孟懿子、南宫敬叔、司马牛等；有商人出身的子贡，还有梁父大盗颜涿聚。这足以说明孔子的“有教无类”。

---

① 鲍鹏山：《孔子如来》，岳麓书社 2015 年版，第 142 页。

② 刘向《新序》载，孔子二十三岁；《阙里志·年谱》载，孔子二十二岁，“初设教席于阙里”。参见何新：《何新论孔子孔丘年谱长编》，同心出版社 2012 年版，第 68 页。

③ 有关“束脩”的解释尚存在争议，有观点认为是指孔子办学的经费，还有的认为是“年龄”，与“肉脯”无关。参见文心工作室编：《最美国学　论语》，中央编译出版社 2014 年版，第 201—203 页。

《论语·先进》云：

> 子路问："闻斯行诸？"子曰："有父兄在，如之何其闻斯行之？"
> 冉有问："闻斯行诸？"子曰："闻斯行之。"
> 公西华曰："由也问闻斯行诸，子曰有父兄在；求也问闻斯行诸，子曰闻斯行之。赤也惑，敢问。"子曰："求也退，故进之；由也兼人，故退之。"

上面几句的意思是，子路和冉有问了同一个问题："听到就做吗？"孔子的回答却是不同的。对子路，他说："有父兄在，怎么能听到就做？"对冉有，他却说："听到就做。"公西华很是不解，问这是为什么，孔子说："冉求总是犹豫不决，所以要鼓励他；仲由逞强好胜，办事不周全，所以要约束他（劝他遇事多听取别人的意见）。"后人将孔子的这些经验称为"因材施教"。

"因材施教"的前提是要熟悉每一名学生的资质、才能、志趣、性格、德行等方面，如孔子认为"柴也愚，参也鲁，师也辟，由也喭"（高柴愚直，曾参迟钝，子张偏激，子路粗鲁），再如"由也果""赐也达""求也艺"，等等，都是孔子"因材施教"的基础。

孔子注重启发式教学，《论语·述而》云："不愤不启，不悱不发，举一隅不以三隅反，则不复也。"也就是要对学生严格要求，先让学生积极思考，再进行适时启发。

孔子十分强调学以致用、学思结合，要经常复习。他说过："学而不思则罔，思而不学则殆。"意思是说，光学习，不思考，就会迷惑不解；光思考，不学习，就会松懈懒惰。他还提出"温故而知新"，也就是要求学生对于学习过的东西，要经常复习。

3. 孔子从政

19岁时，孔子开始步入仕途。他先是为鲁国贵族季孙氏做文书、委吏（管理仓库的小官）和乘田（管理牧场的小官）等小吏。孔子事无大小，亲力亲为，兢兢业业，诸事均能做到近乎完美：为委吏，“会计当而已矣”（意思是“出入的账目很清楚”）；为乘田，“牛羊茁壮而已矣”（意思是“牛羊都长得很壮实”），表现出超凡的能力和学识，以及务实和勤劳的作风。

鲁昭公二十年（前522），孔子见到造访鲁国的齐景公，并与其讨论秦穆公称霸的问题，由此结识了齐景公。鲁昭公二十五年（前517），鲁国发生内乱，鲁昭公被迫逃往齐国。当政的季氏家族僭用周室王礼，“八佾舞于庭”，孔子觉得“是可忍，孰不可忍”，于是也离开鲁国，到了齐国，受到齐景公的赏识和厚待。也有观点认为，孔子适齐，虽然迫于鲁国内乱，但更深层次的原因还是孔子想借助大国齐国以图有所作为，以期真正实现自己的忠君尊王、实行仁政、安定天下的政治理想①。

齐国位于山东半岛，与鲁国相邻，是西周初年姜尚的封地，商业发达，齐桓公曾是春秋初年的霸主之一。孔子在齐国居住了将近两年，与齐景公有过多次交往，其中有两次著名的谈话。《史记》与《论语》对此都有详细的记述：一次是向问政的齐景公讲了“君君、臣臣、父父、子子”的话，一次是向齐景公提出了“政在节财”的建议。然而，孔子遭到了以晏婴为首的齐国大夫的反对，甚至有人要害孔子。孔子被迫向齐景公求助，得到的答复却是：“吾老矣，弗能用也。”（我老了，不能用你了）

鲁昭公二十七年（前515），孔子37岁。这一年，孔子不得不返回鲁国。这时的孔子思想体系日渐完善，从政经验也开始走向成熟。他晚年曾说自己至“四十而不惑”，应是指这一点。孔子五十一岁时，被任命为中都宰，即中都（今山东汶上县西）的地方长官。一年后，升任司空（主管建筑与道路等事务的长官），不久又升任大司寇（掌管司法的长官，兼理外交事务，与司徒、司马、司空三卿并列，属于上卿）。五十六岁时，代理宰相。这一时期，孔子以非礼乱政的罪名请求杀了少正卯，因而名动一时。鲁定公十二年（前498），孔子还做了另一件大事，即“堕三都”。当时，鲁国实际上是由三家

---

① 李木生：《人味孔子》，河南文艺出版社2007年版，第60页。

大贵族(季孙氏、孟孙氏、叔孙氏)把持,三家贵族各拥有一部分实力,称为“三桓”(因他们都是鲁桓公的孙子,故称“三桓”),与鲁国国君分享全国权力。三家贵族各有封地,其封地的中心各有都城,“三都”就是指三家贵族封地的都城。所谓“堕三都”,就是指拆毁三都的城墙。遗憾的是,“堕三都”最终没有成功。然而,孔子已引起三恒的忌恨;同时,也引起鲁国之主要对手齐国的警惕。在三桓与齐国联手逼迫下,孔子再次出走。

鲁定公十二年(前498),孔子率颜渊、子路、子贡、冉有、子游等弟子,开始历时十四年、途经十四国的流亡,备受艰辛,以至于有时出现“累累如丧家之犬”的窘境。鲁哀公十一年(前484),孔子返回鲁国,这时,他已是年届古稀的老人了。他被鲁君(鲁哀公)和季康子尊为“国老”(相当于高级顾问)。但是,孔子的政见与他们的政策很快产生了分歧。《史记·孔子世家》载:“然鲁终不能用孔子,孔子亦不求仕。”也即是说,孔子虽受到敬重,却遭冷落。此后一段时间,孔子将主要精力放在讲学,以及修订六经(即《诗》《书》《礼》《乐》《易》《春秋》)上。孔子所作《春秋》,上起鲁隐公元年(前722),下止鲁哀公十四年(前481),时间跨度包括鲁国十二个国君。它以鲁国为中心记述历史,尊奉周王室为正统,以殷商的事迹为借鉴,推而上承夏、商、周的法统,文辞简约而旨意广博,是我国现存最早的一部编年体史书。孔子所作《春秋》是在困境中完成的,因此司马迁在《报任安书》中说“文王拘而演《周易》,仲尼厄而作《春秋》”。该书用于记事的语言极为简练,然而几乎每个句子都暗含褒贬之意,被后人称为“春秋笔法”“微言大义”。孟子曰:“孔子成《春秋》而乱臣贼子惧。”《左传·成公四十年》也云:“《春秋》之称,微而显,志而晦,婉而成章,尽而不污,惩恶而劝善,非圣人谁能修之。”

鲁哀公十六年(前479),孔子染病卧床,“寝疾七日而殁”,享年七十三岁,葬于曲阜城北泗水之上(即今日孔林所在地)。

二、孔氏族谱

《孔子世家谱》是世界上传承时间最长、最广泛的族谱。孔氏全族之正式有谱，始于宋朝元丰甲子年间（1089），迄今已历900余年。在此以前也有族谱，不过只收长支，不及旁系。自康熙甲子年后规定：每逢甲子大修一次，每逢甲午小修一次。所谓小修，即将三十年内孔裔的生死变迁分别填造成册作为大修的底册，亦即为大修做准备。历史上曾分别在明代天启年间，清代康熙年间（1684）、乾隆年间（1744）及20世纪二三十年代进行过四次大的续修。民国十七年（1928），在曲阜孔府组成了以七十七代衍圣公孔德成任总裁的修谱筹备处，着手全国孔氏家族的合修家谱工作，历时七年，完成了现存的从孔子至七十七代近两千五百年的108卷家谱档案。最近的一次续修是在2009年，这次编成的《孔子世家谱》共80册，摞在一起高2.4米左右，总重超过120千克，收录孔氏族人数量超过200万人，被吉尼斯世界纪录列为"世界最长家谱"。

《孔子世家谱》共分为五集。首卷，有序、又序、旧序、职名、卷次、目录、事宜、凡例，60户及各支派捐输总数，颁谱部数，姓源，宗派总论，圣祖至四十二代图，中兴祖至今二十派图，二十派至分60户图，嫡裔考，嫡宗图，南宗图，伪孔辨，内院至孔图与外院伪孔图等。第一集，以孔子为卷一，以孔仁玉（孔氏中兴祖）为卷二，孔氏六十户则自大宗次第为60卷[①]，每户一卷（有的一卷又分几册），共为62卷。第二集，则自孔仁玉以后流寓（指迁居外地的孔氏族人，称为"流寓户"）的孔仁玉支派，包括南宗在内共三十四支派，分布全国各省县，以始迁地为支派名，共为34卷。第三集，则自孔仁玉以前支派，共为10卷，每卷人数多少不等。第四集，为上代失叙各支，分布范围更广，多达77处，共2卷。

据《孔子世家谱》记载，孔子身后，传至第四十二代孔光嗣被孔末害死，孔末篡位袭爵。后唐明宗长兴元年（930），孔光嗣之子孔仁玉上书后唐明宗，孔末因而被诛，孔仁玉得以中兴孔族，后世尊之为中兴祖。孔末后裔从此被称为"伪孔"，不得入谱。宋高宗建炎三年（1129），第四十八代孔端友随

① 孔子子孙至五十六代后，繁衍日多。因此，清康熙年间，在二十派的基础上，又分为六十户，每个宗户为一个族派，号称"六十户"，并由五十六代衍圣公孔希学主持，对六十户予以命名。除第一户为大宗户外，其他五十九户，皆以所居地命名，日后所有孔氏族人参加续谱时，均依其所在之"户"为准。

宋高宗南渡，定居浙江衢州，谓之南宗。其弟孔端操留守林庙，金政权命其袭封衍圣公，谓之北宗。实际上南宗才是孔子的长支后裔，但后来南宗未再北返。因此，一段时间孔氏家族派分南北流，也曾有南宗、北宗之间的正宗地位之争，直到明代弘治年间才由最高统治者决定北宗为正宗。

第五十六代孔希学（明代洪武年间）时，孔氏家族明确了按照行辈取名用字的序，从“希”字起孔家姓名为三字，中间字相同，其后一代一字，十分明确。先后字辈次序为：希、言、公、彦、承、弘、闻、贞、尚、胤（清代为避帝讳，将“弘”改为“宏”，将“胤”改为“衍”）、兴、毓、传、继、广、昭、宪、庆、凡、祥、令、德、维、垂、佑。第 79 世后的字辈分别是：钦、绍、念、显、扬、建、道、敦、安、定、懋、修、肇、彝、常、裕、文、焕、景、瑞、永、锡、世、绪、昌。其他姓氏也有行辈用字，但唯有孔、孟、颜、曾四姓用字相同，全国一律，不得含混，而其中孔姓尤为严格，孔子后裔如不用此取名，不经更改，则不得入谱。所以，凡属孔姓，只要用行辈取名，一看便知是孔子的第几代子孙。这些孔裔与孔子的血缘关系应是一样的，只是由于以长子长孙作为主干，其他支派才产生了相对的远近。

又据《孔子世家谱》记载，现在的孔子嫡系近支，指的是曲阜十二府内的孔裔，俗称“府门头的”。在这些府里，衍圣公是长房长子长孙，称为大宗。其他各府当然也有各自的长房长子长孙，称为小宗，也是该府的承袭人。例如，孔德成就属大宗户内第七十七代的大宗。大宗户与大宗是两个不同的概念：衍圣公府是六十户之首的大宗户；衍圣公是整个孔族的大宗，大宗有领导管辖本族的责任，即《礼记》所谓的“收族”。除了上述的宗法组织外，他们收族的重要方法是修宗谱。通过修宗谱，达到“收宗合族”和“详老系、联疏亲、厚伦谊、严昌紊、序昭穆、备遗忘”的目的。另外，按照宗法制度，修孔氏家谱时，有六种人不准入谱，即义子、赘婿、再醮带来之子、流入僧道者、干犯、流入下贱者。

孔氏每次修谱时，为使谱系完整严格并能按时完成，制定了一整套规章制度和一系列组织机构。首先，在修谱前下发条规。以 1774 年修谱为例，条规就有34条之多。除了条规，孔氏家族还以衍圣公府的名义颁布修谱凡例、榜示、告示、祝文、誓词等。修谱时要“开馆”、“祭祖”、分发格册，严防冒认。为使重修的家谱不出差错，在收回旧谱上一份不漏，如旧谱损坏或丢失，都必须向族长报实禀明叩乞，说明原因。旧谱交回时，都由家庭族长收回。另外，在入谱上，还有一系列条规，为入家谱，必须写好呈请，恳准后方可入谱。在入谱上，如出现立嗣争继、冒宗乱真等问题，一律严加查办。修谱时，设立的组织机构有鉴定监修、提调、编次、掌收、校阅、誊录、暂刊、收发、供应等①。

三、孔子后代

孔子的子孙七世单传，至第八代孔谦时生三子，以后繁衍日多。据“孔子宗亲网”等资料显示，至2008年衍圣公孔德成去世，孔子后代已传至77代，人口众多、谱系清晰、家族显赫，“中华第一家”名不虚传。以下是孔氏自孔子至七十七代长支，即嫡长孙传承情况：

第一代，孔子。

第二代，鲤，字伯鱼。宋徽宗崇宁元年（1102）追封为泗水侯，孔氏后人称为二世祖。孔鲤经常趋庭接受孔子诗礼的训导。享年50岁，先孔子而死。

第三代，伋，字子思。宋徽宗崇宁元年（1102）追封为沂水侯，元文宗至顺元年（1330）追封沂国述圣公，孔氏后人称其为三世祖。他受业于孔子学生曾参，颇得孔子思想的真传，著作《中庸》，以述父师之意。孔伋成为述圣，前继承孔子，后通过门人传给孟子。伋享年82岁。

第四代，白，字子上。博通群书，又善兵法，齐威王召为国相，不就，享年47岁。

第五代，求，字子家。享年45岁。

① 本小节参考了王恺编著的《古往今来话中国·中国的历史之最》（安徽师范大学出版社2012年版，第155—157页），以及其他资料。

第六代，箕，字子京。享年 46 岁。

第七代，穿，字子高。博学、清虚、沉静，有遁世之志。当时楚、魏、赵三国争相聘请，穿不仕。享年 51 岁。

第八代，谦，字子顺。为魏相。享年 57 岁。

第九代，鲋，字子鱼，或子甲。博通经史，秦始皇召为鲁国文通君。秦始皇焚书坑儒时，将其家传《论语》《尚书》《孝经》《礼》等书藏于孔子故宅墙壁中，得以保留下来。

腾，字子襄。汉高祖十二年（前 195）封腾为奉祀君，专管祭祀孔子的事务，此为奉祀孔子之始。享年 57 岁。

第十代，忠，字子贞。有高尚之志，被汉文帝封博士、褒成侯。享年 57 岁。

第十一代，武，字子威。汉文帝封为博士。早卒。

第十二代，延年。博览群书。汉文帝时以治《尚书》出名，征为博士，转继太傅，后又任大将军。享年 71 岁。

第十三代，霸，字次孺。少年时就显示出非凡才华。汉元帝永光元年（前 43）赐爵关内侯，食封 800 户，号褒成君，并赐黄金 200 斤，宅一区，昭帝时征为博士。此为世袭爵位奉祀之始。享年 72 岁。

第十四代，福。汉成帝绥和元年（前 8）封为关内侯。享年 62 岁。

第十五代，房。汉哀帝建平二年（前 5）袭封关内侯，赐 932 户。

第十六代，均，字长平。本名莽，因避王莽讳，改名均。好学有才，言辞清辩，奏对成章。汉平帝元始元年（1）封为褒成侯。王莽居摄二年（7）欲拜孔均为太尉，上书辞谢未就职。享年 81 岁。

第十七代，志。光武帝建武十四年（38）复封为褒成侯，食邑 2000 户。

第十八代，损，字君益。汉明帝永平十五年（72）袭爵，章帝元和二年（85）至阙里祭祀孔子时，损助祭，和帝永元四年（92）封为褒亭侯，食邑 1000 户。

第十九代，曜，字君曜。汉安帝延光三年（124）封为奉圣亭侯，食邑 1000 户。

第二十代，完。汉灵帝建宁二年（169）袭褒亭侯。完早逝，无子。由其弟孔瓒之子羡袭爵。

第二十一代，羡，字子余。魏文帝黄初元年（220）拜为奉议郎，二年（221）封为宗圣侯，赐食邑百户。

第二十二代，震，字伯起。西晋武帝泰始三年（267）封为奉圣亭侯，拜太常卿黄门侍郎，赐食邑 200 户。享年 75 岁。

第二十三代，嶷，一作亭，字成功。东晋明帝太宁三年（325）袭封奉圣亭侯。

第二十四代，抚。历豫章太守，袭封奉圣亭侯。

第二十五代，懿，袭奉圣亭侯。享年 61 岁。

第二十六代，鲜，字鲜之。好学，有度量。南朝宋文帝元嘉十九年（442）袭封圣亭侯。

第二十七代，乘，一作秉，字敬山，博学多才艺。北魏孝文帝延兴三年（473）封为崇圣大夫，食邑 500 户，并给 10 户以供洒扫。

第二十八代，灵珍。任秘书郎，袭爵。北魏孝文帝太和十九年（495）改封崇圣侯，赐食邑 100 户。

第二十九代，文泰，袭崇圣侯。享年 58 岁。

第三十代，渠，袭崇圣侯。

第三十一代，长孙。北齐文宣帝天保元年（550）改封崇圣侯，食邑百户。长孙有二子，长子英悊，次子嗣悊。长子早逝，无子。享年 64 岁。

第三十二代，嗣悊。隋文帝时应制登科，授泾州司兵参军，后升迁太子通事。隋炀帝大业四年（608）封为绍圣侯，赐食邑 100 户。享年 70 岁。

第三十三代，德伦。唐高祖武德九年（626）封为褒圣侯，赐食邑 100 户，朝会时位同三品。武则天时赐予玺、书、衣服等。享年 71 岁。

第三十四代，崇基。武则天证圣元年（695）袭封褒圣侯，中宗神龙元年（705）授朝散大夫，陪祭朝会。享年 56 岁。

第三十五代，璲之，字藏晖。唐玄宗开元五年（717）袭褒圣侯，特授国子四门博士。

第三十六代，萱，袭封文宣公，兼任兖州泗水令。

第三十七代，齐卿。唐德宗建中三年（782）袭封文宣公，兼兖州司马。

第三十八代，惟晊。唐宪宗元和十三年（818）袭封文宣公，任兖州参军，奉孔子祀，复50户以供洒扫。享年65岁。

第三十九代，策。唐武宗会昌二年（842）袭封文宣公，历国子监博士。大中元年（847）宰相白敏中奏请岁给户绢百匹，充春秋奉祀。享年57岁。

第四十代，振，字国文。唐懿宗咸通四年（863）袭封文宣公。举进士甲科，官至监察御史，左补阙水部员外郎。享年74岁。

第四十一代，昭俭。袭封文宣公，授广文博士。享年60岁。

第四十二代，光嗣，字斋郎。唐哀宗天祐二年（905）授泗水令，后因时世动乱，失封爵。后梁乾化三年（913）被庙户孔末所杀。享年42岁。

第四十三代，仁玉，字温如。后唐明宗长兴元年（930）任曲阜县主簿，三年（932）袭文宣公。后晋高祖天福五年（940）兼任曲阜县令。后周太祖广顺二年（952）幸曲阜拜孔庙及墓，召仁玉赐五品服。被孔氏后人誉为“中兴祖”。享年45岁。

第四十四代，宜，字不疑。宋太祖乾德四年（966）任曲阜县主簿，宋太宗太平兴国三年（978）累迁太子右赞善大夫，袭文宣公。享年46岁。

第四十五代，延世，字茂先。博学、善吟咏。宋太宗至道三年（997）袭封文宣公，兼任曲阜县令，赐白金束帛及太宗御书印《九经》。享年38岁。

第四十六代，圣祐。宋真宗天禧五年（1021）袭封文宣公，兼曲阜知县事。卒年35岁，无子。后延世弟延泽之子宗愿袭封。

第四十六代，宗愿，字子庄。宋仁宗景祐二年（1035）袭封文宣公，知曲阜县事。宋仁宗至和二年（1055），改封宗愿为世袭衍圣公，此为封衍圣公之始。

第四十七代，若蒙，字公明。宋神宗熙宁元年（1068）袭封衍圣公，兼曲阜县主簿。宋哲宗元祐元年(1086)将爵号改为“奉圣公”，专主祀事。宋哲宗元符元年(1098)，废掉若蒙的爵位，由其弟若虚袭封奉圣公。若虚，字公实。死后，仍由若蒙的长子端友袭封衍圣公。

第四十八代，端友，字子交。宋徽宗崇宁元年（1102）袭封衍圣公。高宗建炎二年（1128）端友随高宗南渡，寓居衢州，称为南宗。孔端友之弟孔端操留守林庙，金命权袭衍圣公，称为北宗。南宗端友无子，其弟端操幼子玠袭爵，玠子搢，搢子文远，文远子万春，万春子洙俱袭南宗衍圣公。至五十三代，洙让爵于北宗，出现了南宗、北宗合一局面。

第四十九代，璠，字锡老，南宋绍兴二年(1132)北宗；玠，字文老，金天眷三年（1140）南宗未封先卒。

第五十代，搢，字季坤，南宋绍兴二十四年(1154)南宗；拯，字元济，金皇统十年（1150）；揔，字元会，金大定三年（1163），拯弟。

第五十一代，文远，字绍先，宋绍熙四年(1193)南宗；元措，字梦得，金明昌二年（1191）；元用，字俊卿，南宋宝庆元年（1225）。

第五十二代，万春，字耆年，宋宝庆二年(1226)南宗；之全，字工叔，蒙古太祖二十一年（1226）北宗。

第五十三代，洙，字景清，宋绍定四年(1231)南宗末代衍圣公；湞，字昭度，元宪宗元年（1251），后被族人控告夺爵；治，字世安，元元贞元年（1295）。

第五十四代，思诚，字明道，元大德十一年(1307)，后罢封；思晦，字明道，元延祐三年（1316）。资质端重，勤学博识，而且以孝闻名。在修建林庙、重刻族谱等方面使之日益完备。享年67岁。

第五十五代，克坚，字璟夫，元顺帝至元六年（1340）袭封衍圣公，阶嘉议大夫。授通奉大夫，官至礼部尚书、国子祭酒，均未赴就。朱元璋诏见时，假托有病未去，后朱元璋亲笔谕孔克坚，接诏后兼程进见。洪武元年（1368）十二月，钦颁圣旨，孔氏子孙皆免差役，同年赐给孔府两千大顷田地。

第五十六代，希学，字士行。好读书，善写隶书，文词尔雅，谈笑挥洒，灿然成章。明太祖洪武元年（1368）袭封衍圣公。洪武十三年（1380）令衍圣公班列文臣之首。从洪武初年开始，衍圣公不兼地方官，专主孔子祀事。享年47岁。

第五十七代，讷，字言伯。诗书都有较高造诣，为人宽厚。明太祖洪武十七年（1384）袭封衍圣公。享年43岁。

第五十八代，公鉴，字昭文。明惠帝建文三年（1401）袭封衍圣公。享年23岁。

第五十九代，彦缙，字朝绅。明成祖永乐八年（1410）袭封衍圣公。享年55岁。

第六十代，承庆，字永祚。未能袭爵即逝，后追封衍圣公。享年31岁。生有二子，宏绪、宏泰。

第六十一代，宏绪，字以敬，号南溪。明代宗景泰六年（1455）袭封衍圣公。后因官室逾制，削夺爵位，改由其弟孔宏泰袭爵。弘治十一年（1498）恢复宏绪衍圣公冠服家居。享年57岁。

宏泰，字以和。明宪宗成化五年（1469）袭封衍圣公。明弘治十二年（1499）六月，孔庙遭火灾。宏泰正在朝中，宏绪率弟子奔救，火后宏绪素服哭庙，蔬食百日。宏泰回来后亦哭如居丧。享年54岁。卒后，其爵位仍由宏绪之子闻韶袭封。

第六十二代，闻韶，字知德，号成庵。明孝宗弘治十六年（1503）袭封衍圣公。次年新庙建，规制依旧。享年65岁。

第六十三代，贞干，字用济，号可亭。明世宗嘉靖二十五年（1546），袭封衍圣公。享年38岁。

第六十四代，尚贤，字象之，号希庵。明世宗嘉靖三十八年（1559）袭封衍圣公，赠太子太保。尚贤有二子，胤椿、胤桂，都先卒无子嗣，乃以尚贤从弟尚坦之子胤植袭爵，后来为避清雍正皇帝爱新觉罗·胤禛讳，改“胤”字为“衍”字。尚贤享年 79 岁。

第六十五代，胤植，字对寰，号懋甲。明熹宗天启元年（1621）袭封衍圣公，天启七年（1627）加太子太保，崇祯三年（1630）晋太子太傅。清朝对历史上所沿袭下来的对孔家的种种优待“俱应相沿”并“期于优渥”。胤植凡进京朝见，皇帝都遣迎劳，入朝，班列大学士之上。顺治三年（1646）在都城太仆寺街赐第一座，计门、厅、楼、房一百多间。这就是北京的衍圣公府。胤植享年 56 岁。

第六十六代，兴燮，字起吕，号辅垣。清顺治五年（1648）袭封衍圣公，七年晋太子太保。享年 32 岁。

第六十七代，毓圻，字钟在，号兰堂。为人质朴，爱好诗文，工于书法，擅于写擘窠大字，善画墨兰。清康熙六年（1667）袭封衍圣公，九年授光禄大夫，十五年晋阶太子少师。清圣祖玄烨来曲阜庙谒林，毓圻除施以必要之礼，并叫族人为皇帝讲经、引驾，还请求扩展孔林、减轻租赋、设置百官，玄烨均予以答应。享年 67 岁。

第六十八代，传铎，字振路，号牖民。好读书，学识广博，通礼乐，工诗词。其著作甚多。雍正元年（1723）袭封衍圣公。康熙年间赐孔传铎二品冠服，袭爵一年以后，世宗幸学，召孔传铎陪祀。六月孔庙遭火灾，率族人素服哭三日，清世宗派人祭告，并传旨慰问，拨款重建。雍正八年（1730）孔庙重建工程完成，九年世宗又命修孔林，十年孔林竣工，复开馆辑《阙里盛典》。享年 63 岁。

第六十九代，继濩，字体和，号纯斋。未袭爵即病故，后被追封为衍圣公。享年 23 岁。

第七十代，广棨，字京立，号石门。清雍正九年（1731）袭封衍圣公，授二品冠服。多次受世宗、高宗召见，并给赏赐。能诗文，著有多集诗卷。享年 31 岁。

第七十一代，昭焕，字显文，号尧峰。乾隆九年（1744）袭封衍圣公。乾隆十三年（1748）正月，弘历巡幸阙里，祭祀孔子，昭焕命其族人、举人孔继汾等在诗礼堂给皇帝讲经，是日弘历谒孔林，赐孔昭焕宴、书籍、文绮、貂皮，升继汾中书，族人有官者，皆进秩。乾隆二十一年（1756）昭焕上疏，弘历大为不满，下吏建议夺其爵，弘历念其年少未夺。乾隆三十六年（1771）弘历到曲阜祀孔子，还京师后，将内府所藏十件商周祭器赐给孔府，以便在国祭时陈设。享年40岁。

第七十二代，宪培，字养元，号笃斋。博学多才，工书画，善画兰，得先祖孔毓圻遗法。乾隆四十八年（1783）袭封衍圣公。由此，孔府步入盛世。仅在宪培生时，乾隆皇帝就曾5次到曲阜，并每年得到貂皮、锦缎、笔、砚、徽墨、貂冠朝服、蟒袍、御制诗、御论、御制墨刻等多种赏赐。享年38岁。

第七十三代，庆镕，字陶甫，号冶山。清乾隆五十九年（1794）袭封衍圣公。庆镕博学多才，擅长写诗作文、绘画和书法，是历代衍圣公中最有才学的著名人物。自幼善辞令，且顺从上心，一生多次受皇帝召见并十几次受到御制墨刻、匾额、诗、图、貂皮、朝冠、衣物等赏赐。享年55岁。

第七十四代，繁灏，字文渊，号伯海。清道光二十一年（1841）袭封衍圣公，晋太子太保。享年57岁。

第七十五代，祥珂，号观堂。清同治二年（1863）袭封衍圣公。享年29岁。

第七十六代，令贻，字燕庭。清光绪二年（1876）袭封衍圣公。1915年袁世凯仍封孔令贻衍圣公，称帝后，曾加郡王衔。曾受光绪帝召见，并在慈禧太后六十大寿时，奉母挈妻进京贺寿。慈禧太后特赏他及其母、妻御笔大“寿”字各一张，令贻又蒙双眼花翎之赐。1919年11月8日病逝于北京太仆寺街衍圣公府。享年48岁。

第七十七代，德成，字达生。出生百日，即1920年，由中华民国大总统徐世昌下令，袭封衍圣公。1935 年，由南京政府改任为特任官待遇的“大成至圣先师奉祀官”。1936 年，娶前清名宦孙家鼐的孙女孙琪芳为妻。1949 年，国民党政府退守台湾，孔德成随迁往台湾，复建台北家庙，历任“大成至圣先师奉祀官”“考试院院长”“总统府资政”，兼任台湾大学中文系教授，开设商周青铜彝器、三礼综合研究、金文等课程。2008 年 10 月 28 日上午 10 点 50 分在台北慈济医院台北分院因心肺功能衰竭去世，享年 89 岁。

通过上述对孔氏谱系的梳理，可以看出，封建历代王朝在不断追谥加封孔子、普建文庙祭祀孔子的同时，也不断加封孔子长孙，优待孔子子孙，使得孔氏家族繁衍日盛，影响日广。同时，也可以看出，孔氏家族的命运，与封建王朝的兴衰是紧密联系在一起的，孔府大门明柱上的对联“与国咸休安富尊荣公府第，同天并老文章道德圣人家”，号称“天下第一联”，就道出了两者之间的关系。

二、孔氏族训

有关孔子祖先的家训，限于史料，目前还无法涉及。众所周知，“修身、齐家、治国、平天下”是儒家学说的主体思想，是儒家思想传统中知识分子所尊崇的信条。所谓“齐家”，就要对族人有明确、严格的行为规范，即“家训”。孔子是儒家的创始人，孔氏是圣裔，对于“齐家”方面的要求尤严。这其中既有孔子的言传身教，也有明清以来衍圣公颁布的、对一切孔氏族人都适用的“祖训箴规”，还有官府代为制定、经最高统治者同意并颁布的孔氏家规，以及“流寓”孔氏族人的族规家训。

作为封建王朝所推崇的家族，孔氏族训不仅有规范族人行为的作用，还具有标本、示范作用，其影响是巨大而深远的。

（一）孔子的言传身教

据《孟子·离娄章句上》记载：

公孙丑曰："君子之不教子，何也？"孟子曰："势不行也。教者必以正，以正不行，继之以怒。继之以怒，则反夷矣。'夫子教我以正，夫子未出于正也。'则是父子相夷也。父子相夷，则恶矣。古者易子而教之，父子之间不责善。责善则离，离则不祥莫大焉。"

孟子的上述一段话，是来告诫做父母的，意思是在教育孩子时必须言行一致，表里如一，以身作则。否则，孩子不会心服口服，弄不好还会受到孩子的责备，伤害家长与子女的感情，导致家庭教育的失败。其中所提出的"易子而教"的做法，是预防父亲言行不一致，未能以身作则，不得已而为之，"易子而教"是消极的补救措施。

正因为古代崇尚"易子而教"的做法，所以士人阶层很少亲自教子，能够保留下来的相关记载便极少。目前，所见到的孔子有关家训的内容，主要是他的言传身教，集中体现在《论语》中。

《论语·季氏》云：

陈亢问于伯鱼曰："子亦有异闻乎？"

对曰："未也。尝独立，鲤趋而过庭。曰：'学诗乎？'对曰：'未也。''不学诗，无以言。'鲤退而学诗。他日，又独立，鲤趋而过庭。曰：'学礼乎？'对曰：'未也。''不学礼，无以立。'鲤退而学礼。闻斯二者。"

陈亢退而喜曰："问一得三。闻诗，闻礼，又闻君子之远其子也。"

翻译成白话文就是：

孔子的学生陈亢问孔鲤："您在老师那里，能得到独特的传授吗？"

孔鲤回答道："没有，（但有一天，）父亲独自站在院子里，我快步从院子里经过，他便问我：'学《诗》了吗？'我说：'没有。'父亲说：'你不学《诗》，便不会与人交谈。'我回去就学《诗》。（又有一天，）他独自站在院子里，我快步从院子里经过，他便问我：'学礼了吗？'我回答说：'没有。'他说：'不学礼就无法立足于社会。'我回去就学礼。我就听到过这两件事。"

陈亢回去高兴地说："我提一个问题，得到三方面的收获，听了关于《诗》的道理，听了关于礼的道理，又听了君子不偏爱自己儿子的道理。"

显然，这一段话不仅是孔子的"有教无类"理念的体现，也是孔子言传身教的具体反映。这个故事被称为"过庭语"，也叫"庭训"。人们后来根据这个故事，将父亲对儿子的教育称作"庭训"。

另据《论语·阳货》载：

> 子谓伯鱼曰："女为《周南》《召南》矣乎？人而不为《周南》《召南》，其犹正墙面而也与？"

意思是：孔子对孔鲤说："你学过《诗经·国风》中的《周南》《召南》没有？如果没学过，就会像面对墙壁而立，既看不见东西，也走不通路。"

西汉刘向的《说苑·建本》也记录了孔子教子的一段话：

> 孔子曰："鲤，君子不可以不学，见人不可以不饰；不饰则无根，无根则失理；失理则不忠，不忠则失礼，失礼则不立。夫远而有光者，饰也；近而逾明者，学也。譬之如污池，水潦注焉，萑蒲生之。从上观之，知其非源也。"

另，《孔子家语》卷二《致思》也有一处与此相似的记载：

> 孔子谓伯鱼曰："鲤乎，吾闻可以与人终日不倦者，其唯学焉。其

容体不足观也，其勇力不足惮也，其先祖不足称也，其族姓不足道也。终而有大名，以显闻四方，流声后裔者，岂非学之效也。故君子不可以不学。其容不可以不饬，不饬无类，无类失亲，失亲不忠，不忠失礼，失礼不立。夫远而有光者，饬也；近而愈明者，学也。譬之污池，水潦注焉，雚苇生焉，虽或以观之，孰知其源乎。”

孔子在上面两段话里所讲的是一个相同的道理：也就是要求孔鲤不要羡慕祖先的名声和显赫的姓氏，唯有学识才能长久流传下去。品行高尚的人不可以不学习，接待宾客时不可以不修饰；不修饰便无好的仪表，没有好的仪表便会失去理性；失去理性便会不忠诚，不忠诚便会失去礼仪，失去礼仪便不能立身处世。只有学礼、循礼，讲求礼仪规矩，待人忠诚，才能很好地立身处世。

由孔子对孔鲤的言传身教可以看出，孔子要求后代好好学习诗礼，崇尚礼乐文明，成为品行高尚、对家国有用的人才，体现的是“诗礼传家”的家训理念。

孔鲤先于孔子去世，其妻也随后改嫁，留下刚出生不久的孔伋（字子思）由孔子抚育。孔伋出生时，孔子已返回鲁国，专心于文化事业，删《诗》《书》，定《礼》《乐》，修《春秋》，作《易传》。因此从时间上来说，孔伋的启蒙教育完全有受之于孔子的可能。《孔丛子·记问》中记载的一个故事，也可证明这一点：

夫子闲居，喟然而叹。子思再拜，请曰：“意子孙不修，将忝祖乎？羡尧舜之道恨不及乎？”夫子曰：“尔孺子安知吾志。”子思对曰：“伋于进膳，亟闻夫子之教。其父析薪，其子弗克负荷，是谓不肖。伋每思之，所以大恐而不解也。”夫子忻然笑曰：“然乎？吾无忧矣。世不废业，其克昌乎。”

上一段话的大致意思是:“(有一天,)孔伋看到孔子独坐长叹,便跪问道:‘祖父长叹,是担心孙儿不努力学习,不能继承祖业,还是忧虑尧舜之道不能行于天下呢?’孔子说:‘你小孩子家哪里懂得我的志向?’孔伋答道:‘您常讲做父亲的辛辛苦苦把木柴劈开,儿子却不知道把它背回家,这是不肖子孙。’孔子听了大喜,赞扬孔伋:‘好啊!我再也不用忧愁了。祖业不废,不但有人继承,而且还会有人发扬光大。’”

此外,《孔丛子·记问》中还有几段话反映了孔子祖孙俩的思想渊源关系:

子思问于夫子曰:“为人君者,莫不知任贤之逸也,而不能用贤,何故?”子曰:“非不欲也,所以官人失能者,由于不明也,其君以誉为赏,以毁为罚,贤者不居焉!”

子思问于夫子曰:“亟闻夫子之诏,正俗化民之政莫善于礼乐也。管子任法以治齐,而天下称仁焉,是法与礼乐异用而同功也,何必但礼乐哉?”子曰:“尧舜之化,百世不辍,仁义之风远也。管仲任法,身死则法息,严而寡恩也。若管仲之知,足以定法,材非管仲而专任法,终必乱成矣。”

子思问于夫子曰:“物有形类,事有真伪,必审之,奚由?”子曰:“由乎心,心之精神是乎圣,推数究理,不以物疑,周其所察,圣人难诸!”

第一段是子思问孔子如何任用贤人的问题;第二段为孔子祖孙俩谈论治国与礼乐和法之间的关系;第三段则探索“心”“圣”在认识“物”“事”等客观物体上的作用。由此可以看出,孔伋的确受孔子之教。

后来的事实证明,孔伋在祖父的熏陶下勤学好思,不负孔子厚望。他师从孔子学生曾子学习,甚得儒学之真传。在孔子之后,孔伋很快成为战国初期著名的思想家,儒家学派的正宗传人。有学者认为,“四书”之一《中庸》就出自孔伋之手。随着声名的日益扩大,加上孔子嫡孙的特殊身份,当时许多人慕名投到他的门下。这样,以孔伋为中心,形成了孔子之后一个重要的儒家派别——子思之儒。而继承与发展了孔子学说的“亚圣”孟子的老师，则又是孔伋的门生[①]。子思之学通过子思门人传于孟子，又形成了思孟学派。因此，孔伋在儒学传继中起着承前启后的作用，被后世誉为“述圣”。

（二）孔氏族训

春秋战国时期，国家分裂、社会动荡，孔氏家族的发展受到一定的影响，其家训族规也基本不成系统。西汉王朝后，随着儒家学说地位的不断提高，孔氏家族地位日渐显赫，家训家规也进一步完善、成熟。孔氏宗亲官网刊载孔氏族规族训，明确指出，族规族训是为了维护家族内部的正常秩序，约束族人的思想和行为，使之维持在常规之内。族人凡有违犯族规家训者，会受到家法的相应制裁甚至官府的惩处，严重者甚至被家谱除名。衍圣公府作为全族的大宗主，颁布有纲领性的族规《孔氏祖训箴规》，具有指导作用，各地族人必须共同遵循。《孔氏祖训箴规》共分十条：[②]

1. 春秋祭祀，各随土宜。必丰必洁，必诚必敬。此报本追远之道，子孙所当知者。

2. 谱牒之设，正所以联同支而亲本。各宜父慈、子孝、兄友、弟恭，雍睦一堂，方不愧为圣裔。

3. 崇儒重道，好礼尚德，孔氏素为佩服。为子孙者，勿嗜利忘义、出入衙门，有亏先德。

4. 孔氏子孙徙寓各州县，朝廷追念圣裔，优免差役，其正供国课，只凭族长催征，皇恩深为浩大。宜各踊跃输将，照限完纳，勿误有司奏销之期。

5. 谱牒家规，正所以别外孔而亲一体。子孙勿得互相誉换，以混来

① 孟子其受业于何人，自汉代以来颇有争议，一说师从子思，一说师从子上，一说师从子思之门人。多数学者认为，孟子师从子思之门人较为妥帖。

② 《曲阜孔府档案史料选编》第二编、第三编第一册（齐鲁书社 1980 年版）也有相关记载。参见吕钢文：《从孔府档案看孔氏族规家训的内容与特点》，《孔子研究》1998 年第 3 期。

历宗枝。

6. 婚姻嫁娶，理伦守重。子孙间有不幸再婚再嫁，必慎必戒。

7. 子孙出仕者，凡遇民间词讼，所犯自有虚实，务从理断而哀矜勿喜，庶不愧为良吏。

8. 圣裔设立族长，给予衣项，原以总理圣谱，约束族人，务要克己奉公，庶足以为族望；

9. 孔氏嗣孙，男不得为奴，女不得为婢，凡有职官员不可擅辱。如遇大事，申奉朝廷，小事仍请本家族长责究。

10. 祖训家规，朝夕教训子孙，务要读书明理，显亲扬名，勿得入于流俗，甘为下人。

通过对《孔氏祖训箴规》进行分析，可以看出，孔氏族训内容涉及面极广，不仅有对族人品行及其相互之间如何相处的规定，也有对族人日常生活，甚至婚姻等方面的约束，同时也有对族人从政方面的要求。概括而言，主要有以下两个特点：

（一）强化族长，即衍圣公地位。孔氏族训尽管强调“父慈、子孝、兄友、弟恭，雍睦一堂”，但仍赋予族长，即衍圣公极大的权力。族长不仅负责催征“国课”，还掌握对族人的奖惩大权。

（二）强化“圣裔”意识。孔氏族训对族人的定位是“圣裔”，维护贵贱尊卑的等级制度，强化族人的血缘宗法观念，突出族人的优等家族意识。因此，无论为官，还是为民，孔氏族人均要约束自己的行为。例如，人人必须读书明理；为民，男不得为奴，女不得为婢，尤其是“勿得入于流俗，甘为下人”；为官要做良吏，等。

此外，《孔氏祖训箴规》还规定，流寓各地的族人，大都能根据大宗主所立的训规精神，结合各所流寓地及本支族人的具体情况，自订家规。具有代表性的孔氏地方族规，如《建宁县三滩孔氏续修家谱条例附族规》《岭南孔氏家规》《丹阳县孔氏天启族谱家规纪》《蓬州孔氏族规》等，对于流寓的孔氏后人行为约束起到了明显的作用。这些地方性族规在沿用《孔氏祖训箴规》的原则，如恪守祖训，奉行儒家伦理道德，以及“父慈、子孝、兄友、弟恭，雍睦一堂”外，还有以下三个方面的特点：

（一）督促族人读书。《建宁县三滩孔氏续修家谱条例附族规》要求：“祖为万世师表，后裔稍有聪颖者，春夏教以礼乐，秋冬教以诗书。毋得玉蕴于璞，荡失先业。”对于可塑之才，明确要求予以特殊关照，如《岭南孔氏家规》规定：“凡族有俊伟子弟，立志上达，克堪作养者，父兄当刮目相视，不得争为排挤。幼则奖成之，贫则周给之，一时不遇则慰安之，患难则资助之。”

（二）督促族人务实。中国传统以农立国，但南方经济发达，手工业、商业的作用日益明显。因此，流寓南方的孔氏族人较为开明，不必拘泥于农业，但“务以实业营生”，如《丹阳县孔氏天启族谱家规纪》要求族人：“士焉而必笃于学，农焉而必勤于耕，工精其技以擅巧能，商居其货以通有无。”同时，孔氏族训也要求族人做事也要务实，不可猜忌，如《蓬州孔氏族规》规定：“凡族事无大小，人无亲疏，勿萌疑忌，勿起嫌隙，总以和气处之。”

（三）督促族人节俭。勤俭节约是中华民族的传统美德。孔子时期就大力提倡安贫乐道。例如，孔子称赞颜回：“贤哉回也！一箪食，一瓢饮，在陋巷，人不堪其忧，回也不改其乐。贤哉回也！”① 再如：

> 子曰：“道千乘之国，敬事而信，节用而爱人，使民以时。”②
>
> 子曰：“麻冕，礼也；今也纯，俭，吾从众。拜下，礼也；今拜乎上，泰也。虽违众，吾从下。”③
>
> 子曰：“奢则不逊，俭则固。与其不逊也，宁固。”④

孔氏后人继承了这一美德，如《福建建宁县巧洋孔氏族规十二条》规定：

① 《论语·雍也》。
② 《论语·学而》。
③ 《论语·子罕》。
④ 《论语·述而》。

“即婚、丧二礼，亦称家有无，俱不得以俗尚概之。”

三、孔氏家风

春秋战国时期，百家争鸣，群星灿烂，不仅是我国古代思想大发展时期，也为家风的形成奠定了坚实的思想基础。一般认为，孔子、孔鲤和孔伋三代，也就是春秋战国时期，是孔氏家族家风的形成时期；秦汉时期，尤其是西汉建立后，儒家学说逐渐占据国家主导地位，孔氏家族日益显赫，这时是孔氏家风的继承和发扬时期；经过三国魏晋南北朝，以及隋唐、宋元时期发展，至明清时期，孔氏家风达到顶峰。

（一）诗礼传家

早在孔子时期，孔氏家族就对后代有“不学诗，无以言”“不学礼，无以立”的要求。其中，“礼”是孔子政治思想的核心之一。孔子主张以礼治国，《论语》中“道之以政，齐之以刑，民免而无耻；道之以德，齐之以礼，有耻且格”即是很好的体现。不仅如此，孔子更主张以礼治家、治身，《论语》中“礼”字共出现 75 次，此后孔氏家族更是以学诗学礼作为祖训。例如，五十三代衍圣公孔治就曾“建堂于私第，命以诗礼，示不忘过庭之教”，明代时更是在孔子故居上建造诗礼堂作为家族聚会的场所。据载，清代康熙、乾隆皇帝到曲阜祭祀孔子，专门请孔子后裔在此讲《大学》《易经》等儒家经典，获得康熙皇帝“经筵讲官不及也”的赞誉。

1. 家族教育

孔氏家族一直重视对族人的教育，《孔氏祖训箴规》就明确规定“崇儒重道，好礼尚德，孔氏素为佩服。为子孙者，勿嗜利忘义、出入衙门，有亏先德”，流寓各支派族人的族规也都规定重视对成员的教育。例如，《福建建宁三滩孔氏族规》规定，“后裔稍有聪颖者，春夏教以礼乐，秋冬教以诗书”；《岭南孔氏家规》规定，子孙“不论才不才，皆宜择师督课，约于义方……及至顽钝无成，方才听其改业”，等等。

为更好地开展对族人的教育，孔氏曲阜一族和各地族人纷纷开设家学。曲阜孔氏家学始自曹魏时期，宋代更是被纳入官学体系，由王朝出资建造学舍，规定三氏学（孔学、孟学和颜学）学正专教储公，但孔府仍长期聘请家庭教师，清代举人沈启震就在孔府任教30多年。清末废除科举后，曲阜孔氏家族又相继创办了曲阜县官立四氏（孔、孟、颜和曾等四氏）初级完全师范学堂和曲阜明德中学。民国时期，孔府收入锐减，但孔氏家族仍为孔德成姐弟三人聘请翰林庄陔兰和举人吕金山、新式学堂毕业的王毓华为老师，开设五经四书、书法、古琴、数学、英语等新旧课程。流寓全国各地的孔氏族人也大都建造家学，由族人出资购置田产，开展对族人的教育。

孔氏家族教育取得明显成效。唐代时，孔氏家族三十九代孙兄弟九人，一位状元，一位榜眼，四位进士，两位明经，一位无功名者还曾官四门博士；四十代孙兄弟十五人，四位状元，五位进士，一位明经，无功名者一位曾任太子舍人，一位曾任曲阜知县。北宋时长孙后裔五世进士，一直延续到金代暂停科举。另据统计，晚唐至宋末临江派十三代进士登第，二百五十名族人中有进士三十八名，举人七名。从民国《孔子氏家谱》看，孔氏共有5000余人获得进士、举人、生员等各级功名，而生活在科举时代的族人约30万人，有功名者约占族人总数的1.7%。

2. 著书立说

孔子晚年，致力于治学，这也影响了后代。事实上，孔府大门明柱上的对联“文章道德圣人家”的内容，以及“天眷龙章匪懈精勤惟就学，祖谟燕翼大成似绪在横经”（孔府忠恕堂对联），“闭户著书多岁月，挥毫落纸如云烟”（孔府前上房东间对联），“承家世禄先循礼，报国崇文只读书”（孔府安怀堂对联），“东趋家庭学诗学礼承旧业，西瞻祖庙肯堂肯构属何人”（孔府学屋对联）等，均是孔氏家族著书立说家风的体现。

据《阙里文献考》记载：孔子死后，其子孙“即宅为庙，藏乐服礼器，世以家学相承，自为师友”，其教育者当为孔氏后裔，其学者亦不超越孔氏子孙，成为孔氏家学的开端。明清时期，衍圣公专主孔子祭祀，不再外出任官，从而拥有了更多的时间来著书立说。孔氏子孙研究《尚书》、《诗》、《礼》、“春秋三传”、《论语》、《孝经》等几乎全部儒家经典，家族内部形成了不同的传承。西汉时，十一代孔安国及子孙孔卬、孔驩、孔衍等均为博士出身，以研究《古文尚书》为主，一直延续直到汉末二十一代孙因子孙断绝才失传。另一位十一代孙孔武及子孙孔延年、孔霸、孔光均为显宦，以研究《今文尚书》为主，到东汉时以研究《春秋》为主。孔融父兄三人主修《严氏春秋》，孔融主修《左氏春秋》，孔奋、孔奇兄弟主修《左氏春秋》，只有孔昱世守家业，主修《古文尚书》。清代时，六十七代衍圣公孔毓圻之孙孔继汾、孔继涵潜心经学；孔继汾、孔广林、孔广森、孔昭虔祖孙四人著述近 50 种，广注群经，精研数学、天文、地理、音韵等学科；孔继涵、孔广栻、孔广根、孔广权父子四人均能诗，著述 30 多种，孔继涵、孔广栻并以经学见长，孔继涵还精于校勘。

3. 设教授徒

孔子设教授徒，开创了私人办学的先例，这也影响了他的后代。孔氏子孙并不满足于家族内部传承孔子思想，还纷纷设教授徒，传播孔子思想。十四代孙孔立“以诗书教于阙里，弟子数百人”。十九代孙孔僖卒于临晋（陕西大荔）任上，其子孔长彦、季彦留守坟墓，兄弟相勉，传承家学，门徒数百人。十九代孙孔宙仕宦也不忘收徒，他官至泰山都尉，从墓碑题刻看有门生 42 人、弟子 10 人、门童 1 人，来自近 20 个郡国，分布在今山东、河南、河北、江苏、安徽等地。

（二）仁孝为本

孔子政治思想的另一个核心是“仁”。《吕氏春秋·不二》篇中言“孔子贵仁”；《论语》中，“仁”字共出现110次。孔子不仅将“仁”的思想贯穿于社会政治思想中的各个方面，而且运用于家族教育中。孔子推崇孝道，一部《论语》20章，有7章讲到了孝，孝字共出现了19次。孔子对孝的阐释是以礼为核心的。诚如孔子所说：“生，事之以礼；死，葬之以礼，祭之以礼。”也就是说，无论父母生、死，子孙都应恪尽孝道。

孔子的“仁”“孝”思想，以礼为表现形式，根本是“仁”。《论语·学而》云：“君子务本，本立而道生；孝弟也者，其为仁之本与！”仁者，爱人，既有对父母、兄弟等亲人的爱，也有对宗族的爱，以及对整个人类的爱。这在孔氏族训中得到了很好的体现。例如，《孔氏祖训箴规》要求族人各随土宜，必丰必洁，必诚必敬，祭祀先人；父慈子孝，兄友弟恭，雍睦一堂。流寓各地的孔氏族人家训中也对仁、孝作了明确的规定：

> 福建建宁县三滩孔氏族人制定了教孝、教弟、睦族、敬老、节俭、勤谨、读书、保墓等族规八条。
>
> 福建建宁县巧洋孔氏制定了作兴文学、恪供祀事、培植祭产、护理祠墓、酌定优奖、惩治不率、禁止词讼、严防乱宗、督率急公、屏绝邪教、节制财用、慎藏谱籍等家规十二条。
>
> 江西临川孔氏制定了首孝弟、重节义、励读书、崇学校科第、贵教子、义同居、正婚姻、诛不孝、除淫乱、戒赌博、究窃盗、禁僧尼、禁妇女朝拜神庙、禁负养螟蛉、禁构讼、禁穿构衙蠹、禁拖欠钱粮等家规二十条。
>
> 岭南孔氏制定了孝敬父母、尊敬长上、严教勤读、尊贤重士、早完钱粮、异姓勿抚、择婚谨始、毋好棋牌赌博、毋好斗殴健讼、毋好奢侈等族规十条。
>
> 四川蓬州孔氏制定了孝弟宜敦、宗族宜和、乡党宜睦、子孙宜教、农桑宜务、国赋宜纳等家规六条。
>
> 江苏丹阳孔氏天启年间家规还规定了处罚细则，有“卑幼犯尊长者，罚银二钱，重责二十”“以大欺小者，罚一钱”“妇人撒泼干犯长辈者，罚银一钱，责夫十板”“偷盗菜薪鸡犬者，罚银一钱”“凡赌博者，罚

银一两”等十余条。①

孔氏家族仁孝为本的家风，为后代及其弟子进一步发扬光大。例如，《孟子》的诸多篇章，进一步发展了孔子的仁孝观，如“惟孝顺父母，可以解忧”，“不得乎亲，不可以为人；不顺乎亲，不可以为子”，“老吾老，以及人之老；幼吾幼，以及人之幼”，“爱人者，人恒爱之；敬人者，人恒敬之”。仁孝思想历经数千年，仿不失色，成为中华民族的传统美德。

（三）积极入世

孔子的“仁”“孝”思想不仅运用于家人的教育，还推及政治方面，体现了积极入世的理念，甚至“知其不可为而为之”。在政治上，孔子一方面主张克己复礼，以复兴西周时期的礼治社会为自己的神圣使命，力图重建先王礼制的和谐秩序；另一方面，又主张统治者实行“仁”政，“为政以德”，齐之以礼，正身律己。《论语·为政》云：“为政以德，譬如北辰，居其所而众星共之。”同时，孔子认为，正人必先正己，只有这样，才能得到百姓的拥护。“政者，正也。子帅以正，孰敢不正。”②“其身正，不令而行；其身不正，虽令不从。”“苟正其身矣，于从政乎何有？不能正其身，如正人何。”③在社会人际关系上，则推行忠恕之道，“己所不欲，勿施于人”；主张“仁”爱，则“天下归仁焉”④。孔子尤其鼓励读书人积极入世，《论语·子张》云：“子夏曰：‘仕而优则学，学而优则仕。’”他本人以身作则，从小吏做起，直到担任中都宰、司空、大司寇等职。

孔子的这种理念极大地影响了儒家学说，他们把人生关怀视为己命，积极投身于社会政治实践中，体现了强烈的入世情怀，是谓“孝乎惟孝，友于兄弟，施于有政”。不仅如此，孔子的入世理念还极大地影响了孔氏族人。

---

① 孔祥林：《诗礼传家一脉长——孔子子孙的祖训与家风》，2015 年 11 月 11 日《石家庄日报》。

② 《论语·颜渊》。

③ 《论语·子路》。

④ 《论语·颜渊》。

孔子至东汉以前孔氏子弟为官情况一览表①

辈分	姓名	为官情况
1	孔丘	鲁国中都宰、司空、大司寇
8	孔谦	魏相
9	孔鲋	陈涉博士②
9	孔腾	惠帝博士
10	孔忠	文帝博士
10	孔聚	高祖蓼侯
11	孔武	文帝博士
11	孔安国	武帝博士
11	孔臧	文帝蓼侯
12	孔延年	武帝博士
13	孔霸	博士，官至太子少傅，封褒成君
13	孔驩	博士，官至弘农守
14	孔吉	殷绍嘉侯
14	孔福	奉祀孔子
14	孔捷	校尉
14	孔喜	校尉
14	孔光	御史大夫、丞相、大司徒、太傅、太师
14	孔宣	复为蓼侯
15	孔何齐	殷绍嘉侯
15	孔房	奉祀孔子

① 汲利楠：《孔子家族门风研究——以公元前 5 世纪至公元前 1 世纪为中心》，曲阜师范大学 2015 年硕士论文。

② 中国封建王朝的一种官名。秦汉时是掌管书籍文典、通晓史事的官职，后成为学术上专通一经或精通一艺、从事教授生徒的官职。

续表：

辈分	姓名	为官情况
15	孔永	王莽大司马
16	孔均（莽）	褒成侯

孔氏家族出身的名宦还有孔奋、孔巢父、孔纬、孔戣、孔道辅、孔毓珣，等等。元末外迁朝鲜的孔昭后裔涌现了孔昭父子宰相，名臣孔瑞麟，朝鲜副总理孔镇泰，蔚为朝鲜望族[①]。

① 孔祥林：《诗礼传家一脉长——孔子子孙的祖训与家风》，2015 年 11 月 11 日《石家庄日报》。

第二章
帝王之家：亳州曹氏家族

安徽亳州有五千多年的文明史，是中华民族古老文化的发祥地之一。它位于黄淮平原南端，有着“南北通衢，中州锁钥”之称，在全省被称作“南黄山，北亳州”，历来是重要商埠和兵家必争之地。因此，特殊的地理位置赋予亳州文化的多样性：既有南方文化的婉约之风，又有北方文化的豪放之气。难怪有人说，走进亳州，就像走进了厚重的古文化圣地。

亳州是东汉末年政治家、军事家、文学家曹操的故里。在这里，有着曹操纪念馆、魏武祠、曹氏家族墓地群、曹操运兵道等一大批文化景点。而当每位来访者在运兵道探幽时，定能从地下长城回顾昔日曹丞相用兵的神奇。曹氏家族，作为东汉末三国时期一个决定中国命运走向的家族，又会有着怎样的家族发展史呢？而值得人评说的曹操，在枭雄面目的背后传承了什么样的家训家风呢？这些都十分值得人们去探索。不妨让我们以此为契机，去了解一下亳州曹氏（曹操）家族。

一、曹操与夏侯氏的关系

根据《三国志》的相关记述，曹操生于东汉永寿元年（155）。曹操字孟德，一名吉利，小字阿瞒，沛国谯县（今安徽亳州）人，是西汉相国曹参的后代。桓帝时，曹腾官至中常侍大长秋，爵封费亭侯。养子曹嵩继承爵位，官至太尉。然而，没人知道他过继前的事情。曹操就是曹嵩之子。相关内容是这样记载的：

太祖武皇帝，沛国谯人也，姓曹，讳操，字孟德，汉相国参之后。桓帝世，曹腾为中常侍大长秋，封费亭侯。养子嵩嗣，官至太尉，莫能审其生出本末。嵩生太祖。[①]

关于曹嵩的身世，虽没有一个准确的说法，但是，三国吴人所作的《曹瞒传》提到了曹嵩本姓夏侯，为夏侯惇之叔父。魏朝郎中鱼豢撰写的《魏略》记载有吴主孙权与魏国将领浩周的书信，当中有一段夏侯氏是曹魏宗室的记载。后来的西晋史学家郭颁，在他的代表作《魏晋世语》里不仅说出了曹嵩出自夏侯氏，而且连他和夏侯惇的关系都说明白了："曹嵩是夏侯氏之子，也是夏侯惇之叔父。"到东晋的时候，以"良史"著称于世的孙盛更不管之前的避讳，直言说曹丕、夏侯惇为"同姓"。可见，曹氏与夏侯氏本为一家，似乎是公开的秘密。

千余年以来，大多学者也持有上述观点。如清人潘眉在《三国志考证》一书中认为，《三国志》的篇目排序将夏侯氏和曹氏子弟同列为一卷，足以彰显夏侯氏为宗室的情况。林国赞的《三国志裴注述》也有类似表述。而著名三国学者吴金华在《三国志校诂》中认为，曹魏大将对吴国的言论，也表明了整个三国时期世人是默认了曹氏与夏侯氏的关系的。民国后，受到王国维"二重证据法"的影响，研究中国古代史的学者都希冀有出土材料能够印证传世典籍。而20世纪70年代中后期，亳州的曹氏家族墓得到挖掘整理，即提供了相关资料。在安徽亳州城南出土的曹氏墓砖，刻辞有"夏侯右"者，当是佐证之前论断的最好材料。

然而，一些反对的观点仍然存在。清人卢弼《三国志集解》称，曹氏出自夏侯氏，属于一种政治流言。类似的例子还包括秦始皇嬴政是吕不韦的私生子、晋元帝司马睿是牛金的私生子等。但是，上述例证，言及的都是血统问题。可是，曹嵩、曹操是否出自夏侯氏，与魏国皇室血统并无关系；而曹腾是宦官，不能生育，曹嵩肯定不是他亲生的。在这方面做文章，意义并不大。

① 《三国志·魏书·武帝纪》，中华书局1982年版，第1页。

另一种说法是，自曹操的子辈开始，曹氏与夏侯氏通婚常常见诸史书。那么，他们要是直系血亲的话，不就违反“同姓通婚，其生不蕃”的传统观念了吗？

其实，这些传统观念，在汉末三国时期，时有破例的现象。比如，当时守卫江陵的陈矫，本来姓刘，后来由姑姑养大，改姓了姑姑夫君的陈氏。他后来娶了广陵厉王后代刘颂的女儿，而这个刘颂与陈矫是近亲。这件事颇为时人非议，还是曹操出面，下令禁止人们议论。

由是看出，曹氏和夏侯氏关系较为密切，我们就姑且从旧说。另外，受到西方体质人类学的影响，现代学者还从医学等角度证明曹氏与夏侯氏的关系，在此就略去不说了。

二、曹操生平

（一）东汉末年的社会背景

东汉末年，农业生产出现严重的土地兼并现象，直接导致地方豪强势力的崛起。由于中央政府政治黑暗，十常侍横行朝野，政府对地方的控制越加衰弱，造成土地兼并问题日益恶化，而人民饱受苦难，加上天灾与瘟疫的双重打击，他们于是纷纷起来造反，最著名的是黄巾之乱。正是时代的动荡不安，促成地方豪强有了崛起的机会。他们一开始靠着自己的财力组织自己的武装保卫家园，后来就逐渐演变成拥有私人武装的军阀。

曹操（155—220）出身于一个世受皇恩、地位显赫但不显贵的家庭。祖父曹腾曾是宦官的总头领大长秋，封费亭侯；父亲曹嵩是曹腾的养子，官至太尉。此时，重视门第的风气已很盛行。曹操虽然讨厌重门第、轻才干的风气，但他为了政治上的需要，不得不想方设法提高自己的身份。受曹腾之荫，曹氏家族很多人都做了官，有的官至中央大员，有的做了地方上的太守，有的官至中央大员，形成了社会关系广泛的一股势力。这样的家庭和社会关系，为曹操的成长，以至顺利踏入仕途铺平了最初的道路，并对曹操待人、为政、人生观的形成自然产生了很大影响。他自幼养成了“任侠放荡”、机警而善权术的性格；所以他踏入仕途，有胆量做别人所不敢做的事。但这样的家庭出身，又不为好谈清高的士人所重，甚至还有点被人瞧不起。故而，曹操处事不易受传统观念的束缚，但又常常易于产生自卑心理。他选人唯才是举，用人不拘一格，婚娶不受门第的束缚，为文“通脱”而不受拘束；有时又会多疑，常以谲诈之心度人。他时有“小人得志”的某些表现，易产生骄傲和浮躁情绪，以致处事不慎，造成重大失误。

（二）曹操的早年经历

曹操少年时虽机警过人，通权谋机变，但行为放荡不羁，不为世人看重。只有桥玄、何颙、李瓒和王俊认为曹操是非常之人，将来一定会安定天下。此时桥玄建议曹操去结交当时的名士许劭，以提高名望。于是曹操就去拜访许劭，向他询问说：“我是怎样的人？”许劭鄙视曹操的为人，不肯回答，曹操找到机会威胁许劭，许劭不得已，对曹操做出了“君清平之奸贼，乱世之英雄”的评价（《异同杂语》作：“治世之能臣，乱世之奸雄。”），曹操听罢大笑，并逐渐知名。曹操早年就喜爱武艺，曾经潜入中常侍张让家，被张让发觉后，手舞着戟越墙逃出，全身而退。同时，他又博览群书，尤其喜欢兵法，曾经抄录古代诸家兵法韬略，并注释《孙子兵法》，此注甚至成为今日研究古代军事的必读内容。

东汉灵帝熹平三年（174），二十岁的曹操通过察举孝廉成为郎官，不久又被任命为洛阳北部尉。洛阳为东汉都城，是皇亲贵戚聚居之地，很难治理。曹操一到职，就申明禁令、严肃法纪，造五色大棒十余根，悬于衙门左右，“有犯禁者，皆棒杀之”。上任数月，宦官蹇硕的叔叔违禁夜行，被曹操依律棒杀。于是，“京师敛迹，无敢犯者”。曹操也因此得罪了一些当朝权贵。碍于其父曹嵩的关系，明升暗降，曹操被调至远离洛阳的顿丘（今河南清丰），任顿丘令。又过了一年，曹操因堂妹夫滁强侯宋奇被宦官诛杀，受到牵连，被免去官职。其后，曹操在洛阳无事可做，回到家乡谯县闲居。

东汉灵帝光和三年（180），曹操又被朝廷征召，任命为议郎。此前，大将军窦武、太傅陈蕃谋划诛杀宦官，不料反为阉党所害。曹操上书陈述窦武等人为官正直而遭陷害，致使奸邪之徒满朝，而忠良之人得不到重用的情形，但进谏没有被汉灵帝采纳。而后，曹操又多次上书，虽偶有成效，可面对朝政日益腐败的现状，曹操知道无法匡正，并对现实有了更深入的认识。

（三）文武才能显现

东汉灵帝中平元年（184）二月，太平道首领张角聚众起义，黄巾起义爆发。曹操被拜为骑都尉，受命与皇甫嵩等人合军进攻颍川的黄巾军，结果大破黄巾军，斩首数万级。曹操随之迁为济南相。曹操任职后罢免贪污官员约八成，并且严令禁止当时盛行的迷信活动。任内，曹操治事如初。济南国（今山东济南一带）有县十余个，各县长吏多依附权贵，贪赃枉法，无所顾忌。曹操之前历任国相皆置之不问。曹操到职，大力整饬，一下奏免十分之八的长吏，济南震动，“政教大行，一郡清平”，贪官污吏纷纷逃窜。当时天下纷乱，先是发生了冀州刺史王芬联合南阳许攸、沛国周旌等地方豪强，谋划废黜灵帝立合肥侯的事件。王芬等人曾经希望曹操加入他们，但被曹操拒绝，后来王芬事败自杀。接着，又有西北金城郡（今甘肃兰州）的边章、韩遂杀死刺史和太守，率兵十余万反叛朝廷。

东汉灵帝中平五年（188），曹操被起用为典军校尉。第二年，在位 22 年的汉灵帝驾崩，终年 34 岁。太子刘辩登基，何太后临朝听政。大将军何进想趁宦官失势之机诛灭阉党，但是没有取得太后的支持。于是何进便召时任并州刺史的董卓进京，胁迫太后同意。然而此举打草惊蛇，董卓尚未抵达京城，何进已经被宦官抢先下手谋杀，随后宦官十常侍也被袁绍等人诛杀。同年九月，董卓入京，诛杀丁原，逼走袁绍，执掌朝政。董卓废汉少帝刘辩为弘农王，改立其弟陈留王刘协为皇帝，是为汉献帝，京城陷入混乱。为了稳定局面，董卓想拉拢曹操，上表奏请曹操为骁骑校尉。但是，曹操没有接受董卓所封的官职。他害怕惹祸上身，更名改姓，潜逃出洛阳。曹操在回到陈留郡之后，散尽家财征募乡勇，豪强卫兹也倾家财助之，率先起兵讨伐董卓。

东汉初平元年（190）正月，讨伐董卓战役开始，渤海太守袁绍、后将军袁术、长沙太守孙坚、冀州牧韩馥、豫州刺史孔伷、河内太守王匡、兖州刺史刘岱、陈留太守张邈、东郡太守桥瑁、山阳太守袁遗、济北国相鲍信等地方势力，举兵反董，群雄推举袁绍为盟主。曹操则行使奋武将军之职。董卓听说此事后，派人把弘农王刘辩母子毒死。

此次战役最终以董卓焚烧洛阳，挟持汉献帝与百官迁都长安而告终。虽然名义上是联合讨伐，实际群雄互相猜忌、保存实力，为此结下不少仇怨，最终导致功败垂成。

初平三年（192），青州的百万黄巾大军入侵兖州。兖州刺史刘岱不听济北相鲍信劝阻，与黄巾军交战，结果被杀。鲍信等暗中使人到东郡迎接太守曹操，推举他担任兖州牧。后来曹操与黄巾军战于寿张以东，历经苦战，鲍信战死，终于大破敌军。曹操一路追击至济北，最后逼降黄巾军，收编降卒三十余万并男女百余万口，又从中选出精锐，号称“青州兵”。到了这时，曹操作为一方势力才渐成气候。

是年五月，司徒王允、中郎将吕布等人以皇帝诏书的名义，在未央殿掖门外诛杀董卓，结束了董卓的专权。但是董卓属下李傕、郭汜等人借为董卓报仇之名，率兵攻打长安。但李、郭二人击败吕布进入长安后，暴政比董卓专权时更甚。后来，两人又反目成仇，相互进攻。七月，汉献帝被迫逃出长安，流离失所一年才返回洛阳，汉室名存实亡。

此后，袁绍与荆州的刘表联手，袁术则与幽州的公孙瓒、徐州的陶谦结盟来对抗。这时曹操是袁绍的同盟，刘备、孙策也分别屈身于公孙瓒与袁术之下，是受其差遣调度的客将。正当曹操协助袁绍，大破袁术于各地之际，陶谦却趁机攻打兖州东部泰山郡，使得曹操父亲曹嵩被杀。对于曹嵩之死，历史学界存在争议。针对这个事件，曹操于193年至194年间，二度讨伐陶谦，并且在徐州当地展开大屠杀。《后汉书》记载：“过拔取虑、睢陵、夏丘，皆屠之。凡杀男女数十万人，鸡犬无余，泗水为之不流，自是五县城保，无复行多。”[①]

东汉兴平元年（194），张邈、陈宫等人背叛曹操，迎吕布为兖州牧。曹操在兖州与吕布、张邈等交战，相持一年有余，双方互有胜负，兖州之地也反复易主。曹操围攻吕布于濮阳，最初支持吕布的濮阳大户田氏转而效忠曹操，使曹军入城。曹操在东门放火以示无返回之意，结果遭到攻击而战败。吕布的一些骑手抓住了曹操却不知其身份。曹操看见一人骑黄马，便诈称此人为曹操，吕布的骑手便撇下他去追骑黄马者。曹操冲出着火的东门，逃离濮阳。之后，曹操命令荀彧、程昱坚守鄄城，并且以此为根据地，终于击破吕布，平定兖州。朝廷也于此时正式承认曹操兖州牧的地位。

（四）挟天子以令诸侯

东汉兴平二年（195），曹操领兖州牧以后，向汉献帝上了一封表，史称《领兖州牧表》：

> 入司兵校，出总符任臣，以累叶受恩，膺荷洪施，不敢顾命。是以将戈帅甲，顺天行诛，虽戮夷覆亡不暇。臣愧以兴隆之秩，功无所执，以伪假实，条不胜华，窃感讥请，益以惟谷。[②]

随后，汉献帝又回复了一篇敕文：

> 诏敕镇东将军领兖州牧费亭侯故特进。显授上将铁钺之任。复食旧土双金之宠。董统一州委成之重。荣曜昭示。亦以优崇。投节效命自白之秋也。[③]

① 《后汉书·陶谦列传》，中华书局 1965 年版，第 2367 页。
② 曹操著，中华书局编辑部编：《曹操集·文集·领兖州牧表》，中华书局 2013 年版，第 14 页。
③ 严可均：《全上古三代秦汉三国六朝文》，中华书局 1958 年版，第 1029 页。

上述两表，从曹氏的角度来说，既表达了对汉室的忠心，顺应天命，诛杀奸佞，又感激皇恩，受命惶恐。同时，汉献帝的复文则更加坐实了曹操的地位，为他接下来的行动奠定了基础。同年7月，李傕与郭汜为了争权夺利，内斗不断，汉献帝趁机逃出长安，进驻安邑。

东汉建安元年（196），曹氏部属中的许多人觉得迎接汉帝的条件并不具备，认为山东（亦称关东，泛指崤山华山以东）未定，韩暹、杨奉居功自傲，暴戾恣睢，很难控制。但荀彧据引历史，讲述了迎纳天子的好处，也指出了迎纳天子的紧迫性，若不马上决定，就来不及了，而且讲道："虽御难于外，乃心无不在王室。"[①]曹操听从谋士荀彧的建议，前往洛阳，迎接皇帝。而汉献帝及亲近臣僚虽然对曹操仍有疑虑，但是曹操势力击破黄巾军，表现出对国家社稷的忠心。由于京师洛阳被董卓破坏，残破不堪，汉室于八月庚午日迁都至颍川郡许县。

曹操挟天子以令诸侯，在接下来几个月和未来几年一系列政治事件中表现了出来。

建安元年（196）九月，汉献帝下诏给当时已据有青、冀（治今河北衡水冀州区）、幽（治今北京市）、并（治今山西太原市南）四州之地的袁绍，"责以地广兵多而专自树党，不闻勤王之师而但擅相讨伐"。这是曹操"奉天子以令不臣"的第一个政治行动。随后，汉献帝又下诏给吕布，称赞他诛杀董卓的功绩，令其与曹操共辅朝廷。献帝东迁后，关中出现权力真空，数十名大小军阀拥兵自保，曹操任命侍中钟繇为守司隶校尉，持节都督关中诸军，凉州将马腾、韩遂分别送子到许县为人质，曹操又通过汉天子将关中暂时置于自己的号令之下。

曹操于建安二年（197）十一月被任命为司空，司隶校尉，录尚书事，行车骑将军事，封武平侯，仍领兖州牧，开始掌控东汉朝廷的军政大权。曹操为了安抚冀州牧袁绍，上表汉献帝，封其为大将军。

建安三年（198）四月，曹操遣谒者裴茂率中郎将段煨讨李傕，夷三族。九月，

① 《三国志·魏书·荀彧传》，中华书局1982年版，第310页。

曹操东征徐州，进攻久与他为敌的吕布。在曹军攻势之下，吕布军上下离心，十二月，吕布部将魏续、宋宪等生擒陈宫归降曹操。吕布见大势已去，下城投降。曹操将吕布、陈宫、高顺等人处死，收降吕布部将张辽以及泰山豪杰臧霸、孙观等人，初步控制了徐州。

建安四年（199），曹操派史涣、曹仁击破张杨旧部眭固，取得河内郡，把势力范围扩张到黄河以北。

（五）统一北方中国的重要战役

曹操在北中国扩散自己的势力范围之际，还对与袁绍的战争预先作了布置。曹操命在青州有潜在影响的臧霸等人攻入青州，占领齐（治今山东临淄）、北海（治今山东寿光东南）等地，巩固右翼。接下来，曹操又命大将于禁屯军黄河南岸，监视袁军。不久，张绣听从谋士贾诩之计，投降曹操，曹操大喜，拜张绣为扬武将军，解除了后顾之忧。建安四年（199）十二月，曹操自率军屯于官渡（今中牟北），准备迎击袁绍。

袁绍是当时北方最强大的一股势力，也是曹操统一北方最强大的敌人。袁氏一门，自袁绍曾祖袁安以下，“四世居三公位”，“门生故吏遍于天下”，势力本就很大。后来，袁绍取得冀、并、幽、青四州之地，实力大增，有军队数十万人。袁绍以其长子袁谭、次子袁熙、外甥高干分守青、幽、并三州，后方稳固，兵精粮足，根本不把曹操放在眼里。他挑选精兵十万、战马万匹，志在一举消灭曹操。

建安五年（200），袁绍命大将颜良等人进兵白马（今河南滑县），自率大军进屯黎阳（今河南浚县东），向曹操发动进攻。曹操的实力比袁绍弱得多。曹操所占的黄河以南地区，地盘又小，又是四战之地，残破不堪，地方经济还没有完全恢复，物资也比不上袁绍集团丰富。曹操的兵力也远不及袁绍，其总兵力大概不过几万人，投入前线的兵力据《武帝纪》说“兵不满万，伤者十二三”。裴松之认为此数不准确，曹操的兵力不会如此之少，但曹操兵力远逊于袁绍是毫无疑问的。

袁绍大军来攻，许都震动。曹操安慰众将说："吾知绍之为人，志大而智小，色厉而胆薄，忌克而少威，兵多而分画不明，将骄而众令不一，土地虽广，粮食虽丰，适足以为我奉也。"

二月，袁绍大将颜良等人围攻白马，拉开了大战的序幕。四月，曹操亲自率兵北上解白马之围。他采纳谋士荀攸之计，先进军延津（今河南延津北一带），做出要渡河袭击袁军的态势，吸引袁军分兵西向，然后突然转向迅速赶往白马。曹操军突然杀到，袁军措手不及，颜良被关羽斩首，袁军大败，白马之围遂解。曹操救出白马军民，沿黄河西撤。袁绍闻知，立即命文丑、刘备渡河追赶曹操。曹操见追兵渐近，命军士解鞍放马，并置辎重于道。袁军追兵大至，争抢辎重，阵形混乱。曹操率领仅有的骑兵突然杀出，大破追兵，阵斩文丑，袁军大震。曹操初战得胜，主动撤军，继续扼守官渡。

八月，袁绍大军连营而进，东西数十里，依沙堆为屯，进逼官渡。曹操分兵坚守营垒，伺机而动。袁军向曹营发动猛攻，先是作高橹、起土山，由上向曹营中射箭，接着又挖地道，欲从地下袭击曹营，皆被曹操以设投石机、挖掘沟壑之法破解。两军一攻一守，相持近两个月。久战之下，曹操处境极为困难。

十月，袁绍从河北运来粮草万余车，派大将淳于琼等带万余人看守，屯于离袁绍大营四十里的乌巢。这时袁绍谋士许攸因向袁绍献偷袭许都之计不成，且在河北的家眷犯法被抓，心生怨恨，来投曹操。曹操大喜，高兴得甚至顾不上穿鞋子就出来迎接。此后，曹操听从许攸建议，亲率精锐步骑五千人，换上袁军的服装，乘夜从小路偷袭乌巢。曹操军至乌巢，命四面放火，袁军大乱，淳于琼拒营死守。袁绍闻知，急忙派兵救援，曹操左右见"贼骑稍近，请分兵拒之"。曹操大怒说："贼在背后，乃白！"士卒都拼死力战，因此大破袁军，斩淳于琼等，尽焚其粮草。袁绍听说曹操袭击乌巢，认为这正是攻破曹操大营的好机会，因此以重兵围攻曹操大营。由于曹操预留兵力精且多，曹营未破，乌巢败讯已经传来，大将张郃、高览等人率部投降曹操，袁军溃散。袁绍弃军逃回黄河以北。曹军大获全胜，斩首七万余级，尽获袁军辎重、图书、珍宝。曹操清点袁绍书信，得到自己部下勾结袁绍的信件，尽烧之，说："当绍之强，孤犹不能自保，而况众人乎！"

客观条件上，曹操处于劣势，但由于他能正确分析客观条件，善于听取别人的正确意见，扬长避短，采用正确的战略战术，使战争向有利于自己的方面转化，终于赢得了胜利。官渡之战，曹操击溃了最大的敌人袁绍，由他统一北方已是大势所趋。官渡之战也是中国战争史上以少胜多、以弱胜强的著名战例。

建安七年（202），袁绍病死，袁绍的两个儿子袁谭、袁尚不和，发生火并。袁谭不敌袁尚，向曹操乞降。

建安九年（204）二月，曹操乘袁尚出兵攻打袁谭之机，进军围攻邺城（今河北邯郸临漳西一带）。袁尚率军回救，依滏水（今滏阳河）为营，曹操进军将其营寨包围。袁尚害怕，请求投降，曹操不许。袁尚乘夜逃跑，袁军溃散。袁尚逃奔中山（今河北定州）。曹操命人拿着缴获的袁尚的印绶节钺招降邺城守军，城中斗志崩溃。邺城遂被曹操攻破。从这一年起，曹操把自己的据点北迁到了冀州邺城，政令军队此后皆从此出，而汉献帝的都城许县则只留些许官吏。

建安十年（205）正月，曹操又以负约为名，攻灭袁谭，冀、青二州平定。于是，曹操上表让还兖州牧，改任冀州牧。袁尚兵败后，逃奔幽州刺史袁熙。不久，袁尚、袁熙又逃奔三郡乌桓。同年，黑山军首领张燕率领其部众十余万人投降曹操。

建安十二年（207），曹操为了肃清袁氏残余势力，也为了彻底解决三郡乌桓入塞为害的问题，决定远征乌桓。汉末，辽西、辽东、右北平三郡乌桓结合，是为三郡乌桓，其首领为辽西部的蹋顿。三郡乌桓与袁氏关系一直很好，并屡次侵扰边境，掳掠人口财物。

五月，曹操亲率大军到达无终（今天津市蓟州区）。时正雨季，道路积水，"浅不通车马，深不载舟船"。曹操从无终人田畴之议，改从一条久已断绝但"尚有微径可寻"的路线进军。在田畴的引导下，曹操大军登徐无山（今河北玉田北），出卢龙塞（今河北喜峰口附近），“堑山堙谷五百余里”，直指乌桓老巢柳城（今辽宁朝阳南）。

八月，曹军进至离柳城不足二百里时，乌桓才发现，于是蹋顿与袁尚、袁熙等人率数万骑兵迎击。二军相遇，时曹军辎重在后，“被甲者少”，而乌桓军军势甚盛。曹操登高瞭望，见乌桓军虽多，但阵势不整，遂命大将张辽为前锋，乘乌桓军阵稍动之机，向乌桓军发动猛攻。乌桓军大乱，曹军阵斩蹋顿，大获全胜，胡、汉降者二十余万，袁尚等人逃奔割据平州的公孙康。这时，有人劝曹操乘势进击公孙康，曹操说：“吾方使康斩送尚、熙首，不烦兵也。”遂率军还师。不久，公孙康果然斩杀袁尚、袁熙，并将其首级献与曹操。诸将不明所以，曹操说：“彼素畏尚等，吾急之则并力，缓之则自相图，其势然也。”于是，曹操攻破三郡乌桓，也彻底肃清了袁氏势力。

（六）赤壁之战与南北对峙

建安十三年（208），曹操开辟玄武池训练水军。六月，废三公，恢复丞相制度，并自任汉朝丞相。基本平定北方后，兵锋转而南向。七月，南征荆州刘表。八月，刘表病死，其子刘琮接任荆州牧。九月，曹操大军进至新野，刘琮以为无法抵挡，举荆州之众投降曹操。这时，官渡之战后投奔刘表的刘备屯驻于樊城（今湖北襄阳），听说刘琮投降，便率军向江陵（今属湖北）撤退。江陵为荆州重镇，存有大量军用物资。曹操听说，怕江陵落入刘备之手，遂亲率五千骑兵从襄阳疾驰三百里，在当阳长坂（今湖北当阳东北）将刘备追上，大破其军，随后进占江陵。曹操在击溃刘备后，乘势想一举鲸吞江东。孙权、刘备两家在鲁肃和诸葛亮等人的努力下，组成联盟，孙权命都督周瑜率军三万，与刘备的两万人马组成联军抵抗曹操。曹操自江陵东下，至赤壁（今湖北武汉市武昌区西赤矶山）与孙、刘联军接战不利，暂驻军于乌林（今湖北洪湖市东北），与对方隔江对峙。周瑜用诈降之计，命大将黄盖率小战船十艘，上装柴草，灌以膏油，船头钉上大钉，假称投降，向北岸而进，至离曹营二里之处时，各船一齐点火，然后借助风势，直向曹军冲去，曹军大败，舟船被烧。曹操率军从华容道（今湖北监利西北）陆路撤回江陵。

（七）其他功绩与位极人臣

赤壁战败后，曹操采取一些措施，稳定内部。建安十五年（210）春，曹操下《求贤令》，说："今天下尚未定，此特求贤之急时也……二三子其佐我明扬仄陋，唯才是举，吾得而用之。"曹操提出不拘品行、唯才是举的用人方针，目的是尽量把人才收罗到自己身边。此后的几年内，逐马超，破韩遂，灭宋建，横扫羌氐，虎步关右，凉州地区基本平定。

建安十七年（212），汉献帝准许曹操"参拜不名、剑履上殿"，如汉丞相萧何故事。

建安二十一年（216）四月，汉献帝册封曹操为魏王，邑三万户，位在诸侯王上，奏事不称臣，受诏不拜，以天子旒冕、车服、旌旗、礼乐郊祀天地，出入得称警跸，宗庙、祖、腊皆如汉制，国都邺城。王子皆为列侯。他名义上还为汉臣，实际上已是皇帝。

曹操在孙权擒杀关羽、取得荆州后，表孙权为骠骑将军、荆州牧。孙权遣使入贡，向曹操称臣，并劝曹操取代汉朝自称大魏皇帝。曹操将孙权来书遍示内外群臣，说："是儿欲踞吾着炉火上耶！"曹操手下群臣乘机向曹操劝进。曹操自己还不想废献帝自立，他说："若天命在吾，吾为周文王矣。"建安二十五年（220）正月，曹操还军洛阳。当月，病逝在洛阳，终年六十六岁，谥曰武王。他临死前留下《遗令》。根据曹操的遗嘱，他于二月廿一丁卯日（4月11日）被安葬于高陵。

（八）对曹操的评价

曹操是一个伟大的军事家，戎马倥偬一生，指挥大小战役甚多。《三国志》的作者陈寿评价说"该韩白之奇策"，意思是曹操有著名军事家韩信和白起之谋略。他鞍马劳顿，倥偬一生，御军三十余年。诸家兵法理论帮助他认识战争规律，得知了战略战术之要，从而游刃于战乱之机，并加深了对历代兵家特别是对《孙子兵法》的理解，发展了兵法理论。他的著作，富有独到的军事见解，无不体现着他的军事思想。按《武帝纪》粗略统计，曹操一生亲自指挥大战三十次左右。他长于战术，足智多谋，应用自如，变化无常，能根据敌我情况，临机决策。在对吕布、张绣、袁绍、马超、韩遂等一系列战斗中，常用声东击西、避实就虚、埋伏、包抄、突袭、离间、劫粮、攻彼救此、弃物诱敌等战术，谲敌致胜，转弱为强。

曹操是一个有抱负的政治家。他在建安十五年（210）《让县自明本志令》中说“人臣之贵已极，意望已过矣”，反映了他不慕虚名的重实权思想。曹操的经济建树，也有不少产生了很大的历史影响。他抑制兼并，“无令强民有所隐藏，而弱民兼赋”是其重要经济思想之一。他还在河北推行按亩计租、按户收绢绵的政策，实开中国租调制之先；他在广泛的地区内“行屯田以资军食”的主张和措施，长期为后世所效法。曹操的治国方略是霸王道杂之。他的诸多言论和行动，都受儒家的思想影响，根基属于儒家思想范畴，崇尚仁义礼让，主张以先王之道办教育，并以儒家的学说勾画自己的理想蓝图。他光辉的不拘一格用人思想中，同样包含着将德才兼备的“贤人君子”作为人才的最高标准的意愿，所以他发出了“今天下得无有至德之人放在民间”①的慨叹。

曹操还是中国历史上承前启后的文学家。他继承了乐府的传统，推动了五言诗的发展，焕发了四言诗的新生，开一代诗风。刘勰说：“观其时文，雅好慷慨，良由世积乱离，风衰俗怨，并志深而笔长，故梗概而多气也。”②正是由于常在军旅又手不释卷，这些让曹操有了别样的诗歌风格。他是建安文人集团的组织者和领导者，“古直悲凉”的文学风格影响着他的儿子们和建安七子。因此，所谓“建安风骨”，首先是曹操的风骨。曹操用旧调旧题，描写新内容。汉乐府诗多着重塑造客观人物形象，曹操的乐府诗却突破诗人自我形象；汉乐府诗以叙事为主，曹操的乐府诗却以抒情为主。他没有在形

---

① 曹操：《举贤勿拘品行令》，韩泉欣，赵家莹：《三曹诗文选注》，上海古籍出版社 1994 年版，第 32 页。

② 《文心雕龙・时序》。

式上模拟乐府，而是学习民歌反映现实的创作精神，用旧曲作词，既具有民歌的特色，而又富有自己的创造性。曹操善于以诗歌抒写政治理想和抱负，雄心壮志，诗中充满奋发进取的精神。部分诗中则杂有思忧难忘、人生朝露的消极情绪。曹操诗文词简朴，直抒襟怀，慷慨悲凉而沉郁雄健，华美辞藻并不常见，惟形象鲜明，如《观沧海》一诗。

三、曹氏家族迁徙过程

（一）曹操之前的世系

关于曹操之前的曹氏家族历史，虽然正史并未给予我们完整的资料，但流传下来的明清族谱是这样记述的：

周初，叔振铎封于曹，在山东兖州济水之阳——曹州：晋曰济阳，隋曰济阴，后周曰曹州。有祠在房山，宋学士王禹偁有碑，子孙以国为氏，而曹姓始焉。

振铎生太伯——脾，脾生仲君——平，平生宫伯——侯，侯生二子：长云，次风。云为孝伯，传二十一公至伯阳，国终。

风生良夫，良夫生窿，窿生筒，筒生进，进仕鲁公，子晖，遂邑宰。（晖）生刿，世居鲁，孝廉里，鲁庄公十年，长勺之役，三鼓克齐师；十三年，柯之盟，庄公升坛，刿手剑从之，齐尽归鲁侵地；二十三年夏，庄公如齐，观社非礼也，刿谏不可，事详内外传。

刿生瑢，瑢生鰤，字子鱼，为费令，生糯，糯生搏，搏生炼。炼字仲马，为曹成公使蔡，因居蔡，生驷，为金城令，生枇，枇生麟，为祈农令，生岷，字叔微，世居蔡，生恤，字子循，从学孔门列七十二贤，唐封曹伯，宋封上蔡侯，从祀宣圣庙廷，赞云：肃肃曹伯，王室之裔。积习乐道，切磋明义。唯善则主，唯德则丽。上蔡名儒，阙里高弟。生鹏，为临淄牧。鹏生珩，为南阳令，迁周至大夫，生晶，晶生郝，郝生鳌，鳌生猋、薰。

薰生渊。莸为秦沛令，遂居沛，生沐，沐生二子：长参，字伯兴，次轸，字仲兴。

参又字敬伯，为秦沛吏，及汉高帝起沛，参佐定天下，封平阳侯，食邑万六百三十户，惠帝二年，拜左丞相，百姓歌之，事详司马迁史记《曹相国世家》，五年八月乙丑卒，谥懿侯，敕葬咸阳，从祀汉高祖庙班。孟坚、刘子敬咸有赞其遗像，赞曰：少而才能，豪吏健将。晚而谦恭，醇德雅量。清静为治，刻深匪名。配萧并贤，百世前称。司马贞、索隐述赞曰：曹参初起，为沛豪吏。始从中涓，先围善置。执珪执帛，攻城略地。衍氏既诛，昆阳失位。北禽夏说，东讨田溉。剖符定封，功无与二。市狱勿扰，清净不事。尚主平阳，代享共利。董份曰：参以战伐封侯，一武勇耳，此宜刚执为性而乃笃，好黄老，尚清净，所以不自盛满，而保其身也。与赤松子、房意同淮阴智不及此矣。又曰黄老虽非正道，然休息疮痍，养成汉初气派，在亡秦之后文景之前，尤得政体。黄震曰：参自高帝起兵无一战不兴，虽非赫赫功而未尝以败闻天下，既平犹从击陈希鲸布盍。参与帝终始无间而不见疑，相齐齐治，相汉汉治，参有过人者矣。而史论战功则谓其当信之灭论、治功则谓其当秦之后，若有抑扬之意焉，愚谓参明哲保身，虽信不能及，而立法易、守法难，参以人豪一遵何约束，除吏皆木讷，而深刻者辄斥去所以，养成汉家宽厚之风，虽何无以商之，参其可少哉？书称断断兮无他技，参之谓矣。生子窋，惠帝时御史大夫、文帝立为侯，卒谥静侯；子奇立，卒谥简侯；子时立，尚南平公主，生襄、爽，卒谥夷侯；子襄立，尚卫长公主，卒谥袭侯；子宗立，至征和二年国除。哀帝时又诏封参元孙之孙本始平阳侯。

襄弟爽，字仲达，学尚宁静，先是敕葬太祖妣，于谯东三十里离山坤来壬向，因奉祀居谯之蚂蚁街，不欲随大将军青以军功显也。生密，名师孟，为会稽太守，元帝永光中，官至侍中，生政、敞。政，阳朔三年为御史大夫，敞字幼儒，居平陵，有气节，同郡名儒吴章为王莽所杀，章弟子皆匿姓名潜逃，独敞收葬之。政生曾，居济阴，字伯山，谏大夫从欧阳歙，受尚书绩石为仓以藏书，世称“曹氏书仓”，生兖、充。兖为参军。充字子弘，治“庆氏礼”，建武末由博士官至侍中，生褒，字叔通，始为圉令，以德化民，尝曰：“绝人命者天亦绝之人。”以为格言。章帝时为博士，上疏定汉礼，拜侍中，班固奏宜广集诸儒共议得失，帝曰：谚言筑室道旁，三年不成会礼之家，名为聚讼反生疑，异笔不得下，昔尧作大章一夔足焉。遂使著成《汉礼》百五十篇，公居薛，博物识古为儒者宗，教授诸生千余人“庆氏礼”，遂行于世。世谓：三叶侍中者，惟冯鲂曹褒父子。时族人寿妻名昭字惠姬，班彪之女也，兄固著汉书未竟而卒，和帝诏就东观，重成之召，入官，令后妃贵人师事焉，号曰“曹大家”。邓太后临朝，兴闻政事以出人之特，封子成关内侯，官至齐相。昭作女诫，以助内训，同郡马融辈俱师事焉。

褒生汔、池。汔一名玥，又名敏，举孝廉朐忍令，生田、述。田，字仲耕，为阑台令史，复居谯。述，举孝廉为夏阳令，迁蜀郡西部都尉。池为上虞令，遂居焉，生盱，五月五日迎涛淹溺，盱女娥年十四，绕江啼哭七昼夜，投入江中，经五日负父尸浮出。上虞令闻之，朝令邯郸淳为文以记之，立曹娥碑，蔡邕题其碑阴曰：黄绢幼妇，外甥齑臼。田生洁、渫。述生鸾、凤。洁一名节，生腾，字季兴，桓帝时封费亭侯，灵帝时迁大长秋，有养子嵩，本姓夏侯，出大禹杞之后，绍姓为曹，其孙亦居谯。[①]

依据曹氏族谱，曹氏起自周武王弟，封自曹地的振铎。其以地为国，传二十余世。此后，著名人物有汉高祖和汉惠帝的重臣曹参。除上述之外，还说明了曹腾、曹嵩等人的关系。

（二）曹操之后的世系

据《魏志·文帝纪》《任城陈萧王传》《武文世王公传》，曹操的儿子有25位：

---

① 安徽青阳墩头《曹氏宗谱·曹氏家谱序》，清代曹氏族人修，清道光三十五年（1850年）活字本。

曹昂（？—197），是曹操和刘夫人长子，庶出，但是由曹操原配丁氏抚养长大，年轻时曾举孝廉。因张绣反叛而死于战乱之中。被二弟曹丕追尊为丰悼公，后又追尊为追悼王。

曹丕（187—226），是曹操和卞皇后长子，220 年称帝，为魏文帝。

曹彰（189—223），是曹操和卞皇后次子，绰号“黄须儿”，为一勇将，曾经大破代郡乌桓，223 年封任城王。

曹植（192—232），是曹操和卞皇后三子，擅长文学，曾作《洛神赋》。虽然得到曹操宠爱，但是与其兄曹丕争位失败，从此在政治上无从施展抱负，223 年封雍丘王，232 年封陈王。

曹熊（生卒年不详），是曹操和卞皇后四子，早薨。

曹铄（生卒年不详），是曹操和刘夫人次子，早薨。侄魏明帝曹叡后追封其为殇王。有子曹潜及孙曹偃，曹偃死后绝子嗣。

曹冲（196—208），是曹操和环夫人长子，为著名神童，13 岁时夭折。

曹据（生卒年不详），是曹操和环夫人次子，太和六年（232）封为彭城王。

曹宇（？—278），是曹操和环夫人三子，太和六年（232）封为燕王，魏元帝曹奂之父。

曹林（？—256），是曹操和杜夫人长子，太和六年（232）封为沛王。

曹衮（？—235），是曹操和杜夫人次子，太和六年（232）封为中山王。临终病重时魏明帝曹叡对其爱护备至，死后又获厚葬。

曹玹（生卒年不详），是曹操和秦夫人长子，建安十六年（211）封为西乡侯。

曹峻（？—259），是曹操和秦夫人次子，太和六年（232）封为陈留王。

曹矩（生卒年不详），是曹操和尹夫人独子，早薨。

曹干（216—261），是曹操和陈姬独子，生母陈氏去世，由王夫人抚养，太和六年（232）封为赵王。

曹上（生卒年不详），是曹操和孙姬长子，早薨。

曹彪（195—251），是曹操和孙姬次子，太和六年（232）封为楚王。

嘉平三年（251）与太尉王凌谋反事泄，被赐死。

曹勤（生卒年不详），是曹操和孙姬三子，早薨。

曹乘（生卒年不详），是曹操和李姬长子，早薨。

曹整（？—218），是曹操和李姬次子，建安二十二年（217）封为郿侯。

曹京（生卒年不详），是曹操和李姬三子，早薨。

曹均（？—219），是曹操和周姬独子，建安二十二年（217）封为樊侯。

曹棘（生卒年不详），是曹操和刘姬独子，早薨。

曹徽（？—241），是曹操和宋姬独子，太和六年（232）封为东平王。

曹茂（生卒年不详），是曹操和赵姬独子，与曹操及曹丕不和，太和六年（232）封为曲阳王。

其中，魏文帝曹丕（187—226），字子桓，沛国谯县（今属安徽亳州）人。三国时期曹魏开国皇帝，曹操的嫡长子，之后继承父亲的魏王封号与丞相的大权，最终胁迫东汉皇帝汉献帝刘协禅让，篡汉自立，建立魏朝，史称曹魏，谥文皇帝，有子曹叡等子10位。

除军政以外，曹丕自幼好文学，于诗、赋、文学皆有成就，尤擅长于五言诗，与其父曹操及其弟曹植并称三曹，今存《魏文帝集》二卷。另外，曹丕著有《典论》，当中的《论文》是中国文学史上第一部系统的文学批评专论作品。曹丕与父亲曹操、其子曹叡并称“魏氏三祖”。曹丕还命令刘劭、王象、缪袭等人编纂中国第一部类书《皇览》，开官方组织编纂类书的先河。

魏明帝曹叡（204—239），字元仲，是曹魏的第二位皇帝，从226年到239年在位，享年35岁。曹叡能诗文，唯文学成就远不及曹植和曹丕。曹叡是曹魏最后一位拥有实权的皇帝。自从曹叡崩后，曹爽掌权，魏帝自此沦为傀儡。再后来曹爽被司马懿发动高平陵之变斩杀，魏国大权完全落入司马氏家族手中。

曹叡的养子之一，是曹芳。曹芳（232—274）为曹魏在位最久的君主，但也是曹魏第一位傀儡皇帝，实权先后由曹爽、司马懿和司马师掌握。

曹叡的另一位养子，是曹奂。魏元帝曹奂（246—302），原名璜，字景明，是曹魏最后一个皇帝，260 年到 265 年在位。魏亡后，曹奂被封为陈留王，并迁居邺城。晋武帝司马炎，仿汉献帝刘协例，仍允许曹奂保有皇帝仪仗、用皇家礼仪祭祖、不以臣下自称。晋惠帝太安元年（302）曹奂死于许昌，享年五十七岁，以皇帝礼下葬，谥号元皇帝。

三国时代结束后，曹姓家族虽不再掌握实权，但仍旧有世系流传。曹奂被司马炎封为陈留王，子孙富贵，西晋灭亡时更与司马家一起南渡。又因为曹丕逼汉献帝禅让，曹奂又禅让给了司马炎，使得陈留王曹家在时人眼中成为禅让的代表。公元 420 年，刘裕篡晋时，便是当时的陈留王曹虔嗣领衔上表劝进。五十九年后，萧道成篡宋时，又是陈留王曹粲领衔劝进。之后，齐朝皇帝萧道成为了节约开支，把陈留国废掉，曹家从此成为平民。

然而，曹氏家族在其他领域也有不少名人。如在盛唐时期，包括诗人曹唐、曹松等，还有著名画家曹霸等，都似与曹操这个家族有关系。杜甫曾经专门写《丹青引赠曹将军》称赞曹霸的画作，第一句是："将军魏武之子孙，于今为庶为清门。英雄割据虽已矣，文彩风流今尚存。"三曹父子的文采风流，确实在唐朝得到了复苏。五代十国时期，名将曹彬再次振兴曹氏家族的武威。曹彬严于治军，尤重军纪，受到宋太祖赵匡胤的信任，在北宋统一战争中立下汗马功劳。乾德二年（964）曹彬参与攻灭后蜀，以不滥杀著称，升宣徽南院使。开宝七年（974）率水陆军十万攻灭南唐，次年克金陵。又决策伐北汉和攻辽，以功擢枢密使。雍熙三年（986），宋太宗分兵三路攻辽，曹彬为东路军主将。他因孤军冒进、兵疲粮乏撤军，于岐沟关之战大败，致使宋军全线溃退，被降为右骁卫上将军。后复起为侍中、武宁节度使。宋真宗即位后，曹彬复任枢密使。咸平二年（999），曹彬逝世，年六十九。追赠中书令、济阳郡王，谥号"武惠"。而宋朝至今如明代的曹文昭、清代的曹雪芹、近代的曹锟等，都是曹氏著名的族人。

四、曹氏家风家训

曹操性格上的繁复多变与经历的跌宕起伏，在儿子身上也得到了体现。如果在中国五千年历史范围内评选最优秀的父亲，曹操大概也能荣幸入围。他的儿子们不仅能力过人，体现能力的范围也各不相同，这一点应该与曹操对他们的刻意训练相关。

（一）曹氏家风

曹丕在他的文章《典论·自序》当中谈到了曹操对自己的教育方式，其中有几段文字特别有意思。曹丕说："余时年五岁。上以世方扰乱，教余学射。六岁而知射；又教余骑马，八岁而知骑射矣。以时之多难，故每征，余常从。"意思是："我五岁时，父王看到世局扰乱，教我学射箭，六岁能开弓，又教我骑马，八岁就能骑射了。"从这段文字当中，我们可以得到一个信息：曹操对孩子们的教育是文武兼顾，而且起步比较早，并且都是以实践为基础。出征的时候常常把孩子们带在身边，让他们亲身经历，亲身感受。

接下来曹丕就讲到了一件趣事：除了学骑射以外，曹丕还学了剑术，而且剑术非常高明。有一次，曹丕和曹操帐下的两员大将刘勋、邓展在一起喝酒，并且谈论剑术。邓展的剑术特别厉害，酒喝了几杯之后，大家都特别兴奋。因为当时在吃甘蔗，所以就决定以甘蔗代替宝剑来比试武艺。曹丕和邓展就各自拿了一根甘蔗，找了一个空旷的地方开始比试武艺。令众人没有想到的是，曹丕连续三次都击中了邓展的手臂，动作又快又准。邓展非常不服，因为他也是一个剑术非常高、非常有名的大将，他要求再打一次。这一次曹丕卖了个破绽，等邓展侧身攻过来的时候，曹丕迅速闪向一边，用甘蔗击中了邓展的额角，所有的人都惊呆了。在场的几人都很震惊，大家觉得曹丕的武艺很高。

这个故事是曹丕在自己的文章里写的，尽管可能言过其实，但从侧面也反映了他是个文武兼备的人。这些，都是曹操在子女教育当中给后人留下的启示。

曹丕文武全才，他更喜欢同文士诗人们交往，因为能够真情流露。就在建安七子之一的王粲死后，曹丕和陈琳、徐幹等一些文友临丧追悼。曹丕说：“王仲宣（王粲字）生前好听驴鸣，今天我们都叫一声送他吧！”于是他带头学了一声驴叫，其他人也一一叫起来，真切地悼念自己的文友。可见他们之间完全是平等的朋友关系。

曹操的第三子曹植，更是位天才少年。他十岁出头就诵读《诗经》《论语》以及辞赋几十万字，而且下笔成文，倚马可待。当邺城铜雀台刚建成时，曹操带领儿子们登台，命各人作赋。曹植第一个交卷，曹操阅后，不由连声称赞子建（曹植字）的才气。

曹植少年时代，曹操曾为儿子请了著名学者邯郸淳为师。曹植初见邯郸淳的时候，拜师礼十分别致。那时正值盛夏，曹植请邯郸淳坐下后，先不与他交谈，而是叫手下人取来洗澡水。曹植洗浴毕，拍着袒露的胸膛，富有节奏地跳起西域少数民族的舞蹈。舞毕，又表演了剑术和抛掷弹丸的杂技。最后，曹植还有声有色地朗诵了一篇内容生动的“俳优小说”——民间流传的故事。朗诵完毕，他才向前一步，走到邯郸淳的身边，谦恭地问道：“先生，您觉得我当您的学生，能合格吗？”邯郸淳高兴地回答：“好，太好了！”

曹操还有一个小儿子曹冲，字仓舒，环夫人所生，则是历史上一位著名的天才儿童，并且十分善良。有一次，孙权向曹操进贡来一头大象。北方人头一次见到大象，特别惊奇。曹操问部下大臣：“你们谁能知道这头巨象的重量呀？”一时议论纷纷。有的说，可以用大树做一杆特别大的秤来称量，有的说，把大象剁成碎块一块块来称量。这时曹冲才六岁，也在人群中看热闹。他跑到曹操面前说：“这有什么难的。把大象牵到一条船上，在水面浸到船帮的地方刻上记号。然后牵下大象，再往船里放进石头，等船帮上的记号再次沉到水面时，那船里石头的重量不就是大象的重量了吗？”曹操一听，高兴极了，就用这种办法称出了大象的重量。

（二）曹氏家训

曹操重视儿子们的教育，他曾说过：“生子当如孙仲谋，刘景升儿子若豚犬耳！”他非常赏识孙权的才华和品德，而藐视刘表的儿子刘琦、刘琮那样的无能之辈。《戒子植》《诸儿令》和《遗令》记载了曹操对儿子的教育情况。

在第三个儿子曹植二十三岁的时候，他写了《戒子植》。原文是这样说的：

> 思此时所行，无悔于今。今汝年亦二十三矣，可不勉欤！

翻译过来，大概意思是：“我曾经任顿丘县令，那时才二十三岁。想起那时的所作所为，到现在都没有后悔。你今年也已经二十三岁了，一定要勉励自己啊！”他是借自己二十三岁时的成就，勉励儿子也要像他那样有所作为。

曹操取得寿春、汉中和长安以后，打算派自己的儿子去管理。他把三个儿子都叫来，对他们说：

> 今寿春、汉中、长安先欲使一儿各往督令之，欲择慈孝不违吾命，亦未知用谁也。儿虽小时见爱，而长大能善，必用之。吾非有二言也。不但不私臣吏，儿子亦不欲有所私。

这是说，儿子们小时候虽然受曹操的宠爱，但现在长大了，只有有才能，才能被任用。这一原则是说一不二的，没有通融的余地。对部下，曹操是任人唯贤，不徇私情；同样，对他的儿子也是如此，长大了，曹操会量才而用，说到做到，任人唯贤。这就是《诸儿令》。

《遗令》是曹操在去世之前，写给他的继承人曹丕的：

> 吾夜半觉，小不佳；至明日，饮粥汗出，服当归汤。吾在军中，持法是也。至于小忿怒，大过失，不当效也。天下尚未安定，未得遵古也。吾有头病，自先着帻。吾死之后，持大服如存时，勿遗。百官当临殿中者，十五举音；葬毕，便除服；其将兵屯戍者，皆不得离屯部；有司各率乃职。敛以时服，葬于邺之西冈上，与西门豹祠相近，无藏金玉珠宝。吾婢妾

与伎人皆勤苦，使着铜雀台，善待之。于台堂上，安六尺床，下施穗帐，朝晡设脯糒之属。月旦、十五日，自朝至午，辄向帐中作伎乐。汝等时时登铜雀台，望吾西陵墓田。余香可分与诸夫人，不命祭。诸舍中无所为，可学作履组卖也。吾历官所得绶，皆着藏中。吾余衣裘，可别为一藏。不能者，兄弟可共分之。

意思是说，丧事要从俭，文臣武将谁也不能擅离职守，墓中不要放置金银财宝。他还说，自己在治军统兵的过程中，也曾因为忿怒或意气用事，犯过或大或小的过失，这些不能效法。

从中，我们不难得出曹操家训内容中值得借鉴的部分。

第三章
刑门之余：龙亢桓氏家族

龙亢是安徽省蚌埠市怀远县下属的一个镇，自从汉武帝于西汉建元四年（前137）设置龙亢县至今，该名已经沿用了两千余年。亢，指龙的咽喉，以“龙亢”命名体现了该地在军事、经济、交通方面的重要地位。龙亢镇俗名上集，它处于淮河支流涡河北岸，水运方便，经济发达。至汉建元四年（前137）始建龙亢县，该地名所辖地域虽历经变革，但至今不绝。

从东汉初年至东晋末年，龙亢桓氏家族涌现出了桓荣、桓郁、桓温、桓焉、桓玄等数十位对当时政治、经济、文化产生重要影响的人物。曹魏嘉平元年（249），桓范预于曹爽之狱而被诛夷。据《晋书》卷一《宣帝纪》载，司马懿处置曹爽一党，手段极其残忍：“诛曹爽之际，支党皆夷及三族，男女无少长、姑姊妹女子之适人者，皆杀之。”由于桓范被诛，桓氏成为刑家，因而在逃子孙力图隐蔽桓氏家世。然而，恒范后人又东山再起，成为当时最有实力的士族[①]。龙亢桓氏也一跃成为当时著名的门第。

一、龙亢桓氏的起源

龙亢桓氏，据《东观汉记》记载：“（桓）荣本齐桓公后也。”它源于姜姓，出自春秋时期齐国国君齐桓公，属于以谥号为氏。《东观汉记》是自东汉伊始随时更新的书籍，作者皆一时之俊彦，如班固、刘珍、蔡邕、杨彪等人。此书虽至汉末尚未完成，但作为官修史书，其可信度毋庸置疑。

关于以谥号为氏的具体情况，南宋史学家郑樵在《通志》一书中有着较

① 庞海丽：《骑猎红尘中：两晋南北朝名门往事》，郑州大学出版社 2016 年版，第 49 页。

为详细的记录。据《通志·氏族略》记载，春秋时期齐国君主齐襄公姜诸儿执政时言行多变、政令不信，国政混乱不堪。齐襄公有三个弟弟，分别是公子纠、公子小白、公子彭生。是时，公子纠的师傅管仲预感齐国将发生大乱，通知了好友鲍叔牙，于是诸公子纷纷外逃，公子纠逃到母族鲁国，公子小白在老师鲍叔牙的保护下逃到了莒国。

齐襄公十二年（前686)，大臣连称、管至父伙同齐襄公的堂弟公孙无知弑杀了齐襄公，公孙无知自立为君。由于公孙无知曾施暴虐于大夫雍廪，次年春天，雍廪乘鲁庄公姬同派军伐齐国之机刺杀了公孙无知。一时间齐国无君，举国上下更加混乱。得知此情况的公子纠和公子小白，俱连夜回国争夺君位。

当时，鲁庄公发兵护送公子小白的哥哥公子纠回国，并派管仲带兵堵截住了从莒国到齐国的路。两军相遇，管仲一箭射向公子小白，结果射中了公子小白的衣带钩。当时公子小白假装中箭倒地而死，于是管仲派人回鲁国报捷。鲁庄公觉得公子纠没有竞争对手了，就不慌不忙地护送公子纠回国，过了六天才到齐国都城。而公子小白早已由鲍叔牙陪同，日夜兼程赶回齐国并由大夫高傒立为国君了。公子小白赶回即位后，随即发兵迎击鲁国，在干时（今山东省桓台县）大战，鲁军败走。公子小白，就是著名的春秋五霸之首齐桓公。

齐桓公在位期间（前685—前643），摒弃前嫌，起用曾辅佐公子纠的管仲进行改革，建立宫廷官制，并构建地方行政机构，实行国野分治的方法。此外他还实行军政合一、粮食“平准”及保护私田等政策，使齐国国势发展到巅峰状态。同时，齐桓公还与邻国修好，归还以前侵占鲁国的棠、潜两邑，让鲁国作为南边的屏障；归还以前侵占卫国的台、原、姑、漆里四邑，让卫国成为西边的屏障；归还以前侵占燕国的柴夫、吠狗两邑，让燕国成为北部的屏障。齐桓公七年（前679），在甄召集宋国、陈国、蔡国、邾国四国诸侯会盟，齐桓公成为历史上第一个充当盟主的诸侯。后宋国违背盟约，齐桓公以周天子的名义，率几国诸侯伐宋，迫使宋国求和，此即“九合诸侯，一匡天下”的开端。

作为谥号，“桓”字是“古之君子，即戎忘身。明其果毅，尚其桓桓”

之义。按古代《谥法》的规定："辟土服远，克敬勤民，辟土兼国皆曰桓。"公子小白因此得到了周王室赐予的谥号"桓"，历史上称为齐桓公。在齐桓公的后裔子孙中，有以先祖谥号为姓氏者，称桓氏。桓作为姓氏世代相传至今，是非常古老的姓氏之一。姜姓桓氏族人皆奉齐桓公为得姓始祖。

二、龙亢桓氏家族发展演变史

从历史上看，桓氏家族同其他名门望族一样，几乎与各政权的兴衰有着密切联系，可谓几起几落。秦汉魏晋南北朝史著名学者田余庆先生曾分析说：桓氏家族在魏晋时期，经历了几次大的变化。桓范被诛，桓氏门户骤落，成为"刑门"，是第一次大变化。桓彝于东晋初年重兴家族以后，桓温秉权，至于求九锡，为王、谢诸士族所抑，是第二次大变化。桓玄起事以除司马道子父子，得到士族支持，至于废晋立楚，是第三次大变化。刘裕灭桓玄，桓氏家族势力彻底消亡，是第四次大变化[①]。

著名历史学家唐长孺先生说，魏晋士族地位，一般是依其家族近世官宦状况，而不是依其远祖即所谓"冢中枯骨"曾获得的政治地位为准[②]。

同时，另外一位魏晋南北朝史著名学者王仲荦先生也曾考证过，北京图书馆藏敦煌残卷位字七九号唐贞观八年（635）《条举氏族事件》，所列谯国郡姓凡八，桓氏居其一。时下史家议论，多以此件盖据旧籍言之，非谓自汉至唐桓氏始终居郡望，地位不衰[③]。可见，桓彝以后桓氏三世兴于江左，与东晋共始终。随着司马氏的衰落，龙亢桓氏也不复原先的辉煌。

（一）两汉时期的龙亢桓氏

通过传世典籍记载，我们现今只能知道龙亢桓氏的第一位名人为桓荣，

---

① 田余庆：《东晋门阀政治》，北京大学出版社 2005 年版。

② 唐长孺：《士族的形成和升降》，《魏晋南北朝史论拾遗》，中华书局 1983 年版。

③ 王仲荦：《〈唐贞观八年条举氏族事件〉残卷考释》，王仲荦：《䃸华山馆丛稿》，中华书局 1987 年版。

他已经是迁徙至此的数代之后了。但因为材料缺失，我们只能从他开始讲龙亢桓氏的世系。

1. 第一代

桓荣，字春卿，沛郡龙亢县（今安徽省怀远县龙亢镇）人，东汉初年大儒。他的生卒年不详，不过《后汉书·桓荣列传》记载，“建武十九年，年六十余，始辟大司徒府”，进入东汉朝廷的政治核心。由此可知，东汉光武帝建武十九年（43）时他有六十余岁。因而，他大概出生于公元前20年左右，西汉成帝时期。东汉明帝永平二年（59）以后，他的事迹不再见于相关史料记载，可知他大概八十岁去世。

桓荣年少时就学长安，跟随博士朱普学习《欧阳尚书》。桓荣家境贫穷，毫无资财，常常为他人做工用以养活自己。不过他精力充沛，十五年不回故乡一次，到王莽篡位时才回来。正赶上朱普去世，桓荣到九江奔丧，背土堆成坟，此后他便留下来教书，学生门徒有数百人。王莽改制失败后，天下大乱。桓荣抱着他的经书同弟子们一起逃到山谷之中躲藏起来，虽然常常饥饿困乏却不终止讲习讨论，后来客居江淮一带授徒。

六十多岁时，桓荣为光武帝刘秀所赏识，被选为议郎，入宫教授太子刘庄（汉明帝），后来又被授任为博士，讲授《尚书》。由于桓荣博学多才，每到朝会时，汉帝常让桓荣在公卿面前讲解经书。

建武二十八年（53），刘秀任命博士张佚为太子太傅，而任命桓荣为少傅，赐给他辎车、乘马。桓荣认为太子的经学已经学成，便上疏陈谢说：“臣有幸得在帷幄，讲经几年，但智学浅短，无以补益万分。现在皇太子凭着聪明的资质，通明经义，观览古今，没有哪位太子能专精博学像这样的。这真是国家的福祐，天下的幸运。臣师道已尽，其他都在太子。谨使掾臣汜再拜回家。”

建武中元二年（57），刘庄即位为帝，即汉明帝。明帝尊桓荣以师礼，桓荣很受尊重，明帝又授任桓荣二子为郎。当时桓荣年过八十，年迈多病，几次上书请求辞职，每次明帝都多加赏赐。明帝曾经坐车到太常府，让桓荣坐在东面，设置几杖，集合骠骑将军、东平王刘苍以下百官和桓荣的学生数百人，明帝亲自执业，每次开口就说："大师在这里。"礼毕，把太官供具全部赐给桓荣家，恩宠优渥。

永平二年（59），三雍建成，明帝拜桓荣为五更，不久后受封关内侯。桓荣在八十多岁时去世，明帝亲自为其送葬，赐冢茔于首阳山之南。

桓荣桃李满门，而且多有成就，除了两个侄儿和八名学生当了小官外，其他学生都官至公卿。

2. 第二代

根据史料记载，桓荣有两个儿子，分别是桓雍和桓郁，都凭借对经典的熟悉而被任为郎。

桓郁，字仲恩，桓荣次子，生年不详，卒于东汉永元五年（93）。他为人敦厚，好学深思，曾讲研《尚书》，教授门徒数百人。初，拜为议郎。桓荣逝后，按例当由桓郁承袭侯爵，但他十分谦让，上书汉明帝，表示愿将爵位让与侄子，朝廷未许，才不得已受封。但每年的租赋收入，桓郁都尽数给了侄子。可见此人的清高、超脱。爱屋及乌，刘庄对先师之子格外亲厚，常将桓郁邀入内廷，讨论经书，问以政事。不久，升其为侍中。刘庄曾自撰《五家要说章句》，令桓郁校定于宣明殿。因其品学兼优，后令其教授太子刘炟，改升其为越骑校尉。刘炟即位为章帝。于建初二年（77），迁郁为屯骑校尉。十余年后，太子刘肇即位为和帝，时和帝年少，桓郁复入宫廷为其侍讲《尚书》，并被改封为长乐少府，旋转为侍中奉车都尉。永元四年（92），代为太常；翌年病逝。

桓郁生前连为章、和二帝讲授经书，倍受恩宠，名重当世，泽及子孙。其父桓荣将朱普的《尚书章句》，删为二十三万言，桓郁不为所囿，再度删定为十三万言。故学界对他们父子的学术有"大小太常章句"的美誉。

3. 第三代

桓郁的长子是桓普，桓普世袭关内侯爵位，爵位传至其曾孙。

桓延，情况不详。

桓焉（?—143），字叔元，沛郡龙亢（今安徽怀远县龙亢镇）人，东汉大臣，经学大师桓荣之孙。初为郎官，明于经学，迁侍中、步兵校尉。汉顺帝在东宫为皇太子时，任太子太傅，以母忧辞职。又拜光禄大夫，转太常。汉顺帝即位，拜太傅，与太尉朱宠同参录尚书事，封阳平侯。永建三年（128），迁大鸿胪。永和五年（140），以太常代王龚为太尉。汉安二年（143），因灾异（日食）免。次年卒于家。

桓焉生二子，桓衡、桓顺。这一系十分重要，下面将会有另文介绍。

桓俊、桓鄷与桓良具体情况不详，但其子孙有名世者，亦将在下文介绍。

4. 第四代

桓衡、桓顺为桓焉之子，具体情况不详。

桓麟，字元凤，沛国龙亢人，约卒于汉桓帝建和中（约148），年四十一岁。他是东汉官员，太常桓荣之曾孙，桓郁之孙，桓鄷之子。桓麟年轻时已甚有才干，于汉桓帝时担任议郎，入侍讲禁中，因言事刚直而触忤内朝人员，被外放为许县县令，不久更因病免职。后来桓麟母亲逝世，桓麟不胜悲惶，很快也去世了。挚虞《文章志》载桓麟曾有文章十八篇、碑文九首、哀诔七首、《七说》以及《沛相郭府君书》留世。

桓鸾（108—184），字始春，沛郡龙亢人，东汉名士。龙舒侯相桓良之子，桓焉之侄。桓鸾自小已重视德操言行，饱读五经，舍财行善，济助孤寡。他对自己相当勤俭，平时穿着旧袍，吃低贱的食物，生性节约，不求盈余，对朋友却相当豪爽。桓鸾眼见世道混浊，州郡的执事令长都不是理想的官员，耻为其伍，所以一直不肯出仕。四十余岁时，太守向苗举桓鸾为孝廉，桓鸾便出任胶东令。但桓鸾刚到任，向苗就逝世了。桓鸾立即辞职，为向苗奔丧并服丧三年，淮州、汝州一带的士民均欣赏他的高义。后来桓鸾担任已吾县及汲县县令，颇有政绩，朝中官员都一起推荐桓鸾，于是桓鸾拜授议郎。任议郎后，桓鸾向朝廷上陈五事："举贤才，审授用，黜佞幸，省苑囿，息役赋。"其陈事书上奏朝廷后，因逆掌权宦官之意，而不被接纳。后来桓鸾因病免职，中平元年（184）时以77岁高龄卒于家中。有一子，名为桓晔。

5. 第五代

桓彬（133—178），字彦林，沛郡龙亢（今安徽怀远龙亢镇）人，桓麟之子，东汉著名文学家。初举孝廉，少与蔡邕齐名，拜尚书郎，与左右丞刘歆、杜希交善。后来由于得罪中常侍曹节，被陷为朋党，因而见废。光和元年（178），卒于家，年四十六岁。蔡邕等共论序其志，树碑而颂之。范晔的《后汉书》评价他“夙智早成，岐嶷也；学优文丽，至通也；仁不苟禄，绝高也；辞隆从窳，洁操也”。

桓典（？—201），字公雅，沛国龙亢人，东汉官员，太傅桓焉之孙，桓顺之子。李贤注引华峤《后汉书》中有这样的记载：“典十二丧父母，事叔母如事亲。立廉操，不取于人，门生故吏问遗，一无所受。”[①] 意思是桓典十二岁时就丧父母，由叔母养育成人，因此他侍奉叔母犹如父母。桓典自少重视德行，不收取别人的东西，即使是父祖的门生故吏慰问赠施，他也一概不肯接受。长大后于颍川教授《尚书》，门徒有数百人。后来桓典举孝廉为郎官，沛国相王吉因罪被诛，他的故人亲戚都不敢为其赴丧，唯独桓典弃官收葬王吉，并为他服丧三年，堆土筑坟，建立祠堂，尽过子民之礼方才离去。

后来桓典受司徒袁隗所辟，拜任侍御史。当时朝中宦官秉权，桓典执政处事却对他们毫不畏忌。桓典经常骑着一匹青骢马，洛阳官吏都对他感到畏忌，更有“行行且止，避骢马御史”之语流传。荥阳爆发黄巾之乱，桓典奉命督军，破黄巾后凯旋回朝，却因触忤宦官，而不获封赏。桓典任御史之职达七年，均未获调升，不久被贬为郎官。

汉灵帝驾崩后，大将军何进秉政，桓典便与他同谋商议对付宦官，迁任平津都尉、钩盾令、羽林中郎将。汉献帝即位后，三公上奏指桓典曾与何进谋诛宦官，虽不成功，但足见忠义。于是献帝下诏拜桓典家中一人为郎官，又赐钱二十万。桓典随驾入长安时，官拜御史中丞，赐爵关内侯。曹操迎献帝幸许都，桓典又迁光禄勋。后于建安六年（201）逝世。

---

① 《后汉书》卷三七《桓荣传》附《桓典传》，中华书局 1965 年版，第 1258 页。

桓晔，字文林，沛郡龙亢人，本名桓严，东汉名士，议郎桓鸾之子，约卒于公元 190 年以后。

桓晔自少已经重视修养志节。他的姑母是司空杨赐（杨震之孙、杨彪之父）的夫人，在桓晔父亲桓鸾逝世的时候，姑母回娘家赴丧，却在中途的传舍里慢条斯理地整理衣饰，之后才回到家中。这件事桓晔得知后，怏怏不乐，不以为然。当姑母慰问他时，他只是一味号哭，不肯回答姑母一句话。姑丈杨赐后来派人打理桓鸾祠灵，并通过县官给予桓晔祠具，桓晔都不肯接受。此后每次桓晔到京师洛阳时，都不会前往投靠姑丈及姑母，可见其坚持与执着。宾客从者都敬重桓晔的志向与德行。

后来桓晔出任郡功曹，后举孝廉、有道、方正、茂才，三公一起辟任他，他都不肯赴任。初平年间，天下纷乱，桓晔避祸会稽，扬州刺史刘繇及会稽太守王朗先后加以接济，桓晔都不肯接受。后来桓晔循海路前往交趾，但在与南越人相处的时候，被恶人诬陷，死于合浦郡的监狱。

6. 旁支杰出

上文，我们提到了桓荣的家世，知道了在他之前仍有五六代人生活在龙亢或其周边地区。然而，去日久远，详细的史料记载缺失，导致了之前的世系不甚明了。但在两汉时期，桓姓人在今安徽大地仍留下了浓墨重彩的一笔。作为桓氏的旁支，以东汉桓谭为代表的沛国相（今安徽省淮北市相山区）人，亦需重要介绍。

桓谭（前 23 年前后至 56 年前后），字君山，东汉哲学家、经学家、琴师、天文学家。他 17 岁入朝，79 岁卒于任上，历事西汉、王莽（新）、东汉三朝，官至议郎、给事中、郡丞。爱好音律，善鼓琴，博学多通，遍习五经，喜非毁俗儒。著有《新论》29 篇。

（二）魏晋时期的龙亢桓氏

1. 桓范

三国时期曹魏大司农桓范亦为沛国人士。桓范（？—249），字元则，沛国龙亢（今安徽省怀远县龙亢镇）人。三国时期曹魏大臣、文学家、画家。建安末年，入丞相府，与王象等共撰《皇览》。

正始年间，桓范被任命为大司农，以清廉节俭见称。辅政的大将军曹爽因为与桓范是同乡，所以对他特别礼待，但二人关系并不密切。而曹爽专政时贪图逸乐，兄弟多次一同出游，桓范亦有劝止，但曹爽以为无人会对他的权力有威胁，始终不听。

正始十年（249），司马懿发生高平陵之变。太傅司马懿趁曹爽兄弟随曹芳拜谒高平陵之机发动政变，关闭洛阳城门，并奉太后诏命桓范行中领军事，接管中领军曹羲的军队。桓范正要应命，但他的儿子以皇帝在曹爽那边，力劝桓范投奔曹爽，桓范最终改变主意。桓范出行时，大司农属官全部都劝阻他，但桓范不听，在平昌门向由他举荐的门候司蕃讹称得到诏命而成功出城。桓范见到曹爽兄弟后，劝他们带着皇帝到许昌，以皇帝为号召要求全国其他军事力量支援，与司马懿对抗；又以大司农印绶担保不会缺粮。但曹爽兄弟都不能下决定，一晚后曹爽决心要罢官投降，以为顺从地交出权力还可以继续富裕奢华的侯爵生活，保存家族。桓范见此大哭着说："曹子丹佳人，生汝兄弟，豚犊耳！何图今日坐汝等族灭矣！"及后随曹爽回到洛阳。此时司蕃供出桓范曾在出城时说司马懿谋反，最后桓范被控以诬告谋反之罪而送交廷尉，与曹爽等人并为一党，一同处死，并诛灭三族。

桓范曾撮写《汉书》中的一些记述，自己加以修改和评论后，写成《世要论》一书。而从世系来看，桓范似桓氏家族中桓典之后的下一代。

2. 桓楷、桓颢

桓楷，晋人，生卒年不详，字正则，郡望在谯国龙亢，是桓荣七世孙，任济北相。有子桓颢，孙桓彝。桓颢，官至西晋公府掾、郎中。

3. 桓彝

桓彝（276—328），字茂伦，谯国龙亢人。东汉桓荣的九世孙。在近世的家谱排序中，一些学者认为他可能是曹魏大司农桓范的后代。依据正史记载，桓彝之父是桓颢，官至郎中。桓彝在东晋曾任散骑常侍、宣城内史等职，在苏峻之乱中拒降战死。

桓彝年少就丧父，家境贫寒，但安贫乐道，性格旷达开朗，年纪轻轻已获得很高名声，并有鉴人之才。桓彝年轻时就与庾亮等人深交。晋惠帝时为州主簿，拜骑都尉。后随时任安东将军的晋元帝南渡，任逡遒县令。不久任丞相中兵属，累迁中书郎、尚书吏部郎等官职，名震一时。

检阅历史典籍记载，《晋书》卷七四《桓彝传》："彝少孤贫……性通朗，有人伦识鉴，拔才取士，或出于无闻，或得之孩抱，时人方之许、郭。"《晋书》卷七四《徐宁传》："彝称有人伦识鉴。"《艺文类聚》卷六引《晋中兴书》称桓彝"年在弱冠，便有知人之鉴"。受到桓氏在三国时为刑余之家以及晋朝司马氏南渡的影响，相关资料大多散失，《晋书》各传及笔记小说如《群辅录》《名士传》《世说新语》等或有抵牾之处，致使桓氏是中朝名士，还是江左新贵，仍有待考证。但依桓楷、桓颢和桓彝的世系脉络，则《晋书》的说法仍有极高的可信度。

自桓氏南渡之后，桓彝始与昔日元康名士之南来者交游，遂得列名于"八达"之中，从而增加了桓彝自己与桓氏家族的名望。但桓彝毕竟没有条件凭门第坐取高位，只能以事功为用，求得晋身。桓彝南下之初，不过为江北荒县一令，迟至司马睿为丞相之后，始得过江为丞相府属。桓彝过江时奉母携同堂弟卜居接近长江的宣城宛陵，族单势弱。晋元帝初（317—322），桓彝被任命为安东将军、浚遒县（今安徽肥东县境）县令。由于他的才华，短短三四年间，桓彝就晋升成为正式的朝廷官员。桓彝得以进入东晋政治的上层，主要是由于参与明帝密谋，引流民帅以制王敦有功。桓彝死于苏峻之乱，更提高了桓氏家族在东晋的地位，为尔后桓温继王、庾诸族居位，奠立了基础。

关于王敦之乱，又称王敦之叛，是东晋初年发生的一场动乱，爆发于晋元帝永昌元年（322），结束于明帝太宁二年（324）。这场动乱由出身琅琊王氏的权臣王敦所发动，以诛刘隗为名进攻建康，并击败朝廷军队。后王敦自任丞相，诛杀周顗等人，并在武昌遥控朝廷。王敦执掌朝政后，疑忌一众有名望的士族，桓彝因而称病辞职。及至太宁二年（324），晋明帝派将讨伐王敦时，桓彝获任命为散骑常侍，参与机密谋略。王敦之乱平定后，获封万宁男。及后就出任宣城内史，任内亦有德政，受当地百姓爱戴。

关于苏峻之乱，它是东晋成帝年间发生的一次大规模叛乱，爆发于咸和二年（327），由历阳内史苏峻发起，联结镇西将军祖约，以讨伐庾亮为名，起兵进攻建康，于次年攻破建康执掌朝政。庾亮则与江州刺史温峤推举征西大将军陶侃为盟主，建立讨伐军反抗苏峻，同时三吴地区亦有义兵起兵。乱事于咸和四年（329）随苏峻于前一年战死和余众陆续被消灭而结束。

咸和二年（327），苏峻联合祖约以讨庾亮为名起兵叛乱，桓彝知道后，征集义兵打算助朝廷讨伐苏峻。但长史裨惠认为宣城郡的兵众少而战斗力弱，而且居于附近山野的外族常作侵扰，建议桓彝不要马上举兵支援朝廷，待日后时机适当时再举兵，但桓彝厉声拒绝。桓彝后便派将军朱绰到芜湖讨伐苏峻的一支偏军，并成功击破。桓彝不久就领兵到石硊，此时朝廷所派守慈湖的司马流被苏峻军将领韩晃领兵击败，敌军因而长驱直进，并于芜湖击败桓彝。桓彝见宣城郡没有可作坚守的城，于是退守广德。

次年，苏峻领兵攻破建康，专掌朝政。桓彝知道后慷慨流涕，并进屯泾县。当时裨惠以附近州郡大部分都投降苏峻为由，劝桓彝假意投降，免被攻打。但桓彝拒绝与苏峻通和，后更遣将军俞纵守兰石。苏峻随后派韩晃进攻兰石，俞纵力战而死。韩晃接着进击桓彝，桓彝唯有据守城池，但势孤力弱。围困的苏峻军曾向桓彝劝降，而桓彝部将亦劝他假意投降，后再另策图谋，但桓彝坚拒投降。最终于当年六月被韩晃攻破城池，桓彝被俘杀，时年五十三。当时桓彝诸子都因逃命而不能治丧，桓彝的丧事是由一位叫纪世和的宣城人处理的，收其遗骸葬于城北东门渡。后宣城人民感念桓彝的德政与忠勇，在城内建桓公祠以祭之，惜今不知所踪。

咸和四年（329），苏峻之乱被东晋的重臣名将温峤、陶侃率领的王师平定，朝廷向桓彝追赠廷尉，谥简。后于咸安年间改赠太常。

桓彝有子名于世者，共五人，他们分别是桓温、桓云、桓豁、桓秘和桓冲。

4. 桓温

桓温（312—373），字元子。东晋重要将领及权臣、军事家，谯国桓氏代表人物，官至大司马、录尚书事。宣城内史桓彝长子，因领兵消灭成汉而声名大盛，又曾三次领导北伐，掌握朝政并曾操纵废立，更有意夺取帝位，但终因最后一次北伐大败而令声望受损，受制于朝中王氏和谢氏势力而未能如愿。死前欲得九锡，亦因谢安等人借故拖延，直至去世时也未能实现。因桓温获赐谥号宣武，故《世说新语》称其为“桓宣武”。其子桓玄后来一度篡夺东晋帝位而建立桓楚，追尊桓温为“楚宣武帝”。

桓温成年后，娶南康长公主，拜任驸马都尉，并承袭父爵万宁男。咸康元年（335）任琅琊太守。后升辅国将军。建元元年（343），桓温配合征西将军庾翼的北伐行动，假节任前锋小督，进据临淮。三个月后，桓温升为都督青徐兖三州诸军事、徐州刺史。永和元年（345），庾翼病死，临终前上表求以儿子庾爰之接掌荆州，作为自己的继任者。但辅政的何充则推荐桓温，于是桓温于当年获任安西将军，持节都督荆司雍益梁宁六州诸军事、领护南蛮校尉、荆州刺史，代替庾氏镇守荆州。

永和二年（346），桓温趁成汉内部不稳，汉主李势荒淫无道令国家衰弱之机，决心征伐。当年十一月就上表朝廷，并立刻率领益州刺史周抚、南郡太守谯王司马无忌和建武将军袁乔等进攻成汉。桓温平蜀后留驻成都一个月，在当地举任贤能，表彰美善。又以成汉旧臣谯献之、常璩等人作为自己参佐，成功安抚当地人民。桓温即将返回荆州时，隗文、邓定等人在蜀地叛乱，桓温与袁乔、周抚等各自领兵讨伐，都将对方击破。后桓温领兵还镇江陵（今湖北江陵县）。

永和四年（348），朝廷以桓温平蜀的功勋，升桓温为征西大将军、开府仪同三司，封临贺郡公。

桓温最重要的功绩，就是三次北伐，分别于公元354年、356年及369年发动北伐北方十六国的战役。其中，第二次北伐成功收复洛阳。

永和十二年（356）三月，桓温打算发动第二次北伐，请求移都洛阳，修复园陵。虽然桓温上奏十多次都不被允许，朝廷却拜桓温为征讨大都督，督司、冀二州诸军事，主征讨之事。七月，桓温从江陵起兵发动第二次北伐。八月，桓温进军洛阳以南的伊水，当时羌人姚襄正在围攻洛阳，见桓温攻来，于是撤去洛阳的围城军队去抵御桓温。桓温终在伊水大破姚襄，姚襄逃走。及后，据有洛阳的周成献城向桓温投降，桓温于是成功收复故都洛阳。桓温及后拜谒各皇陵并修复其中已被毁坏者。桓温留颍川太守毛穆之、河南太守戴施等守护洛阳，自己则领三千多家归降的人民南迁至长江、汉水一带，返回荆州。升平四年（360），桓温进封南郡公。

隆和元年（362），前燕将领吕护进攻洛阳，桓温派庾希及邓遐助陈祐守城。桓温亦上奏请求晋室迁都洛阳，又建议南迁的士族返乡。朝廷畏惧桓温，不敢有异议；但士族们已安于南方，根本不愿北返。此时，扬州刺史王述认为桓温只是以迁都之名威压朝廷，并非真心想还都洛阳，只要表示顺从便可，毋须实行。诏书下达后，晋室始终没有还都洛阳。

兴宁元年（363），桓温获加授侍中、大司马、都督中外诸军事、录尚书事、假黄钺。次年，桓温率水军移守合肥，朝廷改以桓温为扬州牧、录尚书事，并两度征桓温入朝。桓温在第二次征召时才入朝，行至赭圻时停止并留驻当地。当时前燕又再进攻洛阳，守将陈祐留兵出奔。司马昱知道后，于兴宁三年（365）与桓温商议征讨之事，并让桓温移镇姑孰。但同年因晋哀帝死，征伐之事就暂停。同年，前燕攻陷洛阳。

此后，桓温树立了更高的威望，以大司马专权。

5. 桓温兄弟

桓云，桓温二弟，官至江州刺史。

桓豁，桓温三弟，东晋将领，官至征西大将军。

桓秘，桓温四弟，官至辅国将军、宣城内史。桓温临死前，他与桓温子桓熙和桓济合谋杀死将接掌桓温兵众的桓冲。事败后被朝廷弃用。

桓冲，桓温幼弟，有武干，受桓温器重。官至车骑将军。

下面将分别介绍：

桓云（？—360），字云子，东晋将领，宣城内史桓彝次子。

桓云在永和四年（348）承袭其父爵位万宁县男，曾任建武将军、义成太守。后来升任江州刺史，都督司豫二州诸军事，领镇蛮护军、西阳太守、假节。当时桓云在江州招集人手，目的为了储备充足军备，但其中行为多见枉法滥权，众人都对此有嗟怨之声。但当时桓温掌权，桓云作为桓温二弟，朝中都没有人敢弹劾桓云。升平四年（360），桓云逝世，朝廷追赠平南将军，谥号贞。

桓云有子桓序，官至宣城内史。

桓豁（320—377），字朗子。桓豁于桓温内镇姑孰后接替他任荆州刺史，任内努力助东晋抵抗前秦，在前秦多场对荆州、蜀地或前凉的战事中都有出兵抵抗或支援。

兴宁二年（364），桓温加领扬州牧，并向东移镇至赭圻。次年再东移至姑孰，于是让桓豁假节监荆州、扬州之义城及雍州之京兆诸军事，并接替自己领南蛮校尉及荆州刺史。但桓豁上任后当年，即遇上梁州刺史司马勋起兵叛乱，桓豁于是在下一年，即太和元年（366）派督护桓罴领兵进攻梁州治所南郑，协助平定叛乱。同年七月，前秦王猛、杨安等人南攻荆州，进攻南乡郡，桓豁于是领兵救援。桓豁于下月移屯新野时，前秦军掠民北归。又同年，南阳督护赵亿等占据宛城并降前燕，前燕于是派南中郎将赵盘入戍宛城。桓豁于太和二年（367）与竟陵太守罗崇进攻宛城，攻破后追击赵盘至鲁阳时将其俘获，事后在宛城戍兵并南归。

桓豁有子数人，显达者六人，余下将另文介绍。

桓秘，字穆子，权臣桓温的四弟，官至散骑常侍。

桓秘少时已甚具才气，起初拜为秘书郎，被兄长桓温压抑而未受重用，后来历任辅国将军、宣城内史。梁州刺史司马勋叛晋，走入蜀地，桓秘受任梁益二州征讨军事、假节，带兵协讨司马勋。功成后任散骑常侍，徙中领军。晋孝武帝即位时，妖贼卢竦入宫，桓秘与左卫将军殷康入击卢竦。桓温调查此事时，却将桓秘免官，令其闲居于宛陵。后来，桓秘无心政事，放志田园，以山水为乐，最后比桓冲更早逝世。桓秘文采不俗，曾与谢安、习凿齿等人有书信往来，亦有诗作十首传世，辞理均有可观之处。习凿齿有《与桓秘书》留世。

桓蔚是桓秘的儿子，官至散骑常侍、游击将军。后来桓玄篡晋建楚，便以桓蔚为醴陵王。在后来的战斗中，桓蔚败于鲁宗之、何无忌，最后投奔后秦。

桓冲（328—384），字幼子，小字买德郎。东晋宣城内史桓彝之子，大司马桓温弟，东晋著名将领、军事家。

桓冲忠于晋室，虽桓氏与以谢安为首的陈郡谢氏有所冲突，但仍以国家为首，牺牲宗族利益，将原本桓温时取得的扬州刺史职位让给了谢安，反倒自愿出镇外地。后桓冲又与谢氏于东西两边协力防御前秦的进攻，助东晋于淝水之战中获胜，但于战后翌年病逝。桓冲在东晋官至车骑将军，故被称为桓车骑。后桓玄称帝，追赠太傅、宣城王。

桓冲有七个儿子的名字被史书记录，后文将有详细介绍。

6. 桓温的子女

桓温的子女被记载的一共有 8 人，有子 6 人，女 2 人。其中，桓温的女儿一人，嫁王愉；桓温的女儿另一人，嫁王裕之。桓温的儿子如下：

桓熙，字伯道，是东晋权臣桓温之长子。他本来是桓温属意的继承人，可是长大后因为才干不足，桓温将后事托付予桓冲。后来桓温病重，桓熙竟然与亲叔桓秘及弟弟桓济合谋想杀掉桓冲，桓冲知其恶意，刻意回避。后来桓冲将桓熙徙置于长沙。自此桓熙再无力影响政局。

桓济，字仲道。他于晋穆帝升平四年（360）时被封为临贺县公，后来官至给事中。由于父亲桓温认为其长子桓熙缺乏才干，将大事托付予自己的弟弟桓冲。桓济因与桓熙谋杀桓冲失败，桓冲将桓熙、桓济兄弟一起徙置于长沙。桓济之子桓亮（？—405），字景真。桓玄死后，他自号江州刺史，攻打豫章，却被真正的江州刺史刘敬宣击败。后来他又自号镇南将军、湘州刺史，出兵湘中，杀死衡阳前太守韩绘之等郡内官员。最后桓亮被广武将军郭弥所杀，死于益阳。

桓歆，字叔道。被赐爵为临贺公。桓玄篡晋建楚后遭击溃，桓歆亦于历阳、芍陂等地被魏咏之、诸葛长民所破，仅以身免，单人匹马渡过淮河避难。

桓祎，无可书事迹。

桓伟，东晋将领，官至安西将军，领南蛮校尉、荆州刺史，使持节督荆益宁秦梁五州诸军事。

桓玄，桓温幼子，袭桓温爵。东晋官至相国，后篡位建立桓楚。最终被刘裕所主持的讨伐军击败并被杀。由于他影响到了整个六朝历史，故将于下一部分详述。

7. 桓玄

桓玄（369—404），字敬道，一名灵宝，谯国桓氏代表人物，东晋名将桓温之子，东晋末期桓楚政权建立者。他曾消灭殷仲堪和杨佺期的势力，占据荆江广大土地，后更消灭了掌握朝政的司马道子父子，掌握朝权。次年桓玄就篡位建立桓楚，但三个月后刘裕就举义兵反抗桓玄，桓玄不敌而逃奔江陵重整军力，但后再被西讨的义军击败。桓玄试图入蜀，途中遇上护送毛璠灵柩的费恬等人，遭益州督护冯迁杀害。桓玄因曾袭父亲“南郡公”之爵，故世称“桓南郡”。

桓玄自幼为桓温所喜爱。宁康元年（373），桓温去世，遗命其弟桓冲统率其军队，并接替他任扬州刺史，并以时年五岁的桓玄承袭其封爵南郡公。两年后，桓玄的服丧期满，桓冲亦离任扬州刺史，扬州文武官员与桓冲告别，桓冲摸着桓玄的头说：“这是你家的旧官属呀。”桓玄听后就掩面哭泣，众人都对这反应感到诧异。

桓玄长大后，相貌奇伟，神态爽朗，博通艺术，亦善写文章。他对自己的才能和门第颇为自负，总认为自己是英雄豪杰，然而由于其父桓温晚年有篡位的迹象，所以朝廷一直对他深怀戒心而不敢任用。直至太元十六年(391)，二十三岁的桓玄才被任命为太子洗马，几年后出京任义兴(今江苏宜兴)太守。但还是颇觉不得志，曾感叹："父为九州伯，儿为五湖长！"于是就弃官回到其封国南郡。

桓玄住在南郡的治所，也就是荆州的治所江陵，优游无事。桓玄凭借父叔长年治理荆州的威望而专横荆州，士民都很畏惧他。殷仲堪是荆州刺史，对桓玄十分敬畏，因而与其深交。桓玄也打算借助殷仲堪的军力，故此也不断取悦他。

隆安三年(399)，桓玄请求扩大其辖区，而司马元显亦想以此离间桓玄与殷仲堪、杨佺期二人的关系，故此加桓玄都督荆州长沙郡、衡阳郡、湘东郡及零陵郡四郡诸军事，并改以桓玄兄桓伟代杨佺期兄杨广为南蛮校尉。此举果然触怒了杨佺期兄弟，杨佺期更打算以支援后秦围攻的洛阳为名起兵，但皆被殷仲堪阻止。当年荆州有大水，殷仲堪开仓赈济灾民，桓玄就乘此机会起兵，亦以救援洛阳为名。当时桓玄写信给殷仲堪，称他要消灭杨佺期，并命殷仲堪收杀杨广，否则自己会进攻江陵。桓玄袭取殷仲堪在巴陵的积粮，又向路经夏口的梁州刺史郭铨假称收到朝廷下令，命郭铨为自己前锋以讨杨佺期，并授江夏兵予他，命他督诸军前进。

至元兴元年(402)，司马元显下诏讨伐桓玄，桓玄在京的堂兄桓石生密报桓玄，桓玄即封锁长江漕运。当时司马元显因畏惧桓玄，登船而未敢出兵。刘牢之因担忧击败桓玄后会不容于司马元显，竟与其手下北府军一起向桓玄投降。桓玄实力大增，逼近建康，司马元显试图守城，但很快溃败。桓玄入京后，称诏解严，并由自己总掌国事，又列举了会稽王司马道子及司马元显的罪恶，流放司马道子到安成郡。数月后桓玄派人杀死司马道子，又杀司马元显。

元兴二年(403)十一月，桓玄加自己的冠冕至皇帝规格的十二旒，又加车马仪仗及乐器，以楚王妃为王后，楚国世子为太子。十一月丁丑日(12月17日)，由卞范之写好禅让诏书并命临川王司马宝逼晋安帝抄写。庚辰日(12

月 20 日），由兼太保、司徒王谧奉玺绶，将晋安帝的帝位禅让给桓玄。桓玄随后迁晋安帝至永安宫，又迁太庙的晋朝诸帝神主至琅邪国。及后百官到姑孰劝进，桓玄又假意辞让，官员又坚持劝请，桓玄于是筑坛告天，于十二月壬辰日（404 年 1 月 1 日）正式登位为帝，并改元“永始”，改封晋安帝为平固王，不久迁于寻阳。

桓玄篡位以后，骄奢荒侈，游猎无度，夜以继日地游乐。手下北府旧将刘裕、何无忌与刘毅等人于是乘机举义兵讨伐桓玄。元兴三年（404）五月壬午日（6 月 19 日），桓玄被冯迁杀死于奔梁州的船上。

桓玄有子桓昇，封豫章王，桓玄死后亦被捕，于江陵被杀。

8. 桓豁之子

桓豁有二十个儿子，因为听闻前秦中有歌谣说：“谁谓尔坚石打碎。”于是所有儿子名字中都有“石”字以应此歌谣。然而，知名的儿子只有六个，分别是桓石虔、桓石秀、桓石民、桓石生、桓石绥和桓石康。

桓石虔（？—388），小字镇恶。晋朝重要将领，桓彝之孙，桓豁之子，以勇猛矫捷闻名，官至豫州刺史。

太元三年（378），前秦出兵侵略淮南地区，朝廷下诏授桓石虔为奋威将军、南平太守。不久进号冠军将军。太元六年（381），前秦荆州刺史都贵率阎振和吴仲攻竟陵。桓冲派桓石虔和桓石民去抵抗，并击败敌军。前秦军退守管城，以激水阻拒晋军。桓石虔却以计夜渡激水，到对岸后前秦军才发现。在桓石虔的力战下晋军终攻下管城，擒获阎振和吴仲，杀敌七千并俘虏万人以及大批战利品。都贵退保襄阳，而桓石虔就加领河东太守。太元八年（383），桓冲自荆州举兵攻伐前秦，桓石虔进据樊城。太元十三年（388），桓石虔去世，朝廷追赠右将军，又追论其平定阎振的功勋，追封作唐侯。

桓石虔有子桓洪，为襄城太守。又有子桓振，为扬武将军、淮南太守，后又迁任江夏相。桓玄败死后，桓震继续领导桓楚余众对抗东晋，终因兵败被杀。桓震有子桓诞，字天生。曾出兵南攻义阳、竟陵，均无功。《南齐书·陈显达传》记载，桓诞似以桓氏宗室的名义于太和十八年（494）入朝洛阳，寻卒。

桓石秀，生卒年不详。曾代叔父桓冲担任宁远将军、江州刺史、领镇蛮护军、西阳太守，居于寻阳。

桓石民（？—389），其妻为谢安兄长谢奕的女儿谢道辉（谢道韫之妹）。桓石民历任显职，甚具名望，多番击败敌国。桓冲生前曾派遣竟陵太守赵统攻伐襄阳，桓石民继任后继续派兵助攻襄阳。后来苻坚于淝水之战大败，桓石民派遣南阳太守高茂率军保卫晋室皇陵。389 年，他卒于荆州刺史任上，没有子嗣。朝廷派太原王氏的王忱接掌荆州，谯国桓氏因此失去担任方镇刺史的重要人物。

桓石生，曾任司徒左长史，隆安年间迁任侍中，又历任骠骑将军、太傅长史。会稽王世子司马元显将要讨伐桓玄时，桓石生迅即致信桓玄，向其报知这个消息。桓玄亦因此事而感激桓石生。后来桓玄篡晋建楚，便封桓石生为前将军、江州刺史。桓石生后来卒于任上。

桓石绥（？—410），会稽世子司马元显执政时，桓石绥任司徒司马德文的左长史。元兴元年（402），桓玄消灭司马道子、司马元显父子的势力掌政，桓石绥任黄门郎、左卫将军。桓玄败死后仍持续抵抗东晋，终失败被杀。《晋书》以桓石绥的死亡标志桓楚余党的灭亡，桓氏至此也没落下去。

9. 桓冲之子

桓冲之子有桓嗣、桓谦、桓修、桓崇、桓弘、桓羡和桓怡等人。其中，后四位生平简略，就不再详细介绍了。

桓嗣，字恭祖，小字豹奴。东晋车骑将军桓冲之长子。桓谦、桓修等人之兄。桓嗣少已有清誉，与桓豁之子桓石秀并称，二人都是桓氏子侄中的出色人物。当桓冲代桓豁处理对西方事务时，朝廷便颁诏令桓嗣都督荆州三郡、豫州四郡的军事，并担任建威将军、江州刺史。桓嗣处事简约，家中居所及工作的地方都以茅木作为建筑材料，墙板等材料则交予船官作建船之用。后来桓嗣转职西阳、襄城二郡太守，镇守夏口，后领江夏相，最后卒于任上。朝廷追赠他为南中郎将，谥号为“靖”。其子桓胤（？—407），字茂远，嗣爵。桓玄败后因祖父故而获免死，但后来卷入殷仲文谋反的事件，被诛杀。

桓谦（？—410），字敬祖，谯国龙亢（今安徽怀远）人。东晋末期人物，车骑将军桓冲次子。在晋官至西中郎将、荆州刺史；桓楚时官至侍中、卫将军。桓玄死后，桓谦仍然抵抗东晋，并于失败后出奔后秦。后又因支持西蜀王谯纵对抗东晋而入蜀，终在西蜀的军事行动中而再度与东晋作战，被刘道规击败，最终被杀。

桓修，字承祖，小名崖。桓玄执政后，命桓修都督六州军事，担任右将军、徐兖二州刺史、假节。后来桓修迁任抚军将军，加封散骑常侍。桓玄篡晋建楚后，封桓修为抚军大将军、安成王。最后，刘裕起兵遵伐桓玄，桓修为刘裕所杀。

随后桓氏被灭族，侥幸逃生者也均更名改姓，逃匿他乡，桓氏家族至此也走完了其辉煌的历程。

三、龙亢桓氏家风家训

龙亢桓氏家族自形成之日就有诗书传家的传统，好学的家风、严格的家训累进不替。

（一）桓氏家风

生活于西汉末年、东汉初年的桓荣在青年时代就曾学于经学博士朱普的门下，积累了深厚的经学根底，由此而开龙亢桓氏好学之风。

当时人就这样评价桓荣，说他"少学长安，习《欧阳尚书》，事博士九江朱普。贫窭无资，常客佣以自给，精力不倦，十五年不窥家园"[①]。建武十九年（43），桓荣六十多岁，开始在大司徒府任职。当时明帝刚刚被立为皇太子，选求通晓经籍之人，便提升桓荣的弟子豫章人何汤为虎贲中郎将，教太子《尚书》。光武帝询问何汤的老师是谁，何汤回答说是沛国桓荣。于是光武帝随即召见桓荣，让他解说《尚书》，对他十分欣赏。桓荣被拜为议郎，赐钱十万，入宫教授太子。每次朝会，皇帝都让桓荣在公卿之前陈述经书，对他大加称赞，相见恨晚。恰逢当时尚书博士缺员，光武帝想立桓荣为博士。桓荣叩头推辞，

① 《后汉书》卷三十七《桓荣传》。

认为自己经学不明，不堪大任，并真诚地推荐自己的同学彭闳和皋弘。最后，光武帝拜桓荣为博士，任彭闳、皋弘为议郎。

桓鸾，字始春，他是桓郁的孙子。桓鸾年少有志，品行不错，粗衣蔬食，不愿意积累财富，他认为此时世道已经浑浊不堪，不愿与大多州郡官员为伍，所以一直没有出山。直到他四十多岁的时候，颍川太守向苗名声不错，得到桓鸾的认同，向苗举桓鸾孝廉，任命他为胶东县令。可是桓鸾刚刚到任，向苗就过世了。在桓鸾看来，治理人民就要以身作则，他没有继续为官，而是弃官奔丧，三年之后尽礼而归，淮南汝阳一带的士人对桓鸾非常敬佩。后来，桓鸾官拜巳吾县令和汲县县令，都治理得不错，在朝中官员的推荐下，桓鸾来到中央任职，官拜议郎。桓鸾不愿意尸位素餐，他上书皇帝，说了五件事："举贤才，审授用，黜佞幸，省苑囿，息役赋。"这和宦官们让皇帝吃喝玩乐的想法背道而驰，皇帝没有采纳，桓鸾因病免职。中平元年（184），桓鸾七十七岁，在家中过世。

桓晔，字文林，又名桓严，他是桓鸾的儿子。桓晔一生尤其重视砥砺自己的品行。桓晔的姑姑是司空杨赐的夫人，当时父亲桓鸾过世，姑姑归宁治丧。但此时的京城风气已经比较虚浮，人们喜欢攀比场面，桓晔的姑姑就按照京城的风气，先洗漱完毕，整顿侍从，然后才风光靓丽地来到灵前致哀。桓晔生活在地方，民风比较淳朴，在他看来治丧吊孝要有丧礼的礼仪。等到他姑姑慰问他的时候，桓晔大哭不止，一句话不说。姑父杨赐从官府征调来了很多器具，桓晔也拒绝使用。后来桓晔多次来到京师洛阳，他从来没有登杨家的门，体现了桓晔的气节。在桓晔的影响下，他的宾客个个修行品德，人人砥砺志节。桓晔名望很高，被推荐为孝廉、有道、方正、茂才，三公都曾经征聘，他没有应征。汉献帝初平年间，天下大乱，桓晔知道自己遭人嫉恨，他迁到了会稽，后来干脆从海上来到交趾，就是今天的越南北部，当地人很快认同了桓晔的志节，乡里互相谦让，没有争讼。结果桓晔受到奸人诬陷，最终死在了合浦的监狱里。

桓彬，字彦林，他是桓焉哥哥的孙子，也是桓氏家族的第五代。桓彬的父亲叫桓麟，字元凤，汉桓帝的时候官拜议郎，在宫中为皇帝讲课。桓麟为人耿直，触犯了宦官，被贬为许县县令。在东汉，孝行突出的桓麟，“会母终，不胜丧，未祥而卒，年四十一”。当时桓麟的母亲过世，桓麟非常悲痛，不久他也过世了。著名学者蔡邕这样评论桓彬：“佥以为彬有过人者四：夙智早成，岐嶷也；学优文丽，至通也；仕不苟禄，绝高也；辞隆从窆，洁操也。乃共树立碑而颂焉。”

东晋时期，桓氏成员由经学世家，崇尚儒学，敦行儒行转变为名士风流，在其气质上由文质彬彬转变为文武双修。桓氏至孝的代表是桓温和桓冲两兄弟。《晋书》卷七四《桓彝传》记载他们的孝行：“初，彝亡后，冲兄弟并少，家贫，母患，须羊以解，无由得之，温乃以冲为质，羊主甚富，言不欲为质，幸为养买德郎，买德郎，冲小字也。及冲为江州，出射，羊主于常边看，冲识之，谓曰：‘我买德也。’遂厚报之。”据上引，桓彝死后，其家庭十分贫穷，为治母亲的病，桓温不惜用弟弟桓冲做人质获得为母亲治病用的羊，桓冲对善良的牧羊主也知恩图报。桓温的做法是一种不得已的行为，与士族风格格格不入，为当时的士族不齿，但也足见桓氏弟兄对母亲的一片孝心。

此外，龙亢桓氏兄弟友爱的事例很多。桓郁的哥哥早死，为了哥哥，桓郁宁愿放弃爵位，将爵位让给兄子：“荣卒，郁当袭爵，上书让于兄子，显宗不许，不得已受封，悉以租入与之。”事情因皇帝的反对没有成功，之后，桓郁就在经济方面全力资助兄长之子，并主动举荐自己的侄子，《后汉书》卷三七《桓荣传》注引《华峤书》载：“帝又问郁曰：‘子几人能传家学？’郁曰：‘臣子皆未能传学，孤兄子一人学方起。’上曰：‘努力教之，有起者立白之。’”

（二）桓氏谱系与家训

查阅相关史料，可知龙亢桓氏的谱系如下：

由于桓氏在曹魏、东晋末年系刑余之家，很多文字资料并没有流传下来。关于相关家训内容，也不详尽。但早在西汉末年，鲍昱祖母桓氏有言：“存

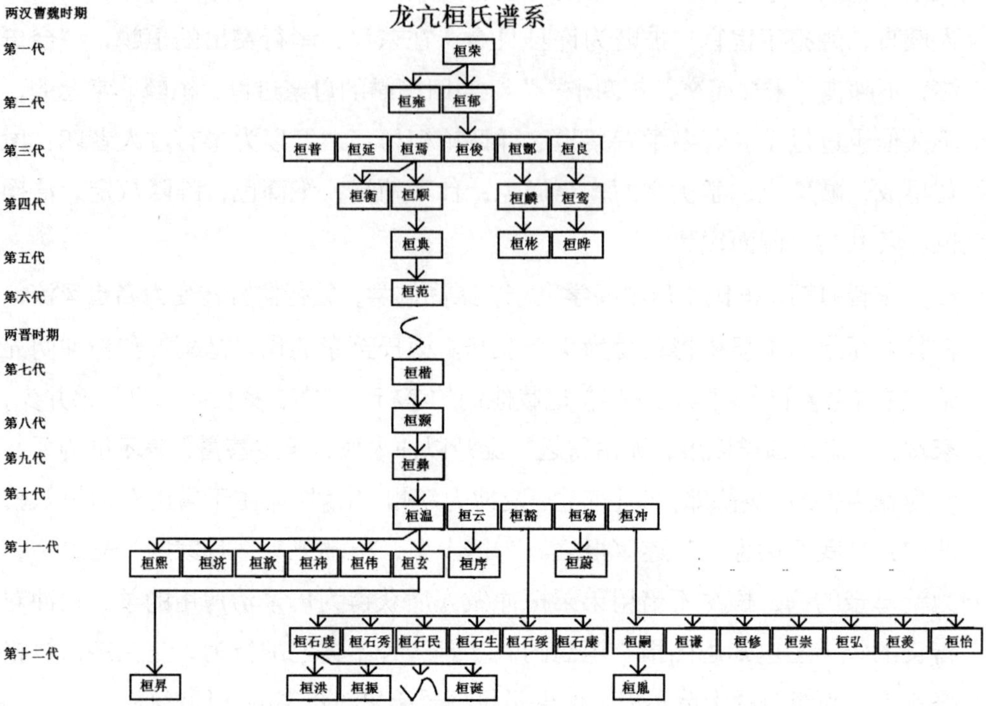

不忘亡，安不忘危。”意思就是：“能生存下来了不要忘记濒于灭亡的时候，安居乐业了不要忘记危险困难的过去。”诚然，桓氏家训虽只寥寥数语，含义却十分深刻。生活在今天的孩子对于“亡”“危”的滋味懵然无知，做父母的确实很有必要经常对他们进行“存不忘亡，安不忘危”的教育。

第四章
天下钟氏宗归颍川：颍川钟氏

豫东平原地处华北平原西南部、淮河流域上游，是我国古代“中原”地区的腹地。这里地势平坦，土壤肥沃，经济发达，人口众多，又处在我国东西、南北交通的十字路口处，向来为兵家必争之地。秦始皇十七年（前 230）在此设置颍川郡，是颍川得名之始①。

历史上的颍川钟灵毓秀、人才辈出，传说中黄帝即生于此地，夏禹也曾在此建都，因此颍川成为中国众多姓氏的发祥地。其中，活跃于东汉魏晋的颍川钟氏即颍川大姓之一。

一、钟姓起源与颍川钟氏

（一）钟姓本不姓钟

钟姓出自子姓，为春秋时宋国君主宋桓公御说之后。宋国为商朝后裔，周武王灭商后，将殷商遗民交给商纣王的儿子禄父（即武庚）管理。武王死后，成王即位，武庚联合管叔、蔡叔伺机为乱，史称“三监之乱”或“武庚之乱”。随后周公东征，消灭了叛军，改封商纣王的哥哥微子开于宋，微子开即宋国的开国之君。微子开死后，其弟微仲衍继位，宋桓公御说即微仲衍的后代。

唐代人所编写的《元和姓纂》记载：“钟，宋微子之后。桓公曾孙伯宗，仕晋；生州犁，仕楚，食采钟离，因氏焉。”北宋欧阳修等人在《新唐书·宰相世系》中也说：“钟姓出自子姓，与宗氏皆晋伯宗之后也。伯宗子州犁仕楚，食采于钟离，因以为姓。”这种说法也得到了钟氏族人的认可，元代人

① 《史记·秦始皇本纪》：“（秦始皇）十七年，内史腾攻韩，得韩王安，尽纳其地，以其地为郡，命曰颍川。”

钟震所编写的《钟氏族谱》，其后有《序》说："钟之远祖，在商为微仲衍，在晋为伯宗。伯宗子避难适此，为伯州黎（即伯州犁），食采钟离，子孙因以为氏。"古钟离在今安徽凤阳附近，伯州犁以封邑地望为姓，这就是"钟离"姓氏的来源。

楚汉战争中，项羽有部下名为钟离昧，曾多次击败刘邦。项羽败亡后，钟离昧藏身于韩信处，但最后因韩信出卖而被杀。钟离昧的次子钟离接为避难迁居颍川长社，改姓钟氏。钟接就是长社钟氏的始祖，长社钟氏即颍川钟氏接系。

颍川钟氏的另一系（烈系），受姓始祖为宋国末代国君宋康王之子，名烈。战国晚期，宋康王封其为钟邑大夫，宋国亡国后迁居于河南许州（今河南许昌附近），并以故封邑钟邑为姓，称钟烈。这是颍川钟氏的另一来源。

（二）钟姓名人

1. 钟皓

钟皓，字季明，东汉人，《后汉书》有传。据《后汉书》记载，颍川钟氏在钟皓时就已经是当地的大姓了（"为郡著姓"），世代熟悉刑律之学（"世善刑律"）。钟皓年轻时好学、重实践。钟皓十分讲究孝悌之道，当时他已较为知名，官府曾多次征辟他去做官，他都拒绝了，理由是他的两个哥哥尚未出仕，自己一定要晚于他们才行。这段时间钟皓隐居山林，收徒讲学，更加闻名。当时的士大夫都很仰慕他，名士李膺将荀淑与钟皓并提，评价说："荀君清识难尚，钟君至德可师。"钟皓去世后，当时的儒生歌颂他说："林虑懿德，非礼不处。悦此诗书，弦琴乐古。五就州招，九应台辅。逡巡王命，岁月容与。"应当是很高的评价了。钟皓享年六十九岁，三国名士钟繇即其孙。

2. 钟繇

钟繇，字元常，汉末三国人，《三国志·魏书》有传。钟繇祖父钟皓为当时名士，父钟迪因党锢之祸[①]未出仕。钟繇幼年时就相貌不凡、聪颖过人。传说他曾与族父钟瑜一起去洛阳，路上遇到一个善于相面的人，相面的人看到钟繇后对钟瑜说："这个孩子面相富贵，但是有水厄，你们在路上要小心。"结果走了没多久，在过一座桥时，钟繇所骑乘的马突然受惊，钟繇被掀翻落入水中，差点被淹死。钟瑜这时想起了相面者的话，于是越来越欣赏、器重钟繇，供给他钱财物资，支持他学习。钟繇长大后，果然成为当时的著名人物。

（1）钟繇生平

钟繇长大后，通过举孝廉的方式入仕，先后任尚书郎、阳陵令、廷尉正、黄门侍郎。董卓败亡后，其部将李傕、郭汜挟持汉献帝于长安，专朝政，阻断了汉朝廷与关东义军的联系。时为兖州牧的曹操派遣使者来通信，李傕、郭汜认为曹操来意不善，欲拒绝联络。钟繇于是劝二人接收与曹操的通信，说关东群雄只有曹操心系王室，为李、郭二人所采纳。后来李傕胁迫汉献帝，钟繇与尚书郎韩斌共同谋划，帮助汉献帝逃离长安，因功迁任侍中尚书仆射，并前功封为东武亭侯。

曹操经略关东时，马腾、韩遂等军阀趁机争夺关中。曹操于是派钟繇持节都督关中诸军，镇抚关西。钟繇到长安后对马腾等人陈述利害，关西遂宁。官渡之战时，钟繇又为曹操军队输送物资军马，曹操将钟繇的功绩与汉初名相萧何并提，称赞说："得所送马，甚应其急。关右[②]平定，朝廷无西顾之忧，足下之勋也。昔萧何镇守关中，足食成军，亦适当尔。"

曹操称魏王后，钟繇任魏国大理，后任相国。魏文帝曹丕做太子的时候，赐钟繇"五熟釜"嘉奖其功绩。曹丕称帝后，钟繇任廷尉，进封崇高乡侯，后迁任太尉，名列三公，转封为平阳乡侯。与当时的重臣司徒华歆、司空王朗并为名臣。魏明帝时进封定陵侯，食邑一千八百户，迁任太傅。魏明帝太

① 党锢之祸：党锢之祸指东汉桓帝、灵帝时，士大夫集团、贵族集团等政治势力对宦官乱政现象不满，因而与宦官集团发生党争的事件。事件因宦官以"党人"罪名禁锢士人而得名。党锢之祸前后共发生过两次，都以反宦官集团的失败而结束。反宦官的士大夫集团在党锢之祸中受到了严重的打击，名士陈蕃、李膺等都受到迫害，许多名士的后人也被限制从政。

② 关右：即关中、关西。古人以东为左，以西为右。

和四年（230）卒，谥曰“成”。

（2）钟繇的书法成就

钟繇学习书法十分刻苦，《金壶记》记载说：“繇同胡昭学书十六年未尝窥户。繇与子会论曰：‘吾精思学书三十年，若与人居，画地广数步，卧画被穿过表，每见万类皆画象之。’”钟繇的书法思想主要体现在两方面：

一是对笔法的高度重视与运用。钟繇主张的思想是“用笔者天也，留美者地也”。用天地之自然之气之说来论述书法艺术的创作，这与蔡邕“书肇于自然”的观点十分吻合，似其流传，此二句的意思旨在说明：“书理之于书法创作，正如元气化为万物有万物之美一样，用笔方法是隐秘的，必须长期探索方能解悟，而付诸笔墨的则必定表现在书法的美感中，因而‘用笔’与‘流变’是重为表里的。”故而后世庾肩吾评钟书“天然第一，工夫次之”。

二是对书法艺术的美学追求。从他学书至写完最后一件作品，其于书法是“精思”了三十年，并且是“若与人居，画地广数步，卧画被穿过表”。这是一种对艺术追求的态度。钟氏说“每见万类皆画像之”，这与蔡邕“纵横有可象者，方得谓之书”的观点相呼应。这种思想，是在追求一种自然为美，解放个性，“书者，散也”的艺术境界。这种美学追求无疑是三国两晋南北朝时期的一种普遍现象。

钟繇善为“三体书”，即“铭石之书”“章程书”“行狎书”。

“铭石之书”是指铭刻于石碑上的文字，从现存的碑版来看，大多数石碑文字是用篆书篆额、隶书正文。隶书在东汉后期开始出现楷化现象，现存的作品中，虽没有钟繇的铭石书作品，但从其前后观点，其作品风格风貌和体势当与《熹平石经》《上尊号奏》和《受禅表》等相仿，也处于隶书与楷书之间，是对蔡邕的继承，亦为后来楷书形成前的变体。

“章程书”，即写的政治文件，如奏章等。唐代张怀瓘《书断》云：“时人用写篇章或写法令，亦谓章程书。”从钟繇所有作品看，用这类字体书写的内容多为奏章上表等，如《贺捷表》《宣示表》等。正书体是由汉隶演化而来的一种新体。张怀瓘《书断》中评钟繇之书为“真书绝世，刚柔备焉，点画之间，多有异趣，可谓幽深无际，古雅有余，秦汉以来，一人而已”。与其对钟氏其他书体的评价相比，无疑是在突显其“正书”的价值。宋《宣和书谱·正书叙论》中云：“降及三国钟繇者，乃有《贺克捷表》，各尽法度，为正书之祖。”充分肯定了钟繇正书的地位。

“行狎书”，又作“行押书”，即行书，羊欣释为“相闻者也”，后王僧虔以“行书”作解。钟繇的行书是取法刘德昇的，与其同学的胡昭比，在风格取向上，两人虽同师，却略有不同，即“胡书肥，钟书瘦”。钟繇没有行书传世，但从卫恒说钟繇的行书“小异”于刘德昇，可以看出钟繇对其师并非完全仿效，而应该是对刘氏行书做过一些创造性的处理的。

3. 钟会

钟会，字士季，三国时人，钟繇少子，《三国志·魏书》有传。钟会自幼机敏有才，深得朝野赏识。名士蒋济称他“非常人也”。钟会长大后博学多闻，有才数技艺，尤其精通玄学，与王弼齐名。后出仕为秘书郎、尚书中书侍郎。钟会青年时即与司马氏有所交往，高平陵之变后[①]，钟会成为司马氏重要幕僚之一。曹魏高贵乡公正元元年（254）赐爵关内侯。

正元二年（255），毌丘俭为乱淮南，司马师亲征平叛，司马昭后继支援。钟会始终参与军事机要、运筹帷幄，平叛后迁为黄门侍郎，封东武亭侯，食邑三百户。后于甘露二年（257）参与平定诸葛诞叛乱，计降全怿，谋破寿春，时人将其比作汉初张良。后迁司隶校尉，权重朝野。景元三年（262），钟会任镇西将军，假节都督关中诸军事，筹备伐蜀。次年与邓艾一同兴兵攻蜀。灭蜀后，钟会因功进为司徒，封县侯，他的两个儿子也被封为亭侯。但钟会在灭蜀后便心生异志，联合蜀国旧将姜维等人图谋反攻魏国，结果死于兵变。此后，钟会养子钟毅、钟邕等人也被魏国处死。

---

① 魏明帝驾崩前，托孤幼帝曹芳给司马懿和曹爽。曹芳继位后，司马懿遭到曹爽排挤，迁官为无实权的太傅。正始十年（249），司马懿趁曹爽陪曹芳离洛阳至高平陵扫墓之际，起兵政变并控制京都。自此曹魏军政大权落入司马氏手中，史称高平陵之变。

4. 钟雅

钟雅，字彦胄，晋朝人，《晋书》有传。钟雅幼年丧父，好学有才志。以举四行[①]出仕，任汝阳令，后入朝为著作郎。东海王司马越任命其为参军，迁任尚书郎。

两晋之际天下动乱，钟雅随晋室南渡，被晋元帝任命为丞相记事参军，后履任临淮内史、振威将军、散骑侍郎、尚书右丞、宣城内史等职。钱凤叛乱时，钟雅加广武将军，驻守青弋，并击破叛军周玘部。钱凤之乱平定后，钟雅升迁为尚书左丞，后迁为御史中丞。任职期间刚正不阿，冲破阻力惩办了私奏女妓的尚书梅陶，名震朝廷。后因参与平定刘遐部曲叛乱有功，拜为骁骑将军。

晋成帝咸和二年（327），苏峻之乱爆发。次年苏峻叛军逼近东晋都城建康（今南京）。钟雅临危受命，被任命为前锋监军，假节，但因兵少未能主动出击，不久东晋官军被打败，钟雅与刘超一起贴身护卫晋成帝。有人劝钟雅说："知难而退是自古以来的真理。您志行高洁，肯定不能为叛军所容。何不赶紧撤离，而要在这里坐以待毙？"钟雅说："国家有乱却不能匡扶，君主有难却不能救急，各自逃窜畏懦只求自身免祸，我怕董狐[②]这样的史官拿着书简过来啊！"随后叛军俘虏了晋成帝与钟雅、刘超。次年，钟、刘二人为叛军所杀。

5. 钟嵘

钟嵘，字仲伟，南朝人，《梁书》《南史》有传，钟雅之后，其父钟蹈仕萧齐为中军参军。

（1）钟嵘生平

钟嵘及其兄弟钟岏、钟屿都十分好学，有才思。钟嵘在萧齐永明年间为国子生，明习《周易》，受到王俭的赏识。后钟嵘举秀才入仕，任南康王侍郎，迁任抚军行参军，出为安国令。后入衡阳王萧元简帐下，为宁朔记室，专掌文翰。又任晋安王记室。不久卒于任上。

---

① 四行：即仁、义、礼、智。

② 董狐：春秋时晋国史官，因正直不曲被孔子称赞为"书法不隐""古之良史"。

（2）钟嵘与其《诗品》

作为南北朝时期的著名文学评论家，钟嵘以其《诗品》三卷著称后世。《诗品》是继刘勰《文心雕龙》以后出现的一部品评诗歌的文学批评名著，是我国古代第一部诗论专著。旧名《诗评》，明清以后以《诗品》之名流传名世。钟嵘写作《诗品》的年代大约在萧梁武帝天监元年（502）至天监十二年（513）之间。

《诗品》共三卷，每卷一品，分上、中、下三品，共品评五言诗人 123 位[①]，其中，上品 12 位（“古诗”因为作者不明，算一位），中品 39 位，下品 72 位。上品诗人成就最大，一人一品，品语较细；中品诗人成就次之，品语相对少一些，有时一人一品，有时二人甚至五人合品；下品则为次要诗人，多为多人合品，品语简略。

《诗品》对诗人的品评，大致可以归为以下几方面：

一是溯源流。钟嵘所品评的每一位诗人，都尽力去找出对这位诗人产生重要影响的前代诗人或诗作，这是《诗品》的独特之处。如品陈思王曹植诗时，他说“其源出于《国风》”；品宋光禄大夫颜延之诗时，则说“其源出于陆机”。

二是评风格，言利弊。《诗品》对每一位诗人的风格特点进行了评价，探讨其利弊得失。但是，钟嵘并没有以自己的风格标准去评价其他诗人，而是就人而论其风格。如品陆机诗：“其源出于陈思。才高辞赡，举体华美。气少于公干，文劣于仲宣。尚规矩，不贵绮错，有伤直致之奇。然其咀嚼英华，厌饫膏泽，文章之渊源也。”品左思诗：“其源出于公幹。文典以怨，颇为清切。得讽谕之致。”又如品陶潜诗：“其源出于应璩，又协左思风力。文体省静，殆无长语。笃意真古，辞兴婉惬。每观其文，想其人德。世叹其质直。”

三是定品第。钟嵘对他以前的五言诗人有比较深入的思考，也有比较系统的研究。经过长期的思考，钟嵘形成了自己的评价标准。他依照自己的品诗标准，对五言诗人成就的大小进行了上、中、下三品的批评。他的这些品

① 通行本实际是 122 位，因为应璩分别在中品和下品各出现一次。

评不受情感的左右，也不受诗人家族和地位的影响，不按“上品无寒门，下品无士族”的等级分类。钟嵘对诗人的品评，是以文学的眼光来进行的。在他眼里，所有的诗人无论贵贱，一律平等。这就使得他的品第具有相当的合理性。

在钟嵘的诗歌美学中，“滋味”是核心。《诗品序》中比较完整地阐述了“滋味说”的含义。其实，“滋味”是一个比喻的说法，以味辨诗，意在说明诗歌要给人以美感，能经得起品味。诗歌有没有滋味，要看诗的意象、意境、情韵能否感染人并且感人至深。钟嵘是把它作为一个审美的标准来运用的。他结合诗歌创作，根据诗歌的特点来论述诗歌的审美价值，阐释了“滋味说”的美学含义，从而广泛地将之运用于诗歌的评价，使之成为一个评判诗歌价值的美学标准，乃至成为整个文学艺术评价的美学标准。对于“滋味说”，我们可以从三个方面来理解：

一是“指事造形，穷情写物，最为详切”。五言诗之所以是富有滋味的诗，主要是因为它能够更加简洁明了地描写形象，叙述事理，表情达意。五言诗不仅能够使得表达思想情感比较真切、细腻，而且能够指事造形，语言华美。因此，五言诗是有滋味的诗。

二是五言诗斟酌采用兴、比、赋三义。钟嵘认为，五言诗之所以能够成为有滋味的好诗，还因为它采用了兴、比、赋三义。对这一问题，有人认为“三义”应该是“六义”，因为“六义”才与前代的诗意衔接。这其实是误解了钟嵘。“三义”恰恰体现了钟嵘的美学追求。他舍去了风、雅、颂，也就舍去了诗歌单纯以讽喻教化为本的儒家诗教理念，把诗真正地作为文学来对待，作为一种审美对象来对待。

三是包含“风力”，润饰“丹彩”。所谓“风”，是指诗的抒情性。“力”是指诗歌的气势。钟嵘认为，五言诗情兼雅怨，以雅意来调节怨情，最符合理想。雅意者，就是指《诗经》大、小雅中所包含的、符合封建伦理道德的情感。这种情感不直露，含蓄。钟嵘从士大夫的欣赏趣味出发，推崇大、小雅，要求五言诗符合雅意，是他思想逻辑的自然表现。同时，他还推崇诗歌的气势，认为诗歌要能够从铺叙中抒发情感，激荡出昂扬的精神，具有“力”的美感。

钟嵘这三个方面的美学要求是他品诗的标准，也是他的诗歌美学的精华所在。以今天的眼光来看，这一标准当然有缺陷、具有局限性。但是，在当时诗风混乱的状态下，钟嵘要求确立一个美学的标准，是具有一定意义的。

6. 钟绍京

钟绍京，字可大，唐人，钟繇后人，《旧唐书》《新唐书》有传。钟绍京初仕为司农录事，以精通书法闻名。武后时明堂门额、九鼎铭文、宫殿门榜都是钟绍京所题写。唐中宗景龙年间为苑总监。韦后之乱①时，钟绍京辅佐李隆基清除韦党有功，事成当晚，钟绍京被拜为银青光禄大夫、中书侍郎，得以参与机密。随后又进为中书令加光禄大夫，封为越国公，受赐财物众多。唐玄宗即位后，钟绍京与宰相姚崇不睦，受排挤被贬官外地。后任少詹事，死后被追赠为太子太傅。

钟绍京书法成就很高，时人将钟繇与钟绍京并称为“大钟”“小钟”。宋朝人曾巩在《元丰论稿》中评价道：“绍京字画妍媚，遒劲有法，诚少与为比。”钟绍京有著名的《灵飞经小楷字帖》《唐人小楷字帖》传世。虽然其真迹很少流传下来，但董其昌在《画禅室随笔》中认为赵孟頫的楷书就是学习钟绍京的，因此可以从赵孟頫的楷书看到钟绍京的楷书风范。

二、颍川钟氏世系

颍川钟氏主要活跃于东汉魏晋时期，唐人钟绍京亦显名当时。钟氏族谱

① 唐中宗神龙元年（705），韦氏勾结武三思等专擅朝政，以其从兄韦温掌握实权，形成一个以韦氏为首的武、韦专政集团。韦党立李重茂为帝，史称少帝。韦后又任用韦氏子弟统领南北衙军队，并欲效法武则天，自居帝位。不久临淄王李隆基（后来的唐玄宗）与太平公主（武则天之女）发动禁军攻入宫城，杀韦后、安乐公主、上官婉儿及诸韦子弟，迫使少帝让位，立相王李旦（李隆基之父）为帝，是为唐睿宗。韦后之乱至此结束。

并不十分清晰，至今仍有“烈、接二系说”[①]与“烈、接同系说”[②]，唐宋以后钟氏一族迁徙分化，族谱不甚详细。根据《颍川钟氏族谱》[③]《平远县钟氏族谱（颍川堂）》[④]《颍川钟氏源流考》[⑤]等资料，可以整理出颍川钟氏世系如下。

（一）颍川钟氏接系

第一代：钟接。项羽大将钟离昧次子。为长社令，卓著循声。他是钟姓接系去“离”字单姓“钟”的受姓始祖。卒于西汉武帝元光二年（前133），享年九十一岁，葬长社卢庄西（今河南长葛市卢庄西丘）。

第二代：钟晏。钟接之子，居颍川长社。生于西汉吕后元年（前187），卒年不详。

第三代：钟钦。钟晏之子，居颍川长社。生于西汉文帝十一年（前169），仕至牧守。卒年不详。

第四代：钟崱。钟钦之子，生于西汉武帝元狩六年（前117），卒年不详。

第五代：钟元。钟崱长子，生于西汉昭帝始元四年（前83），居颍川长社。官至尚书令、廷尉。卒年不详。

第六代：钟期。钟元长子，生于西汉宣帝黄龙元年（前49），居颍川长社。官至都督府长史。卒年不详。

第七代：钟范。钟期之子，居颍川长社。生于西汉成帝四年（前17），卒年不详。

第八代：钟表。钟范长子，居颍川长社。生于西汉天凤四年（17），卒年不详。

---

① “烈系”以战国时期宋国末代君主宋康王之子钟烈为得姓始祖，钟烈曾被封为钟邑大夫，宋国灭亡后移居钟离山，以钟为姓；“接系”以项羽部将钟离眛之子钟离接为得姓始祖，钟离接在汉初去“离”而单姓“钟”。

② “烈、接同系说”认为钟烈为钟接后代。

③ 钟氏族谱编修委员会编：《颍川钟氏族谱》，2000年。

④ 广东省平远县钟氏族谱编纂委员会：《平远县钟氏族谱（颍川堂）》，2007年。

⑤ 颍川钟氏源流考编辑委员会：《颍川钟氏源流考》，1999年。

第九代：钟宝。钟表之子，官至朝议大夫、广东太守，赠光禄大夫。后辞爵归故里长社高隐，教子有义方，后皆显贵，世称簪缨旺族。生于东汉光武帝建武二十九年（53），卒年不详。

第十代：钟皓。钟宝次子，字季明，生于东汉和帝永元元年（89），仕为郡功曹。桓帝时，前后九辟不就，为士大夫所敬慕，门徒千余。时人叹曰："钟君至德可师！"与名士陈寔、荀淑、韩韶并称"颍川四长"。卒于东汉桓帝永寿三年（157），享年六十九岁。

第十一代：钟迪。钟皓长子，生于东汉顺帝永建四年（129），仕为郡主簿，卒年不详。

第十二代：钟繇。钟迪长子，字元常，三国时期曹魏著名书法家、政治家。幼颖敏，举孝廉官尚书郎、长安太守，迁侍中、司隶校尉，节督汉中军事二十一年，在支持曹操统一中原中起了重大作用。曹操说其"功比萧何"。封定陵侯，增邑五百户，迁太傅。魏文帝称之为"一代伟人"。钟繇善书法，尤善隶、行书体，为东汉著名大书法家，世称高后巍峨，与东晋王羲之并称"钟、王"，且冠以王首。卒于魏明帝太和四年（230），享年八十岁。

第十三代：钟毓、钟会。钟毓，钟繇长子，字雅叔，生于东汉献帝初平三年（192）。幼聪敏，十四岁为散骑侍郎。魏明帝太和初年为黄门侍郎，甘露中为青州刺史、后将军，都督徐州、荆州诸军事，死后追赠为车骑将军。卒于魏元帝景元四年（263），谥曰"惠侯"。寿七十二岁。钟会，钟繇次子，字士季，生于东汉献帝兴平元年（194）。自幼才华横溢，先后为秘书郎、尚书郎、中书侍郎，封关内侯。魏元帝景元三年（262）与邓艾率兵伐蜀，为镇西将军、假节，都督关中军事。平蜀后，与蜀汉旧将姜维共同谋乱被诛。

第十四代：钟骏。钟毓之子，生于魏明帝青龙三年（235），晋时官黄门侍郎，迁太尉。卒年不详。

第十五代：钟晔。钟骏之子，字叔光，生于魏元帝景元元年（260），晋时任公府椽。卒年不详。

第十六代：钟雅。钟晔之子，字彦胄，生于西晋武帝太康八年（287）。

父英年早逝，幼孤好学，有才志。东晋元帝建武元年（317），携家眷四十八人，从晋元帝司马睿渡江。多次立功，历任临淮内史、尚书左丞、御史中丞、侍中等职，正色立朝，艰危不避。东晋成帝咸和三年（328）死于苏峻之乱，追赠为光禄勋。

第十七代：钟诞。钟雅长子，字世长，生于西晋惠帝光熙元年（306），仕东晋为中军参军。卒年不详。

第十八代：钟靖。钟诞之子，字道寂，东晋成帝咸和八年（333）生，官至颍川太守，卒年不详。

第十九代：钟源。钟靖长子，字循本，生于东晋穆帝升平五年（361），幼以文学知名，仕后魏为永安太守。卒年不详。

第二十代：钟挺。钟源之子，字清秀，生于东晋孝武帝太元十四年（389），仕后魏为金城太守，进封颍川郡公，卒年不详。

第二十一代：钟蹈。钟挺之子，字之义，生于东晋安帝义熙十四年（418），晋代文学家，仕萧齐为中军参军。卒年不详。

第二十二代：钟岏、钟嵘、钟屿。皆钟蹈之子。钟岏字长丘，为建康令，著有《良吏传》十卷。钟嵘字仲伟，南北朝著名文学评论家，著有《诗品》上、中、下三卷。钟屿字季望，为永嘉郡丞，曾参与编纂类书《遍略》。

第二十三代：钟宠。钟屿之子，字朝阳，号元辅，生于萧齐武帝永明四年（486），仕萧梁为临海令。552年，为避侯景之乱[①]携眷渡江，行至虔州岗下朝天坊（今江西赣州天竺山）定居，是钟姓又一次南迁之始祖。卒于陈太建十四年（582）。

第二十四代：钟匡。钟宠之子，生于萧梁武帝普通五年（524），因世乱

① 侯景之乱：又称太清之难，指南北朝时萧梁将领侯景发动的武装叛乱事件。侯景本为东魏降将，被梁武帝收留。后因对梁朝与东魏通好心怀不满，遂于以清君侧为名义起兵叛乱，次年攻占梁朝都城建康（今南京），掌控梁朝军政大权。551年侯景自立为帝，故梁湘东王萧绎在肃清其他宗室势力后，派徐文盛、王僧辩讨伐侯景，战局逐渐扭转。驻守岭南的陈霸先北上与王僧辩会师，于552年收复建康。侯景乘船出逃时被部下杀死，叛乱随之结束。侯景之乱对我国历史产生了深刻的影响，它严重破坏了江南的社会经济、加剧了南弱北强的局面。陈霸先借势崛起，数年后取代梁朝建立了陈朝，而北朝在侯景之乱期间趁机吞并了大量南朝土地，为后来隋的统一铺开了道路。

而隐居不仕，晚年移居潋江镇平固（今江西赣州兴国县）。卒于隋炀帝大业七年（611）。

第二十五代：钟宝慎。钟匡长子，生于陈文帝天嘉元年（560），唐初为浙江睦州参军。卒于唐太宗贞观九年（635）。

第二十六代：钟子威、钟山操。钟宝慎之子。钟子威，字之武，唐安福令。钟山操，唐洛邑府统军。

第二十七代：钟恒、钟益。钟恒，钟子威长子，生于隋炀帝大业三年（607）。少博学，隐居不仕。卒于唐武后圣历二年（699）。钟益，钟子威次子，生于隋炀帝大业七年（611），值隋末畲寇劫掠，与兄恒商议各迁居，夤夜登舟，复移虔州岗下朝天坊祖宅居住。赠福州刺史。卒年不详。

第二十八代：钟法通、钟法询、钟法广、钟法遵。钟法通，钟恒长子，字元道，生于唐太宗贞观元年（627），官曲阿令，卒年不详。钟法询，钟恒次子，字宏道，生于唐太宗贞观四年（630），卒年不详。钟法广，钟恒三子，字立道，生于唐太宗贞观六年（632），卒年不详。钟法遵，钟恒四子，字从道，生于唐太宗贞观六年（632），官崇庆州判，追赠杭州刺史。通明天文地理，游遍名山胜景，得佳地以葬于窥。卒于唐高宗调露元年（679）。

第二十九代：钟绍景、钟绍高、钟绍齐、钟绍征、钟绍济、钟绍畅、钟绍京。

钟绍景，钟法询长子，生于唐高宗显庆三年（658），卒年不详。钟绍高，钟法询次子，生于唐高宗显庆五年（660），唐玄宗天宝年间为广州刺史，一生清廉，民怀惠政。卒年不详。钟绍齐，钟法询三子，生于唐高宗龙朔二年（662），唐肃宗时为淮南节度使，安史之乱[①]时参与平叛。卒年不详。钟绍征，钟法遵长子，生于唐高宗永徽四年（653），官秘书少监，卒年不详。钟绍济，钟法遵次子，生于唐高宗永徽六年（655），官会稽司马，卒年不详。钟绍畅，钟法遵三子，生于唐高宗显庆二年（657），官晋陵郡司功参军，卒年不详。钟

① 安史之乱：唐玄宗末年至唐代宗初年，由唐朝将领安禄山与史思明发动的叛乱，历时八年，最终由郭子仪、李光弼等将领平定。安史之乱是唐由盛而衰的转折点。因爆发于唐玄宗天宝年间，所以也被称为“天宝之乱”。

绍京，字可大，钟法遵四子，唐高宗显庆四年（659）生，唐代杰出的园林艺术家，著名书法家，人比钟繇，称为“小钟”。从小好学，尤精于书法。唐中宗景龙年间朝廷宫殿许多匾额多出自他的手笔。曾辅佐唐玄宗李隆基清除韦党有功，授银青光禄大夫、中书侍郎，又拜中书令，加光禄大夫，封越国公，赐实封五百户，后转为户部尚书、太子詹事。年八十余岁卒，死后被追赠为太子太傅。钟绍京雅好书画古玩，收藏有“二王”①、褚遂良书数十百卷。

第三十代：钟元宗、钟元正、钟嘉璧、钟嘉玮。

钟元宗，钟绍景长子，生一子名懿。钟懿迁居安徽铜陵，十世同居，为迁湘、鄂钟氏共认始祖。钟懿六世孙钟芳为宋太祖枢密史。钟元正，钟绍高次子，其裔孙分迁在江西兴国、赣县、全南、会昌、瑞金、宁都、石城和福建闽汀等地。历史上，曾涌现随闽王王审之入闽的大将军、汀州刺史钟全慕及其孙钟理政（官金紫光禄大夫、尚书令、封上柱国）和厦门水师提督兼福宁总兵钟宝山等名士。钟嘉璧，钟绍京次子，荫袭京卫指挥史，授晋州长史。钟嘉玮，钟绍京四子，生于唐武后天授三年（692）。幼聪敏喜武，胆略过人。唐景龙年间参与军政，勤政以德，训抚有方，教练咸宜，有儒将风范。后登武进士，官左领军卫长史。唐玄宗天宝十载（751）解甲归田，卒于唐代宗大历四年（769）。

（二）颍川钟氏烈系

第一代：钟烈。战国末，宋康王偃封其子烈为钟邑大夫。公元前286年，宋国灭亡，公子烈迁居颍川，以故封地“钟”为姓，成为钟氏烈系受姓始祖。

第二代：钟复。钟烈之子。隐居不仕。卒年不详。

第三代：钟叶。钟复之子。未仕，卒年不详。

第四代：钟气。钟叶之子。隐居不仕，教育儿孙，后皆显贵。

第五代：钟运丰。钟气次子，在汉景帝时为许州牧，生于西汉惠帝六年（前189），一说卒于西汉武帝元丰三年（前108）；另一说卒于西汉武帝元鼎六年（前111）。

---

① “二王”：指东晋书法家王羲之、王献之父子。

第六代：钟文义。钟运丰长子，在汉武帝时为许州牧。生于西汉文帝二十一年（前159），卒于西汉武帝征和四年（前89）。

第七代：钟纯佑。钟文义之子，生于西汉武帝元光五年（前130），在汉武帝时官河南副史。卒于西汉宣帝甘露元年（前53）。

第八代：钟祜。钟纯佑之子，在汉宣帝时为许州牧。生于西汉武帝太始元年（前96），卒于西汉成帝鸿嘉四年（前17）。

第九代：钟俨。钟祜次子。生于西汉宣帝神爵三年（前59），在汉成帝时为朝散大夫。卒于新莽天凤五年（18）四月十五日卯时，享寿七十八岁。

第十代：钟逢治。钟俨次子。生于西汉成帝河平元年（前28），卒于东汉光武帝建武三年（27）。

第十一代：钟桂。钟逢治次子，字天柱，生于汉平帝元始五年（5）。孺子婴在位时，王莽篡汉，刘秀兄弟起兵讨莽，出榜招募天下武勇之士，钟桂揭榜集族中兄弟叔侄，往兵部衙中领令征讨。率宗支，由广陵（今江苏扬州）起兵，昆阳大战中破敌陷阵立功。平定王莽后，光武帝封其为镇蛮大将军，敕赐金铜宝图，加光禄寺正卿，又追封三代，兄弟叔侄均受封爵。

第十二代：钟焕。钟桂之子，生于东汉光武帝建武七年（31）。通过举孝廉出仕，在东汉明帝时为山西山阴县令，敕授文林郎。

第十三代：钟增。钟焕长子，字益寿，生于东汉明帝永平五年（62），隐居不仕。

第十四代：钟镳。钟增次子，生于东汉和帝永元五年（93）。官任陕西金县县令。

第十五代：钟县。钟镳长子，生于东汉安帝延光元年（122）。在东汉桓帝时为郾师令。

第十六代：钟立。钟县次子，生于东汉桓帝元嘉二年（152）。在东汉灵帝时任扬州都督。

第十七代：钟宏。钟立长子，生于东汉灵帝光和三年（180）。汉献帝时曾任会稽太守，博学贤哲，后隐居不仕。

第十八代：钟斌。钟宏之子，生于东汉献帝建安十六年（211），隐居不仕。

第十九代：钟大有。钟斌长子，生于三国时期蜀汉后主刘禅延熙元年（238）。西晋时官会稽太守。

第二十代：钟贵。钟大有次子，生于西晋武帝咸宁元年（275），西晋时为会稽太守。此时因西晋八王之乱，酿成北方少数民族的侵入。309 年，匈奴人建立汉国，进寇洛阳。311 年攻陷洛阳，怀帝被掳，后遭杀害。316 年，匈奴人攻陷长安，愍帝出降，被俘，受尽侮辱，后遭杀害。中原大乱，民不聊生。此时钟氏族居南京（今河南洛阳）凤阳府、颍川颍上县、许州、长社等处，共有九百余丁，因天下鼎沸，多隐居不仕，亦多迁他郡，烈系钟圣、钟善、钟贤和接系钟宠就是在这个大背景下迁徙江南。许州、长社屡被荼毒，宗谱换藩，莫知源流。

第二十一代：钟先。钟贵次子，东晋时为扬州县令，公心仁厚，追报祖德，思念水源木本之功德，东晋太和元年（366）在宿公都督府中，寻出宗谱，方知源流，后公罢任，不忍离祖业，仍归颍川，恪守祖墓。

第二十二代：钟酉。钟先之子，生于东晋成帝咸康元年（335），官扬州县令。

第二十三代：钟简。钟酉长子，生于东晋哀帝兴宁三年（365），卒年不详。东晋恭帝元熙二年（420）五月二十一日辰时，时值东晋恭帝禅位，草寇乘机作乱，盗贼四起。钟氏一门，皆荡析离居，钟简之子钟圣、钟善、钟贤兄弟三人携谱过江避难。钟善移居浙江会稽县；钟圣移居江苏上元县；钟贤移居虔州（今江西赣州）。钟简则仍居故土未迁居。

第二十四代：钟贤。钟简三子，在晋末任扬州都督。钟贤为颍川钟氏入赣始祖，也是入闽始祖。钟贤奉诏入闽，任黄连（今福建宁化）令，后因闽地陆戎蜂起，钟贤节度闽中（晋安郡），诰授武威大将军。他教子用兵恩威兼施，督兵剿灭，平定扰乱，使闽地人民安居乐业。

第二十五代：钟朝。钟贤之子，字会正。在刘宋文帝时有功王室，袭父爵为都督大将军，诰授武威将军。

第二十六代：钟远。钟朝长子，生于刘宋孝武帝孝建二年（455），在萧齐武帝时官侍郎。

第二十七代：钟诠。钟远长子，生于萧齐高帝建元三年（481），卒年不详。

第二十八代：钟苳。钟诠之子，生于萧梁武帝天监五年（506）。卒年不详。

第二十九代：钟洪。钟苳之子，生于萧梁武帝大同元年（535），在南朝陈宣帝时官许州牧。

第三十代：钟木。钟洪之子，南朝陈废帝光大元年（567）生，隋朝时官至陇州牧，诰授朝议大夫。

第三十一代：钟勋。钟木次子，生于隋文帝开皇十九年（599），卒年不详。

第三十二代：钟北。钟勋之子，生于唐太宗贞观元年（627），卒年不详。

第三十三代：钟逵。钟北之子，在唐玄宗时官谏议大夫，与钟绍京同朝为官。正直廉明，有胆有识，遇事敢言，忠心尽职。

第三十四代：钟礼。钟逵长子。生卒年不详。钟礼的兄弟各迁徙他方，只钟礼仍在长汀恪守祖墓。

第三十五代：钟濬。钟礼之子，生于唐玄宗开元四年（716），卒年不详。

第三十六代：钟武。钟濬长子，生于唐玄宗天宝二年（743）。在唐代宗十一年（776）官至山东博州（今山东聊城）太守，敕授朝议大夫，因长汀的祖坟祖屋被改建府衙县衙，后迁汀南南安镇盈圹里（即象洞中坊千家坪，今福建武平县象洞乡沾阳村）肇基。

第三十七代：钟尚仁。钟武长子，生于唐代宗大历三年（768），卒于唐文宗开成五年（840）。

第三十八代：钟以福。钟尚仁长子，考中唐文宗太和元年（827）丁未科进士，官广东程乡（今广东梅州）县令，敕授文林郎。

第三十九代：钟泰。钟以福之子，生于唐宪宗元和十五年（820）。在唐宣宗时官云南傍、望、邱、览四州（今云南楚雄市）太守，被敕授朝议大夫。

第四十代：钟进壹。钟泰长子，生于唐宣宗大中五年（851）。在唐僖宗时官任知府。

第四十一代：钟缵绪。钟进壹之子，在五代时为进士，敕授儒林郎。生于唐僖宗中和二年（882），卒年不详。

第四十二代：钟式。钟缵绪之子，生于五代后梁太祖开平二年（908）。有子二人皆登乡科。

第四十三代：钟大始。钟式次子，生于五代后唐清泰三年（936），卒年不详。

第四十四代：钟尚。钟大始之子，字谨存，生于宋太祖乾德四年（966）。在北宋时官任太守。生平好善乐施，待人厚道，心地善良，泽及枯骨。卒于宋仁宗庆历八年（1048）。

第四十五代：钟山。钟尚长子，字中岳。钟山博学好德，仁慈善良，好善乐施，乡中无衣食、不能葬娶者，皆周济之。其时乡中遭贼人杀戮者甚多，钟山皆捐棺木葬之。后被朝廷封赠文林郎。

第四十六代：钟友文、钟友武、钟友勇。钟友文，钟山长子，生于北宋仁宗景祐四年（1037），考中宋英宗治平四年（1067）丁未科进士，官御史。卒于宋徽宗大观四年（1110）。钟友文兄弟子侄“一家十四口，进士十三人”，轰动朝野，名震东南半壁。钟友武，钟山次子，生于北宋仁宗康定元年（1040），考中宋神宗熙宁三年（1070）庚戌科进士，官大中丞。钟友勇，钟山三子，在北宋英宗治平四年丁未（1067）与长兄钟友文为同榜进士，官光禄寺监厨司。

第四十七代：钟毅、钟密、钟察、钟理。钟毅，钟友文长子，宋哲宗戊辰科进士。生卒年不详。钟密，钟友文次子，生于宋嘉祐戊戌三年（1058），为宋哲宗辛未科进士。钟察，钟友文三子，亦中进士。钟理，钟友武次子，宋哲宗癸未科进士，任广州刺史，后弃官迁梅县。

三、钟氏族训

在各地编修的钟氏族谱中，都有其族训。因历史原因，这些族训并不统一，但无疑都在颍川钟氏各支族人中发挥着重要的作用。各支族训虽都有不同之处，但都规诫族人严守家规、禁嫖赌淫逸，劝勉他们和亲睦族。

《颍川钟氏族谱》载有钟氏祖训十二条①：

第一条：家规当守。训曰：大凡一家有一家规模，一代有一代之体制，为吾子孙者，宜事君当忠，事亲当孝，事长当尽其悌。一家如是，一族如是，则天伦叙尽尊卑之分明，孝友之道著。吾今日为人子弟若此，后日为人父母亦如此，上行下效，理势必然。此家规之所当守也。

第二条：家法当遵。训曰：大凡一家有一家之法度，一代有一代之设施，为吾子孙者，各宜守本分。各务正业，勿酗酒而乱德，勿嫖赌而荡心，勿好争讼而持刀，毋为狗盗而侮名，毋以恶欺善，毋以众暴寡。如此，则九族亲，一家和。此家法之所当遵也。

以上两条是钟氏祖训的总领大纲，告诫钟氏子孙守家规、遵家法。其内容重在强调避恶趋善的规矩，并且对善恶做出了定义。根据这两条的定义，善行包括事君当忠、事亲当孝、事长当悌，将忠义孝悌之道视为钟氏子孙所当恪守的根本准则。而忠义孝悌，正是传统儒家思想所大力主张的品德，钟氏将此作为立族之本，可见其对传统儒家思想的坚持，而这也支撑了颍川钟氏在汉唐间的繁荣发展。

第三条：耕读当勤。训曰：凡吾子孙，不读则耕，盖勤读为能明理，勤耕为能足食。若不耕则仓廪虚、衣食困，流为乞丐之徒。不读则学问浅、礼仪疏，沦于下愚之辈，亲朋慢之，乡邻耻之。耕读两者尤为吾子孙之所当勤也。

这一条强调耕读，要求钟氏族人勤勉耕种、努力读书。在古代士农工商分化的背景下，人多以出仕与务农为本业，而视工商为末业。农为万民之本，

① 钟氏族谱编修委员会编：《颍川钟氏族谱》，2000 年，第 59—60 页。

农业是古代中国的基础产业和主要产业，踏实务农是最为规矩守本的选择；而积极读书，学而优则仕，是自儒家思想产生以来古代中国的统治思想。钟氏祖训规劝族人勤为耕读，是适应古代中国发展的，也符合中华民族传统的价值取向。我们今天虽然已经确立了职业平等的观念，但钟氏所强调的不舍本逐末、踏踏实实走正途的理念，在今天仍有借鉴价值。

第四条：勤俭当勉。训曰：勤乃立身之本，俭乃治家之方，盖勤则能免以贫，俭则裕乎用。古人云：男须勤耕、女须勤织。勤俭二者，愿吾子孙，所当勉也。

这一条要求钟氏族人勤俭节约。唐代诗人李商隐在《咏史》诗中说“历览前贤国与家，成由勤俭破由奢”，勤俭节约一直是中华民族的传统美德。钟氏祖训说“勤乃立身之本，俭乃治家之方”，是将勤俭放在了立身治家的根本地位上，足见其对勤俭美德的重视。

第五条：族谊当敦。训曰：凡吾子孙者，现今族大人众，不能无贤愚不孝之辈，当念祖宗一脉所传，宜养之教之，不可将此愚不肖者而慢忽之也，又不可以小故而伤大义，不可以微言而起讼端，即有情不可言，理不可服之事，宜劝之解，令其改过自新，以曲成其美焉，此吾所训子孙当敦族谊也。

这一条旨在团结钟氏家族。面对当时钟氏家族“族大人众”的现状，祖训要求族内要和睦相处，不抛弃后进者，不以小伤大，面对较为“顽固”的族人，也要尽力劝勉，让他认识到自己的错误，然后改过自新。如此宗族才能和睦，力量才能强大。

第六条：嫁娶当慎。训曰：吾家子孙原系官宦之后，凡嫁娶之事，关乎人伦之始，风化之先，必择忠厚善良之家。嫁女择佳婿，勿贪重聘，娶女求淑女，勿贪厚奁，不可贪富嫌贫。宜应双方情投意洽，上则承宗，下则裕后，此嫁娶之所当慎也。

这一条说的是婚嫁之事。我国古代一直讲究门当户对，颍川钟氏世世为官宦，文化教育程度高，选取联姻对象也要考察对方的品行。但是，对方的贫富程度不在考察范围之内，颍川钟氏更重对方的德性，这就是所谓的“凡嫁娶之事……必择忠厚善良之家”，“勿贪重聘”，“勿贪厚奁”，“不可贪富嫌贫”。除门当户对外，钟氏还强调婚嫁双方的“情投意洽”，十分考虑婚嫁双方当事人的态度，与一些大族“指腹为婚”“娃娃亲”的传统有所不同，可以说是十分开明的。

第七条：教子以义方。训曰：凡教子孙者当以义方，弗纳于邪，骄奢淫逸，纵欲放荡，是走向邪路之开端也。勤劳俭朴，忠厚诚实，是兴家立业之途径也，教以效先圣贤之良规法，仿以正人君子之善行，择严师以教诲，亲益友以全面，切勿溺爱而任之，使其立志成人也。

这一条在于说明如何教育子女。钟氏祖训要求教育子女“当以义方”，意思就是说要引导子女走正途，不要走邪路。具体而言就是要教育子女勤劳俭朴、忠厚诚实，不能骄奢淫逸、纵欲放荡。更可贵的是，钟氏祖训明确规定父母养育子女不可溺爱，不能由着孩子的性子来，而是重视父母的言传身教，这点在现代社会也弥足珍贵。

第八条：贫而无谄。训曰：凡吾子孙，或承根基浅薄，或因天灾人祸而致贫穷，当宽心以待之，不怨天，不尤人，守分循理，不可卑身屈己，妄作非为，致丧廉耻。艰苦忍耐，此贫而不谄也。

第九条：富而不骄。训曰：凡吾子孙，有荷祖宗之祐，沾祖先之庇，富如陶朱，贵而三公，亦视有若无，不可傲慢，宜谦恭待人，和睦处世，自奉俭约，体恤贫穷，广行施舍，修积阴德，富贵不骄也。

这两条是在说对待财富的态度。有的人祖上基业雄厚，是“富二代”，而有的人或家里本就没有多少积蓄，或因为天灾人祸而致贫。钟氏祖训则要求富裕的人家不可傲慢待人，要学会谦卑恭敬，平和做人，和睦处世，不可以挥霍浪费，要勤俭节约，用自己的力量去帮助那些贫穷的人，行善积德；而对于贫穷的人家，祖训则告诫他们应当宽心待之，不要怨天尤人，在贫穷的情况下更要安分守己、明事理，既不能偷鸡摸狗、妄作非为，又不能一味谄媚、丧失廉耻，虽然艰苦但也要忍耐，靠自己的勤劳致富。

第十条：远近当亲。训曰：吾族系始居河南，迹继闽汀，凡外出居内者，皆赖祖宗之福庇，凡有远方异地之宗亲来往会见，不可怠慢疏远而避之，亲密联系，热情招待之，居内之兄弟叔侄互助互爱，睦族亲邻相处之。

这一条是针对如何对待远房亲戚而言的。人是在不断流动的，一个地区所能支撑的最大人口也是有限的，这就必然导致会有族人远赴他乡谋生，而这些人的后代，与留守在故乡的人可能就会产生隔阂。颍川钟氏发祥于今河南省境内，随后多迁徙到江西等地，有朝一日这些外迁的钟氏族人如果回到祖先生活的地方走访，根据钟氏祖训的规定，留守故地的钟氏族人不能怠慢疏远他们，要亲密联系、热情招待、互助互爱。这一条祖训旨在增强各地颍川钟氏后裔的凝聚力。

第十一条：祭扫坟茔宗祠。训曰：坟茔者，乃祖宗魂骸所栖也，择吉壤竖碑筑坟，以避风雨，凡春秋二祭，凡为子孙者，必须丰洁诚敬。先灵聚于宗祠，每当佳节之期，须办牲醴之仪祭祀，当尽其报本之心，追念祖宗之功德。人无祖先，身从何来，鸟兽尚知报本，何况人为万物之灵乎。此坟墓宗祠，当宜祭祀也。

这一条讲的是祭祀祖宗的事宜。祖训强调，祖宗的坟墓是他们魂魄骸骨所栖息的地方，要妥善保护。祭祀先祖时，子孙需诚心诚意，追念祖宗功德。这条祖训旨在教导钟氏族人不忘先祖，不忘本。

第十二条：宝藏族谱。训曰：谱牒者以记祖宗之功德，百世之源流也。世人皆以金玉为宝，而谱牒之宝视为外物焉，岂知国家之史书藏之金匮，以存祖宗之历史，子孙胤祚之无穷也。谱牒之宝亦如此，凡吾子孙者，当思辑录，宜珍藏保存，视为金玉，以作传家之宝牒也。

这最后一条，强调对钟氏族谱的保管。谱牒之学自东汉开始盛行后，一直受传统大家族的重视。后来谱牒之学衰落，许多家族便不将本家家谱当回事，弃之如敝履。针对这种现象，钟氏祖训要求子孙珍视族谱，更甚于金玉。对族谱的重视是颍川钟氏一个鲜明的特点。

概括以上内容，颍川钟氏祖训大致可以分为两方面的内容：

第一是避恶趋善。祖训中第一条就要求“事君当忠，事亲当孝，事长当尽其悌”，即将忠义孝悌作为颍川钟氏的根本品德。第二条又说“勿酗酒而乱德，勿嫖赌而荡心，勿好争讼而持刀，毋为狗盗而侮名，毋以恶欺善，毋以众暴寡”，这就与第一条共同构建了颍川钟氏的一种善恶观：忠义孝悌为善，酗酒、嫖赌、争讼、偷盗、欺凌善弱为恶。后面所说的“耕读当勤”“勤俭当勉”“教子以义方”“贫而无谄”“富而不骄”，也都是在要求钟氏族人避恶趋善。而颍川钟氏祖训中规定的这几条，在我们今天看来仍有着重要的社会价值。

第二是和亲睦族。12条祖训中，第五、第十条即是这方面的内容。在古代，颍川钟氏的显达往往不是族人中某一人的显达，而是整个宗族中成规模地出任高官、名显一方。这与钟氏祖训中要求“族谊当敦”“远近当亲”的原则是息息相关的。钟氏宗族秉持一荣俱荣的理念，互相扶持、互相学习，这是颍川钟氏长期兴盛的原因之一。

另一版本的钟氏祖训，分为“睦宗族”“顾廉耻”“敦孝悌”“勤职业”“尚节俭”“息争讼”“贫而无谄”“富而不骄”“教子宜严”“嫁娶当慎”“祖坟当祀”“族谱宜详”十二则[①]，其内容与上述钟氏祖训十二则虽有字句差异，但主旨精神是一致的，应当有共同的祖本。

颍川钟氏祖训体现的这种精神，在各地钟氏后人所编写的族谱中也有所反映，如平远县钟氏祖训[②]为：

> 明明我祖，奕世流放，基肇春秋，名显汉唐。宋元明清，德业辉煌，凡我裔孙，静听彝章。颍川两本，视同一堂，虽有外亲，不如族人。荣辱相关，利益相及，宗谊为重，财利为轻。为父当慈，为子当孝，为兄爱弟，为弟敬兄。士农工商，各勤其事，毋怠毋荒，克勤克俭。力图自强，隆师教子，安分守公，闺门有法。亲朋有义，勿以贵骄，毋强凌弱，勿习赌博。勿作奢侈，勿为亏事，勿谓无知，冥冥鉴临。勿谓无人，寂寂闻声，伦社道德，立身之本。家规家法，应当遵守，谨此奉行，降福孔长。违我训者，是为不肖，子子孙孙，咸听斯训。

其中“为父当慈，为子当孝，为兄爱弟，为弟敬兄”“亲朋有义，勿以贵骄，毋强凌弱，勿习赌博。勿作奢侈，勿为亏事，勿谓无知，冥冥鉴临”即体现了避恶趋善的原则，而“荣辱相关，利益相及，宗谊为重，财利为轻”则体现出钟氏所强调的和亲睦族的传统美德。

四、钟氏家风

正如前言部分所说，家风是指一个家族的生活方式、文化氛围及其成员

① 长乐钟氏璧公源流编委会：《钟氏璧公源流志》，1994 年，第 34—36 页。

② 广东省平远县钟氏族谱编纂委员会：《平远县钟氏族谱（颍川堂）》，2007 年，第 683 页。

的修养、行为方式等，它是长期形成、世代传承的，家风与家谱、家训联系密切，家训是形成家风的保障。颍川钟氏的家风，也正体现在其家训中。建德市更楼街道桐子源《钟氏家谱》[①]载有钟氏家训八则：

父子之训：父子者天性之亲，父严母慈，自然之理也。圣人因严以教敬，因慈以教爱，爱敬兼尽而子职修也。故为人子者不可不知所以事亲之道。族内有能执爱敬之道以事亲者，每逢会祭之期，胙肉厚颁特加优奖；其有不顺而忤逆者，小则诮让，大则责惩。

父子之训论述父母与子女的关系。钟氏家训认为，父母与子女是天生的血脉亲情，父亲对子女严格，母亲对子女慈爱，都是出于亲情挚爱。父母要用严格教育来引导子女，用慈爱来培养其爱心；子女要敬重长辈，聆听教诲。这样才能构建起一个父严子孝、母慈女爱的家庭。

兄弟之训：兄弟者同气之人，兄友弟恭，经常之道也。故为兄弟者，不可不知手足之情。族内子孙有能尽友恭之谊者宗长加礼奖之。如兄不能友而弟不失其弟道之恭，则训谕兄而优奖其弟；兄而能或失其弟道之恭者，则优奖其兄而训责其弟。兄弟皆失道者，则两相戒谕，如再不悛是用惩罚。

兄弟之训在论述兄弟之间的关系。钟氏家训认为同胞兄弟天赋秉性相同，即所谓“同气之人”。在一个家庭中，哥哥要爱护弟弟，弟弟要尊敬哥哥，不可以不顾手足亲情、互相残害。人并非天生知道这样的道理，在教育兄弟之间相处时，族人要肩负起培养和批评的责任，在必要时用外力来教导其兄友弟恭之道。

---

① 中共建德市纪律检查委员会、建德市地方志办公室、建德市家谱文化研究会合编，戴荣芳选编：《建德史志丛书》第 2 辑《建德家训精选·颍川钟氏家训》，中国文史出版社 2015 年版，第 239—241 页。

夫妇之训：夫妇者人道之始。苟有不别则失夫义妇顺之理，非所以治家也。故《易》曰“男正位乎外，女正位乎内”，言有别也。其有帷薄不修，中篝贻讥，实非人类诮之，其可恕乎？妇以三从为主，纵有贤智，惟令中主中馈，不得干预外事以夺夫权，而有牝鸡之诮。犯此者宜加戒饬。

夫妇之训在于论述丈夫与妻子的关系。在古代封建社会中夫为妻纲，男主外而女主内。钟氏家训要求妻子不可以干预家庭以外的事，要全力佐助丈夫。这一点在现代社会已不适用，但在古代也是中规中矩的持家之道。

朋友之训：朋友者五伦之一，道德赖以成，学问借以进，择之不可不慎也。苟泛焉而交，其不致于善，日少而过日积者寡矣，凡我宗人当宜慎之。

朋友之训在于说明择友标准。“五伦”即君臣、父子、兄弟、夫妇、朋友，所以钟氏家训说“朋友者五伦之一”。一个人的道德修养有赖于朋友以养成，一个人的知识学问需要凭借朋友而增进，因而在选择朋友时不可以不谨慎。如果择友时不分良莠导致交友不慎，将一些热衷于吃喝玩乐、吹嘘拍马的人误以为是“真朋友”，这是不能使自己有所收获的，甚至有时还会被拉入泥潭。

妯娌之训：妯娌者异性相聚，人各一心，亦当情也。况妇人不谙大义者居多，倘不时加戒必至争长竞短也，分门割户矣。故为夫者必严枕席之训，毋匿私，毋偏听，以至离间手足，甚且阋墙生变。凡我宗人宜杜衅于是也。

妯娌之训在说如何调节妯娌关系。妯娌之间没有血缘关系，各人有各人的想法也是情理之中的事情。而在彼此想法不同的时候就会容易产生冲突，甚至波及为人兄弟的夫婿，造成无谓的内耗，钟氏家训将妯娌之训作为一条就是为了避免这种情况。不过其中说“妇人不谙大义者居多”，在我们今天看来却是“妇女撑起半边天”，女中也多豪杰。古今观念差异一至于此。

> 安分之训：凡贵贱异体，尊卑殊分，各有其职，胥当自尽。仕而受禄者，必须恪恭乃职，不得以贪污而辱及先人；居家而肄业者，亦当笃志攻苦，不得好事而荒其本业。凡农工商贾俱宜各勤厥事，和邻睦族，毋得喜争好讼，以败家风。
>
> 务本之训：古来绵世泽无如积善，振家声还是读书。欲光前裕后者，必须此二端也。传家之道以耕读为本，秀者为士，朴者为农，古之道也。不然而为工为商亦谋生之本计，但不可赌博嬉戏败其家业，亦不得为辱身贱行之事，如娼优隶卒之类以坏吾宗风。如是者斥革不恕。

安分之训与务本之训都在讲如何处世。人的社会地位有高低，财富有多寡，社会分工也有区别，但各人都应尽自己的本分。当官的要恪尽职守，不能贪污腐败；在家学习课业的要坚定志向努力学习，不可以玩物丧志；就算是农夫、工匠、商人，也应勤于其事，不能争强好斗，败坏家风。只有这样才能邻里和睦、家族和谐。优秀的人才出仕，朴实的大众务农，这是自古的传家之道。就算不做官、不种田，学一些手艺、做一点生意也可以算是谋生之路。但吃喝嫖赌，败坏家业，是绝对要禁止的。

> 勤俭之训：勤俭者谋生之本计，亦人生立德之善道。惰则为失身之始，奢则为丧家之阶，是故勤以生财，俭以节财。既有以生之又有以节之，而犹有啼饥号寒者，谁乎？凡我宗人不可不知此义。

勤俭之训与钟氏祖训中所言之“勤乃立身之本，俭乃治家之方”的精神，是一以贯之的，足见颍川钟氏对勤俭节约的重视。勤俭是谋生的根本大计，也是一个人养成美德的最佳途径。懒惰是人生失败的起点，奢侈是败家的台阶。勤劳能生财，节俭能节财，开源节流是衣食足饱的重要途径。

从以上内容可以看到，不同于族训的提纲挈领，钟氏家训是对每一种钟氏家庭内部事务的具体规定。其中第三条“夫妇之训”在已确立男女平等观念的今天虽已不适用，但在夫为妻纲的中国古代是中规中矩的持家之道，无可厚非。而其余7条如“朋友之训”“安分之训”“务本之训”“勤俭之训”等，至今仍有借鉴意义。

颍川钟氏家训所体现的钟氏家风，可以从族内与族外两个方面来理解：

族内的一方面，钟氏家风体现出内部和谐相处的特点，而在如何做到的问题上，钟氏家族重视族规家法。八则家训中，父子之训、兄弟之训、妯娌之训就是这一方面的。钟氏家风体现在这方面的特点是父严母慈、兄友弟恭，并讲求妥善处理夫妻关系、妯娌关系。尽可能地团结族人，增强宗族的凝聚力，彼此之间互助互补。小家庭容易和睦，大家族人多了自然人与人之间就会有很多不同之处，这个时候就需要一定的原则去规定谁对谁错，该怎么做不该怎么做。国无法则亡，族无规则乱，颍川钟氏正是看到了这一点，所以其家风体现出较强的规矩意识与原则观念。而作为家风的载体，钟氏祖训中所说的“家规当守，家法当遵”也体现出这一点。可以说在看重族规家法上，钟氏祖训与钟氏家训是一以贯之的，而这也使得钟氏家风严谨而有原则、有法度。

族外的一方面，钟氏家风体现出勤俭务本、达则济世、穷而不卑的特点。“靠人不如靠己”，这是一个十分朴素的道理，而钟氏家族则将这句话阐释得极为详细。在上述八则家训中，“安分之训”“务本之训”“勤俭之训”就是在说这个问题。在职业选择上，钟氏重视“耕读”，即学有所成乃为官，天资平庸则务农。在家境窘迫时，钟氏家训要求家人不可动邪念，不可一味谄媚权贵以求富裕。在家境殷实时，又要求家人尽量接济穷人、回报社会，切不可骄傲自满、欺凌弱小。可以说无论是否有钱，钟氏一直将善作为最高标准，不因贫穷走邪路，不因富裕摆奢侈。这点在我们今天的社会中同样适用，而钟氏在中国古代数百年的繁荣、人才辈出，也与此有关。

在各地钟氏族谱中，这样的家训精神也都存在着，并在各地钟氏族人中发挥着重要的作用。平远县钟氏有家戒十条[①]，同样将和亲睦族、勤俭务本等作为根本：

戒奢侈以惜福，戒侵贪以养身，戒放浪以立品，戒嫖赌以成身，戒游惰以勤业，戒忤逆以敦伦，戒滥交以闲邪，戒远游以养亲，戒争讼以保家，戒逞凶以免祸。

《颍川堂·武平钟氏族谱》将近现代以来修订的钟氏家训用平实的语言写成四言诗歌，以便族人传颂学习[②]：

人生在世，立身为本，家训十条，铭记心间。一惟忠义，报国尽忠，从戎卫国，骁勇善战。威武不屈，忠奸要分，江山永固，国泰民安。二敬爷娘，孝顺尽心，生男育女，恩重如山。体弱多病，不能弃嫌，赡养父母，益寿延年。三亲兄弟，手足情深，姑嫂妯娌，谦让心宽。父慈子孝，夫贵妻贤，家和业兴，世代相传。四睦邻居，邻胜远亲，待人忠厚，信誉是金。借钱借物，及时归还，若有危难，相帮尽心。五要勤俭，勤能度贫，俭能足食，节流开源。为富要仁，贫而志贤，奢侈如梦，切莫效行。六勤学习，习长才能，耐得寒窗，奋发上进。今日桃李，明日栋梁，报国为民，前程无量。七讲卫生，病由脏生，习惯要好，洁身康宁。养花种草，空气新鲜，有病要医，长寿平安。八守纪律，遵纪良民，学法依法，事能顺心。若执法者，天平要平，积极纳税，国力强盛。九做善事，从小做起，助残扶孤，多献爱心。公益慈善，出力捐钱，兴学助教，桃李满园。十重祭祀，饮水思源，永怀祖德，淳风要传。清时扫墓，秋日拜祖，财丁两旺，富贵绵延。

① 广东省平远县钟氏族谱编纂委员会：《平远县钟氏族谱（颍川堂）》，2007 年，第 684 页。

② 中国人民政治协商会议福建省武平县委员会文史与学习宣传委员会编：《武平文史资料》第 24 辑，2015 年，第 39—40 页。

更有《家风五字经》[1]，彰显颍川钟氏的优良家风：

孝悌家风顺，精忠国运昌。礼恭修身本，仁义立业纲。富贵犹勤俭，贫穷志要良。言行防过错，恩德切莫忘。正大传耕读，公平作贾商。从政守廉洁，治学耐寒窗。作风严细谨，赌博不临场。族人当亲睦，遇仇必自宽。国法警必畏，善事尽禳邦，一生惟苦搏，百世有馨香。

颍川钟氏重族规家法，内睦宗族，外济天下，历史上涌现了许多著名人物，造福一方。钟氏的族训、家训、家风，深刻影响了钟氏的每一代人。从河南至江西，从浙江至四川，各地的钟氏族人一直延续着祖上的教诲。而这些训诫，也促成了颍川钟氏在我国古代的壮大与发展，其中一些内容，在我们今天仍有重要的启示和警醒作用。

① 中国人民政治协商会议福建省武平县委员会文史与学习宣传委员会编：《武平文史资料》第24辑，2015年，第42页。

第五章
名将世家：汤氏家族

安徽省蚌埠市龙子湖东岸、曹山南坡，有一座古代大墓，每天吸引大批的游客前来观光、游览，这就是汤和墓。1986 年 7 月 3 日，汤和墓被列为“全省重点文物保护单位”。1997 年，汤和墓连同周围的自然景观被蚌埠市政府列入龙湖八景，誉为“古冢松涛”。2013 年 3 月，国务院公布汤和墓为“全国重点文物保护单位”，由安徽省人民政府立碑，明确保护范围：以墓冢为中心，东西南北各 20 米；墓道及石像生群两侧 20 米；神道碑四周各 10 米，明确建设控制地带，保护范围为东至环山公路，西至龙湖，南至变电所围墙北侧，北至合蚌公路①。

有关汤和的影响还不仅仅局限于此。每年的农历七月十三日至十七日，温州及浙江沿海一带都会举行庙会，当地人称“汤和庙会”“宁村庙会”“城隍爷汤和出巡”、永强“抬佛”。这是纪念明朝抗倭民族英雄汤和的民俗文化节日，也是我国古老的中元节习俗中最具特殊性、典型性的个案，2007 年被列入第二批浙江省非物质文化遗产名录，2008 年入选第二批国家级非物质文化遗产名录②。

作为明朝开国元勋，汤和没有像其他元勋一样遭到朱元璋的戕害，而是全身而退、寿终正寝，其后代得以延续。这与汤和的处事风格，以及家训、家风有着极为密切的关系。

---

① 王磊：《汤和墓石像生的艺术价值及旅游资源开发研究》，《艺术科技》2016 年第 11 期。

② 姜群英：《汤和信俗：七月十五汤和节》，《浙江档案》2008 年第 9 期。

一、家族发展史

据《汤氏族谱》记载，汤氏一族从汤和开始才有清晰的传承谱系，“其世系必自鼎臣公始者，不忘本也。自鼎臣公以上皆缺而不载者，示缺文也”①。也就是说，汤氏家族的显赫，甚至有文字记载是从汤和开始的。

汤和（1326—1395），字鼎臣，出生在濠州钟离（今安徽凤阳）东乡东湖村的一个贫苦农民家庭②。汤和的家庭经济条件可以从汤和祖先、父母的名字看出。据史书记载，汤和的曾祖父名五一，祖父名六一，父名七一；曾祖母某氏、祖母周氏、母谢氏。也就是说，汤和家族因贫困无法为成员起一个较为合乎礼俗的名字，只是按照出生日期或者家族的姓氏而命名，也或者是因别人对自己的习惯称呼而沿用下来。

汤和自幼父母双亡，是跟着他的姨母长大的。

汤和与明太祖朱元璋不仅是同乡，“与太祖同里闬”③，而且在同一条小街上长大。1329 年，也就是汤和四岁时，两岁的朱元璋随父母来到东乡落户，历时十年，其间曾和汤和一起玩耍，也曾一起为别人家放牛④。

童年的汤和身材高大，性格豪爽，足智多谋，言谈间流露出远大的志向。他深得小伙伴们的信任和拥戴，时常带领一群孩子玩练习骑马射箭的游戏，是一个孩子王。

元朝统治者实行民族等级制度，民族压迫沉重。元朝末年，统治者横征暴敛，政治黑暗，社会矛盾进一步激化。当时，流传于民间的歌谣形象地反

---

① 《（民国）汤氏家族谱》，现存扬州市档案馆，共有 4 本：第一本叙述家史，记载了序言、家训以及重要人物的历史；第二本叙述汤氏家族的尊卑长幼；第三本和第四本则叙述了该家族家人的出生和墓葬地。《汤氏家族谱》自列谱以来，共经历了 3 次修订：第一次在清朝道光十八年（1838），第二次在同治十三年（1874），第三次是 1933 年，第三次修订共印刷了 33 部。见该谱《汤氏族谱序》，姜朴夫，道光十八年（1838）。

② 蚌埠市博物展览馆：《明汤和墓清理简报》，《文物》1977 年第 2 期。

③ 《明史》卷一二六《汤和传》。

④ 元天历元年（1328）九月十八日，朱元璋出生于泗县。元天历二年（1329），朱元璋随父母迁到濠州东乡东湖村。元至元五年（1339），朱元璋一家迁往西乡，第二年又迁到太平乡孤庄村居住。元至正四年（1344），朱元璋在父母死后入皇觉寺（后改名为龙兴寺）为僧。——沈叶鸣：《汤和年谱（公元 1326—1395）》，瓯海区委员会文史资料委员会编：《瓯海文史资料》第 9 辑，2002 年，第 352 页。

映了这一社会现状：

> 天高皇帝远，民少相公多。一日三遍打，不反待如何。[①]

> 天遣魔君杀不平，不平人杀不平人。
> 不平人杀不平者，杀尽不平方太平。[②]

元至正十二年（1352）春，定远人郭子兴[③]聚集了数千名青年，起兵反元，并很快攻占濠州。这一年，汤和带领十多个壮士参加了郭子兴的红巾军，他因作战勇敢很快被封为千户之职。这时的朱元璋尚在皇觉寺出家，因此，汤和给朱元璋写信，邀请他一同参加义军。最初，朱元璋犹豫不定，但他听说汤和这封信的内容已被人知晓，担心官府来抓自己，被迫投奔了郭子兴的红巾军。朱元璋入伍后，由于粗通文墨，智谋过人，善交能士，屡建战功，在红巾军中很快就脱颖而出。郭子兴的夫人张氏很是赏识朱元璋，将养女马氏许配与他。很快，朱元璋被提升为镇抚之职，级别已在汤和之上。

朱元璋"火箭"式的提拔，引起了众多将领的不满。史载："谋断出诸将右，诸将多王贵部曲，顾望未尽心服，惟汤和所部兵听命惟谨。"[④]《明史》也有相关记载："从取和州。时诸将多太祖等夷，莫肯为下。和长太祖三岁，独奉约束甚谨，太祖甚悦之。"[⑤]当时朱元璋手下的诸将不少是朱元璋的同辈，他们极不情愿地听从朱元璋的调遣。汤和尽管年长于朱元璋，而且还早于朱元璋入伍，却并无不满情绪，始终忠心不二地跟随朱元璋。至正十三年（1353），汤和随朱元璋进攻大洪山，攻克滁州，被授为管军总管。此后，又随朱元璋

① 黄溥：《闲中今古录》，第 18 页，商务印书馆《丛书集成》，民国二十六年（1937）。

② 陶宗仪：《南村辍耕录·扶箕诗》卷二七，上海古籍出版社 2012 年版，第 306 页。

③ 郭子兴（1302—1355），定远（今安徽定远）人，元末群雄之一，江淮地区的红巾军领袖，是使明太祖朱元璋崛起的关键人物。

④ 陈建：《皇明通纪》，第 17 页。

⑤ 《明史》卷一二六《汤和传》。

攻取和州。

至正十五年（1355）农历五月，郭子兴病逝，其长子郭天叙被封为都元帅，张天祐、朱元璋分任左右副元帅，率军南下，向集庆地区进发。六月，元朝将领、集庆（今江苏南京）地区统帅陈野先率众数万抵抗。汤和随朱元璋平定太平，此役缴获三百匹战马。在攻击陈野先时，汤和被飞箭射中左大腿，他将箭拔出后继续投入战斗，最后与徐达、常遇春诸将擒拿住陈野先，攻占了溧水、句容。至正十六年（1356）农历三月，汤和随军攻占集庆，立下了卓越功勋。朱元璋随后将集庆改名为应天府。

张士诚[①]自起事以来，时而降元、时而背叛义军，并不断骚扰朱元璋的势力范围。至正十六年（1356）六月，张士诚占领常州（今江苏武进），挟江东叛将陈保二以水师攻镇江。陈保二是常州奔牛镇人，他聚众乡里，以黄帕包头，被称为“黄包军”。平定集庆后不久，汤和又跟随徐达攻取镇江，陈保二投降，但不久就被张士诚胁迫，率舟师助攻镇江。徐达、汤和等在龙潭大败陈保二，并进围常州，其后又率领军队出行巡察奔牛、品城等地，降服陈保二，攻取金坛、常州。随后，汤和以枢密院同佥的身份率军驻守常州。

常州与张士诚的割据地区相连，经常遭到张士诚部属的骚扰，但汤和防守严密，没有让张士诚部占到丝毫便宜。《明史》记载：“和防守严密，敌莫能窥。再寇，再击却之。俘斩千计。”[②]另载，汤和驻守常州凡十年，“防守周密，寇来辄破走之”。此后，汤和与吴良率军守江阴、耿炳文守长兴，“气势联络，屹为东南宝藏”[③]。随后，汤和率军进取无锡，大破张士诚部于锡山，

---

① 张士诚（1321—1367），原名张九四，泰州兴化白驹场（今属江苏省盐城市大丰区）人，元末江浙一带的义军领袖与地方割据势力之一。元至正十三年（1353），与弟士德、士信率盐丁起兵，攻下泰州、兴化、高邮等地。次年，在高邮称诚王，国号周，年号天祐。至正十六年（1356），定都平江（今江苏苏州），次年，降元。割据范围南到浙江绍兴，北到山东济宁，西到安徽北部，东到海。至正二十三年（1363），攻安丰，杀红巾军领袖刘福通，自称吴王。后屡为朱元璋部所败。至正二十七年（1367）秋，平江城破，被俘至应天（今江苏南京），自缢而亡，时年47岁。

② 《明史》卷一二六《汤和传》。

③ 陈建：《皇明通纪》，第84页。

赶走莫天祐[1]，俘获其妻子儿女，晋升为中书左丞；又以水师出行巡察黄杨山，将张士诚所属的水军打败，俘获千户 49 人，被授以平章政事。长兴遭张士信部围攻，形势危急。汤和急忙率军援救，与张士信战于城下，城中出兵，与汤和一起夹击，大败敌军，俘获元兵 8 千人。解围之后，汤和率军返回，讨平江西诸山寨。永新守将周安反叛，汤和率军进攻，将其打败，连破其十七寨，然后围城三月，攻克永新，捉拿周安，并将他献给朱元璋，再率军还守常州。

至正二十五年（1365）农历十月，汤和随大军讨伐张士诚，攻克太湖水寨，攻下吴江州，围攻平江。在阊门和敌人战斗时，汤和被飞炮击伤左臂，不得不返回应天治疗。伤好之后，汤和重返战场，攻克平江，因为军功，被朱元璋赏赐黄金和布帛。

至正二十五年（1365），朱元璋称吴王，建百官司属，封汤和为左御史大夫兼太子谕德。至正二十七年（1367），汤和被授以征南将军，与副将军吴祯率领常州、长兴、江阴诸路人马，前去征讨方国珍[2]。在渡过曹娥江后，汤和部很快攻下余姚、上虞，不久又攻取庆元。方国珍逃亡入海，汤和率军追击，将其打败，俘获敌军大帅二人，海船 25 艘，斩首无数，然后回军平定各属城。为减少伤亡，尽快结束战争，汤和派使者招降方国珍，方国珍同意，并到军门投降。此役，汤和俘虏士兵 2.4 万人，海船 400 多艘，浙东地区全部平定。汤和看到局势已定，遂与副将军廖永忠一起前去讨伐陈友定[3]。汤和部从明州（今浙江宁波）出发，由海路顺风抵达福州的五虎门，驻军南台。汤和首先

---

① 莫天祐，元朝末年义军首领，兴化人，曾组织乡众驻守无锡城，张士诚曾招降，不从，并击退张士诚的围攻。张士诚投降元朝后，被招降。朱元璋部与其多次交战，均失利。张士诚兵败后，莫天祐于是投降朱元璋。但朱元璋认为其多次进攻明军，遂将其诛杀。其生平、事迹入《明史》卷一二三。

② 方国珍（1319—1374），又名方谷珍，台州黄岩（今浙江黄岩）人，为元末最早的起义领袖之一。据载，方国珍生得身长面黑，力勒奔马，与兄国馨、国璋，弟国瑛、国珉，以佃农和贩私盐为生计。起事后曾降元，后归附朱元璋。元代叶子奇在《草木子》卷三《克谨》中载："方国珍，台之宁海人。其居有山，在中曰杨屿。尝有童谣云：'杨屿青，出贼精。'其初亦欲向功，为国宣力，后失望，遂出忿言曰：'蔡能为盗，我岂不能耶？'遂叛。"明洪武二年（1369），领广西行省左丞，留居京师（今南京）。明洪武七年（1374），病死。其生平、事迹入《明史》卷一二三。

③ 陈友定（？—1368），字国安，福清人。元朝著名将领，与元人扩廓帖木儿、迭里弥实并称"闽三忠"。曾率部与朱元璋部多次交战，并杀掉朱元璋部将胡深。后被朱元璋部击败，服药自杀未遂，被朱元璋部生擒，后被处死。其生平、事迹入《明史》卷一二四。

派人前去劝降，陈友定不予答复，于是将其包围，在城下将陈友定部平章曲出打败，参政袁仁请求投降。汤和乘机率领军队进城，然后分兵出行巡察兴化、漳、泉及福宁诸州县。

1368年，朱元璋在南京称帝，国号大明，年号洪武。明洪武元年（1368）正月，汤和攻占延平，擒获陈友定，将其押送京城。洪武三年（1370），明军北伐，汤和受命在明州造船，将粮食运往直沽，因受海上飓风袭击，将粮食运到镇江后返回。随即，汤和被授以偏将军，跟随大将军徐达西征，与右副将军冯胜一起从怀庆越过太行山，攻取泽、潞、晋、绛诸州郡。同年五月，汤和随徐达率军攻占兴元（今陕西汉中）。

洪武四年（1371），汤和率军渡河进入潼关，分兵径直奔向泾州，派部将招降了张良臣①。张良臣不久又反叛离去，汤和会合大军围攻庆阳，将张良臣俘获斩首。此时，明王朝北部形势得到稳定，出兵消灭四川夏政权的时机已经成熟。

元至正二十年（1360）夏，明玉珍自称陇蜀王，不久称帝，国号大夏，定都重庆。至正二十六年（1366）春，明玉珍病故，庙号太祖，子明升继位。明洪武二年（1369），朱元璋遣使劝降，明升不从。朱元璋大怒，遂分南北两路征伐夏政权。南路以中山侯汤和为征西将军，江夏侯周德兴、德庆侯廖永忠为左右副将军，并命营阳侯杨璟、都督佥事叶升等率京卫、荆、湘舟师由瞿塘趋重庆；北路以颍川侯傅友德为征虏前将军，顾时为左副将军，并由何文辉等率河南、陕西步骑，由秦、陇趋成都。同时，命卫国公邓愈往襄阳训练军马，运送粮饷，以保障征蜀部队的后勤供应。夏兵扼住险要地段，汤和进攻没能成功，又遇江水暴涨，不得已驻军在大溪口，军队长久不能前进，而傅友德已率军从秦、陇深入，攻取汉中。廖永忠已在其前攻克瞿塘关，进入夔州。朱元璋获悉前线战报，下诏切责汤和，严令迅速进军以配合北路军，并命永嘉侯朱亮祖为右副将军，率师增援南路军。汤和这才率军跟随其后，进入重庆，降服明升。还军之后，傅友德、廖永忠均受到皇帝朱元璋的赏赐，

① 张良臣，元朝将领张良弼的弟弟，防守陕西庆阳，曾对抗明军三月，城破与其子投井，被吊出后斩首。

而汤和则不及他们。

洪武五年（1372），汤和以右副将军的身份，随大将军徐达北伐，遇元军于断头山（今宁夏宁朔东北约 300 里处），战败，指挥使章存道阵亡，皇帝朱元璋对此未予追究。汤和随即与李善长一起驻扎中都宫阙；又镇守北平，修筑彰德城，跟随徐达在定西将扩廓帖木儿打败[①]，平定宁夏，然而向北追击到察罕脑儿，擒获蒙古猛将虎陈，获马、牛、羊十多万头。后来在攻战东胜、大同、宣府的战役中，汤和都立有战功。返回京城后，官职授为开国辅运推诚宣力武臣、荣禄大夫、柱国，爵位封为中山侯，每年的俸禄 1500 石，并授予子孙世袭的凭证。

洪武九年（1376），伯颜帖木儿成为边境的隐患，汤和以征西将军的身份驻防延安，伯颜帖木儿向明朝乞求和解，于是汤和率军返回。

洪武十一年（1378）春，汤和晋封为信国公，每年的俸禄三千石，参加商议军国大事。汤和多次去中都、临清、北平操练军队，修缮城墙。洪武十四年（1381），汤和以左副将军的身份率军出塞，征讨乃儿不花，攻占敌人的灰山营，俘获平章别里哥、枢密使通而归。洪武十八年（1385），西南地区的思州少数民族发动叛乱，汤和以征虏将军的身份跟随楚王征讨，俘获敌军四万人，擒获其首领而归。

洪武二十一年（1388），朱元璋年事已高，开始考虑削弱诸将的兵权，只是还没有公开采取措施。汤和洞察出了朱元璋的本意，因此寻找机会对朱元璋说道：“臣年事已高，不能再指挥军队驰骋战场了，希望能返回故乡，为将来死去找一片容身之处。”朱元璋听后大为高兴，解除了汤和的兵权，开始在中都凤阳给汤和修建府第。

自洪武十九年（1386）始，倭寇不断骚扰东南沿海一带，汤和奉命督办

---

① 扩廓帖木儿（KökeTem ü r，蒙古语意为“青铁”，？—1375 或 1376），元朝末年将领。蒙古伯也台部人，生于光州固始县，汉名王保保，曾被封为河南王、中书左丞相。至正二十八年（1368）明朝攻占大都，扩廓帖木儿自山西退至甘肃，在沈儿峪被明军击败后于至正三十年（1370）北奔和林，辅佐北元昭宗爱猷识理达腊，力图光复大元江山，在宣光二年（1372）大破明军于漠北，被明太祖朱元璋誉为“天下奇男子”。后卒于哈剌那海之衙庭。

海防。浙江、福建等地沿海抗倭取得一定成效后，汤和返京复命，这时凤阳新宅也已建成。汤和便带领妻子儿女去向皇帝辞行，朱元璋十分高兴，赐他黄金三百两、白金二千两、纸钞三千锭、彩帛四十多套，赐给其夫人胡氏的物品也一样多，并且下诏褒奖，诸功臣无人能与他相比。从此以后，汤和每年一次上京朝见。

洪武二十三年（1390）农历正月初一，汤和到京师给朱元璋拜年时，得了急症，不能说话。朱元璋听闻后马上前往探视，长久叹息之后，让他返回故乡。待汤和病稍好一点时，朱元璋又命人将他接到京城，让他坐车进入内殿，设宴慰劳，关怀备至，并赐黄金、布帛、御膳、法酒等等。洪武二十七年（1394），汤和病情日渐加重，不能站立。朱元璋想见汤和，便命他坐车前往觐见。在内殿里，朱元璋用手抚摸着他，与他详细叙谈家乡故旧以及这些年来兴兵的艰难。汤和已经不能对答，只是不停地叩首。朱元璋见此情形，泪流不已，知道汤和已为时不长，便厚赠黄金、布帛作为丧葬费用。

洪武二十八年（1395）农历八月，戎马征战一生的汤和，得以平安地老死于家乡凤阳宅内，享年70岁。朱元璋下诏追封汤和为东瓯王，谥号襄武，敕葬安徽蚌埠曹山南麓。汤和死后三年，即1398年，朱元璋崩于西宫，享年71岁。

二、汤氏家训

按照民国版《汤氏族谱》说明，汤氏家族的家谱排行就是家训："家谱上的排行是'增德承先志，存仁世必昌，忠孝传家茂，积善庆恒昌'，其实，排行就是汤氏的家训。"[1]从中不难看出，汤氏家族的家训包括"忠""孝""仁""德""善"。另外，从该谱卷首《鼎臣公家训》中可梳理出汤氏家族的家训包括"忠""孝""悌""仁义"。两者相较，大致

① 姜涛：《江都汤氏始祖为明开国功臣汤和 史可法、于谦为族谱写序作跋》，http：//news.sina.com.cn/c/2017-04-26/doc-ifyepsch3486910.shtml；http：//www.sohu.com/a/136503093_158052.

相同。

（一）忠

“忠”是儒家学说的重要内涵与范畴。《忠经·天地神明章第一》中说：“天下至德，莫大乎忠。”“忠也者，一其心之谓也。”《鼎臣公家训》开篇即讲：

> 余自辅国以来，事君如父，爱民如子。虽督兵荡寇，不肯妄害一人。惜物之命，如惜人之命；惜人之命，如惜己之命。余之存心自问，庶亦无愧乎后世子孙。有能保国安民者，则当竭力尽忠，至死勿变。若无才，切勿滥食君禄。不若勤于稼穑，以佐饔飧。①

上述文字是对汤和一生忠君爱国的充分诠释。他不仅跟随朱元璋打下大明江山，王朝建立后，仍赤胆忠心，为国效力。十四世纪时，日本正处于南北朝的内战时期，一些战败的溃兵、败将流落海上，会同浪人、奸商组成海盗集团，经常骚扰中国东南沿海。东南沿海民众深受其害，明朝的边疆出现危机。朱元璋深知东南沿海倭患的危害性，这时他首先想到了汤和，尽管汤和年事已高，“顾谓和曰：‘卿虽老，强为朕一行。’”②汤和慨然应允，但请求让方鸣谦一同出征。方鸣谦，方国珍的侄子，方国珍曾经割据浙江沿海首尾达二十年之久，对浙江沿海情况了如指掌，谙习海上防御与作战，对倭寇的活动规律也比较熟悉。汤和深知自己在如何应对来自海上的敌人方面是一个外行，因此时常就如何御敌、反击等战术问题请教方鸣谦。方鸣谦结合东南沿海实际，提出了较为系统的御敌之法：

> 倭海上来，则海上御之耳。请量地远近，置卫所，陆聚步兵，水具战舰，则倭不得入，入亦不得傅岸。近海民四丁籍一以为军，戍守之，可无烦

① 《（民国）汤氏家族谱》卷一《家训一》，扬州市档案馆馆藏。

② 《明史》卷一二六《汤和传》。

客兵也。[①]

上述战术实则包括两个要点：一是建卫所，也就是军事据点；二是寓兵于民。汤和深以为然，他在呈请朱元璋批准后，首先勘探浙江沿海，决定建卫所59所，并命令驻守士兵永久居住。史书记载：

和乃度地浙西东，并海设卫所城五十有九，选丁壮三万五千人筑之，尽发州县钱及籍罪人赀给役。[②]

也就是说，汤和从浙江沿海一带挑选了3.5万个壮丁修筑（卫所）；同时，几乎征尽沿海各个州县的钱财，并要求把在押的犯人全部充当役夫。由于劳动强度大，役夫们经常抱怨。同时，尽征钱财也增加了浙江民众的负担，民众颇有怨言。有人很为汤和担心，或谓和曰："民讟矣，奈何？"汤和态度很坚决，表示：

成远算者不恤近怨，任大事者不顾细谨，复有讟者，齿吾剑。[③]

也就是说，有远大目标的人，不会计较眼前的怨恨；做大事的人，不会过度考虑眼前的小利。如再有抱怨的人，格杀勿论。

汤和的坚持，取得了显著成效。从洪武十九年（1386）十月至洪武二十年（1387）十一月，整整一年的时间，59所卫所全部建成。此后不久，福建、广东、山东、辽东、北直隶等地的海防设施，在洪武二十一年（1388）至永乐初年之间也逐渐完备，沿海城堡遥相呼应，形成一座规模浩大的海上长城，为防御倭寇入侵发挥了巨大作用。

---

① 《明史》卷一二六《汤和传》。

② 《明史》卷一二六《汤和传》。

③ 《明史》卷一二六《汤和传》。

至今，浙江、福建沿海一带仍有祭祀汤和的民间风俗。瓯江入海口的门户——宁村所是汤和主持修筑的浙江 59 所卫所之一。后来驻守宁村所的 1175 名士兵，根据汤和制定的“寓兵于民”制度，成为宁村所的第一代居民，并在此安家落户，生养繁衍。宁村民众感激汤和功德，于明嘉靖七年（1528）得朝廷批准，立庙纪念。明嘉靖四十年（1561）前后倭寇平定后，定居于宁村的抗倭战士后裔们为追思汤和、缅怀抗倭祖辈，就于每年的阴历七月十五举行“汤和出巡”和“教场祭鬼”民俗活动，后演绎为祭奠抗倭先贤与死难同胞的“七月十五汤和节”，又称“汤和民间文化艺术节”，俗称“汤和庙会”“宁村庙会”“城隍爷汤和出巡”、永强“抬佛”。此俗至今已有四百余年历史[①]。

明嘉靖内阁首辅张璁（1475—1539）在汤和庙落成时曾赋七言绝句，高度评价了汤和的抗倭事功：

铁壁铜墙屹海滨，江山万里耀英灵。
雄名盖世传千古，秋月春风斗古城。

明代中后期，倭寇问题再次严重起来。抗倭英雄戚继光（1528—1587）来浙负责抗倭，作为后来人，他在经过宁村所城时，专程瞻仰汤和庙，并留下一首七言律诗：

信国庙堂何处寻，宁村城内柏森森。
数年雨化回天日，一剑霜寒震乾坤。
入死出生披肝胆，餐风饮雪感民心。
长缨慨奉经纶手，青史垂名耀古今。[②]

---

① 邱国珍、陈洁琼：《民间信仰的历史传承与申遗策略——以温州宁村“汤和信仰”为例》，《温州大学学报》，2009 年第 5 期。

② 徐顺炜、何黄彬、项有仁编著：《汤和信俗》，金兴盛总主编，潘旭宏、项玉燕主编，浙江摄影出版社 2014 年版，第 73—74 页。

（二）孝

孝是中华传统文化提倡的行为，儒家《孝经·开宗明义章》曰：“身体发肤，受之父母，不敢毁伤，孝之始也；立身行道，扬名于后世，以显父母，孝之终也。夫孝，始于事亲，中于事君，终于立身。”所以中国民间流传“百善孝为先，万恶淫为源。常存仁孝心，则天下凡不可为者，皆不忍为”一说。

目前尚无资料反映汤和是如何对待其父母的，但是，作为农家子弟，汤和应能做到孝敬父母。不仅如此，《鼎臣公家训》中关于“孝”，有较长的篇幅，明确要求汤氏后世子孙做到如下要求。

一要时常在父母面前尽孝，不可远离父母：

> 当为子之时，以孝为先，事父母勿稍懈。父母之疾，即我之疾；父母之忧，即我之忧。虽处贫困，亦当竭力奉养，以报亲恩。慈鸟犹反哺，而况人乎？值父母衰年，当不时怡悦，不可远离烦父母门间之望。

二要善于与父母沟通交流，当与父母意见不合时，或者父母处事不当之时，要委婉劝谏，注意方式方法，切不可顶撞：

> 夫人子敬孝之心有尽，父母待子之心无穷。若能常以父母之心为心，虽非孝子，似亦可稍免罪戾矣。或父母事有未当，当和颜几谏，勿恶声以进，以伤父母之心。

三要定期祭祀祖先：

> 不幸亲殁，丧葬大事，皆不可越礼。量力为之，切不可轻薄。逢周忌遇节序，必以时食追荐。倘有远年祖坟，遭风雨淋卸，宜加修坚固，切勿坐视。在异性之家有抛露骸骨者，尚且怜而修之，况祖宗之墓岂可

不顾乎？①

（三）悌

悌，儒家的伦理范畴，也就是儒家宣扬的“兄友弟恭”式的友爱。《论语·学而》云：“其为人也孝悌，而好犯上者鲜矣。不好犯上，而好作乱者，未之有也。君子务本，本立而道生。”《孟子·滕文公下》云：“于此有焉：入则孝，出则悌。”

《鼎臣公家训》明确要求汤氏后世子孙：

> 一室之间，兄爱弟，弟敬兄，历久无间，当必有和气致祥者。否则，听妾言，乖骨肉诟谇之声日起，嚣陵之状日形，尚复成何家道耶？②

上述文字一方面强调了“兄爱弟，弟敬兄”及其影响，另一方面又指出导致兄弟不和的潜在性原因，即“听妾言”，则反映了封建社会对女性的歧视，体现了女性社会地位之低下。

（四）仁义

仁义，本意为仁爱与正义，属于儒家重要伦理范畴，是封建道德的核心，常与道德并称为仁义道德，与“礼、智、信”合称为五常。《礼记·曲礼上》云：“道德仁义，非礼不成。”孔颖达认为：“仁是施恩及物，义是裁断合宜。”③

《鼎臣公家训》明确要求汤氏后世子孙：

> 外而交友勿疏忽，勿诈伪。凡力所能为者，无不委曲成之，酒食嬉戏犹迹也。总之，人之立世，首重根本。根本既固，自无有出于礼法之外者。

---

① 《（民国）汤氏家族谱》卷一《家训一》，扬州市档案馆馆藏。

② 《（民国）汤氏家族谱》卷一《家训一》，扬州市档案馆馆藏。

③ 孔颖达：《礼记·曲礼》疏。

不仅如此，《鼎臣公家训》还对汤氏后世子孙提出了更为明确的要求：

勿恃祖宗之业而日事骄淫，勿听奴仆之言而致生离间，勿废家法而使子孙有不肖，勿为非礼而贻祖父以恶名，勿各爱其子而不通教养，勿各顾其家而不扶危困，勿逞小性而失天性之爱，勿争微词而伤手足之情，勿以祭祀为虚文而不修寝室，勿谓父母有偏爱而口出怨言，勿因疏远之族而不尚往来，勿忘贫贱之戚而不深周恤持。

如果做到了以上要求，则“处家而家可治持”，“修身而身可立”[①]。

应该说，汤氏家族的家训是中国封建伦理道德的具体体现，也与汤和所处的社会政治环境密不可分，进而确保了包括汤和本人在内的汤氏家族的安全。

明朝建立初期，朱元璋一再兴起党狱，大肆屠戮勋臣，“时京官每旦入朝，必与妻子诀，及暮无事，则相庆以为又活一日”[②]。其原因，不仅是朱元璋为巩固专制政权，也与开国勋臣及其亲戚、家人，甚至奴仆飞扬跋扈、为非作歹有密切关联。明朝建立后，淮西人[③]，也就是朱元璋的老乡们趾高气扬，不可一世，招致众多怨言，如一首诗就写道：

两河兵合尽红巾，岂有桃源可避秦？
马上短衣多楚客，城中高髻半淮人。[④]

① 民国《汤氏家族谱》卷一《家训一》，扬州市档案馆馆藏。

② 赵翼：《二十二史札记》卷三二。

③ 淮西，即淮右，地域名称，主要指江淮地区。宋代在苏北和江淮设淮南东路和淮南西路，淮南东路又称淮左，淮南西路称淮右。淮南西路的属地包括寿州（今寿县）、庐州（今合肥）、蕲州（今蕲春县蕲州镇）、和州（今和县）、舒州（今潜山市）、濠州（今凤阳县）、光州（今潢川县）、黄州等。明太祖朱元璋主要依靠两支力量建立明王朝，其中之一就是他最初起家的家乡武将谋臣，号称“淮西功臣”或“淮西勋贵”，其中包括徐达、常遇春、汤和等能征惯战的将领，以及冯国用、冯国胜、李善长、陶安等运筹帷幄的文士。

④ 贝琼：《清江诗集》卷七《秋思三首》，文渊阁四库全书本。

江淮地区在春秋时期属楚，故“楚客”“淮人”指的都是淮西人。不仅如此，这些开国功勋仗着手中的特权，贪婪地捞取每一个铜板，到处侵占土地，私纳奴婢，侵夺民财，欺压良善；他们的亲戚、家人甚至佃仆、火者，也都倚势冒法，横暴乡里，欺压百姓，“诸勋臣亦不禁戢”[①]，成了地方霸王。胡惟庸的家人“为奸利事道关，榜辱关吏”[②]。就连汤和的姑父席某也仗势蔑视法纪，“隐瞒常州田土，不纳税粮”[③]。

朱元璋对开国功勋及其亲戚、家人挥起了屠刀。例如，以“倚汤和之势，不怕法度，故敢如此，诛之”[④]，将汤和的姑父席某处死。

基于对朱元璋的清醒认识和对政局的正确分析，汤和选择了急流勇退，告老返回凤阳老家。汤和在家极为低调，据称：

> 王勤劳在王家，勋名在策府，日薄事严，未暇有请名公巨人论次，以传不朽。姑叙爵里、岁月纳诸圹。[⑤]

也就是说，汤和主要待在自己家中，从不随意与那些王公贵族、官员交往，也从不炫耀自己的功绩；同时，时常与乡村里的百姓聊天，并按时缴纳赋税。不仅如此，洪武二十三年（1390）朝觐病后，汤和回到家，将“媵妾百余病后悉资遣之，所得赏赐多分遣乡曲”[⑥]；同时，订立家法，严格约束子孙家奴，“勿恃祖宗之业而日事骄淫，勿听奴仆之言而致生离间，勿废家法而使子孙有不肖，勿为非礼而贻祖父以恶名，勿各爱其子而不通教养……”汤和后裔也是在他死后四十年才得以袭取其指挥使的职位，直到嘉靖十一年

① 《明太祖实录》卷七〇。

② 焦竑：《献征录》卷一一，王世贞：《胡惟庸》，明万历间印本。

③ 刘辰：《国初事迹》，天一阁藏本。

④ 刘辰：《国初事迹》，天一阁藏本。

⑤ 蚌埠市博物展览馆：《明汤和墓清理简报》，《文物》1977 年第 2 期。

⑥ 《明史》卷一二六《汤和传》。

（1532）才允许世袭其侯爵爵位。

后世学者曾为汤和的一生感慨：

> 他，在明代开国功臣中，是为数不多的得善终的一个。对此，清代撰修《明史》的儒士学者，以感慨的笔法写道：明太祖朱元璋在猜疑的心理支配下，大肆杀戮，先后兴起大狱，那些为明王朝的创建出生入死，效尽犬马之劳而位至公侯的功臣，都先后被朱元璋罗织种种罪名杀了头，妻子儿女，或戍远方，或指派为奴。而幸存者之中，像汤和这样把生命自然地延续到最后一刻，享受到应享受的功名、利禄，真是不容易呵。①

三、汤氏家风

汤和的卓越功勋，以及他在明王朝建立后的明智做法，不仅保全了自己和家族的安全，也得到了广泛好评。汤和去世后，可谓享尽殊荣。朱元璋为他御赐楹联，充分肯定和高度评价了他的一生，曰：

> 千年不朽勋臣府，
> 万古长青信国祠。

洪武三十一年（1398）九月，方孝孺奉旨撰写《东瓯汤襄武王神道碑铭》②，叙述了汤和的一生，并给予高度评价，不妨节略抄录如下：

---

① 张德信：《汤和》，张德信等：《明太祖周围的群星》，黄山书社 1989 年版，第 198 页。

② 方孝孺（1357—1402），字希直，又字希古，南明安宗追谥文正，浙江宁波宁海人。明朝大臣、学者、文学家、散文家、思想家。因拒绝为发动“靖难之役”的燕王朱棣草拟即位诏书，被朱棣杀害，时年四十六岁。据载，方孝孺被诛十族，自己也被施以凌迟。古代最重的罪是“诛九族”，这九族一般指父族四、母族三、妻族二。父族四，指自己一族、出嫁的姑母及其儿子、出嫁的姐妹及外甥、出嫁的女儿及外孙。母族三，是指外祖父一家、外祖母的娘家、姨母及其儿子。妻族二，是指岳父的一家、岳母的娘家。第十族，或者指自己的学生，或者指老师一族。所谓神道碑，指的是立于墓道前记载死者生平事迹的石碑，多记录死者生平年月、所做贡献等。

王沉毅质直，勇而善断，不妄发言，入闻国论，一语不泄于左右。行师受任，有诏即行，不少顾家。临敌果敢，坚忍未尝挫衄。有语及兵书者，辄笑曰："临阵决机，在智识敏达耳，何以泥古为！"家蓄妾媵百余，暮年皆资遣宁家。得赏赐，多惠乡党父老及孤贫无告者。贵任公宰，及归田里，见故交遗民，意欢如也。厥后群公多先物故，而王独享寿考，以令名终。斯固保身之有道，而始终不倦，可谓盛也矣。

今陛下追惟创业之艰，显扬刻铭，使播不朽，岂独盖覆汤氏之子孙，盖以昭扬先帝之功德，而垂万世也。是用备著其事，而献铭曰：

于昭上帝，视下孔仁。降圣储才，相慈世民。民之颠隮，俾圣康之。复俾贤臣，佐而襄之。有元既衰，天厌其乱。督生高皇，拯绥大难。龙奋于潜，八极晦冥。英杰如云，翼之以升。惟东瓯王，既智且武，灼知天命，早识真王。众方梦梦，未决所从，独断不疑，委身效忠。臣或择君，杖策千里。生于帝乡，其祉孰似。宝剑雕戈，折冲四方。如虎如貔，驱彼犬羊。披淮济江，以作京邑。京邑既成，皇业乃集。东遏伪吴，坐镇毗陵。不骞不倾，仗义为城。帝德日宣，远怀迩服。王率之行，势若破竹。既平姑苏，元恶就诛。威镇东南，暨于海隅。乃清关陇，乃平幽冀，万邦来同，献其琛贝。

帝曰念哉，饬我元勋。爰启土疆，流庆后昆。中山建侯，遂公大国。貂冠金券，绣裳赤舄。海宇晏宁，变夷为华。民休田间，谷粟丝麻。王亦白发，燕嬉甲第。伊谁致之，天子之赐。天子有诏，共乐太平。文锦兼金，侑以百朋。内暨夫人，亦受宠锡。玺书烂然，观者动色。天实生才，股肱圣皇。丰其茀禄，俾之寿康。寿考令终，孰与之同。天子之门，式劝有功。没登王封，从飨宗庙。始卒无瑕，其忠有耀。昭哉大明，如日丽天。载焯鸿勋，以训万年。[①]

① 方孝孺：《东瓯汤襄武王神道碑铭》，洪武三十一年（1398）九月，程敏政编：《明文衡》，载任继愈主编：《中华传世文选》，吉林人民出版社 1998 年版，第 690—691 页。

此外，明代兵部尚书于谦誉汤和为“范蠡、张良在世”。明代兵部尚书史可法称赞汤和：“景仰公规，神威奋武，佐命兴师，战胜攻取，不伐不矜，中规中矩，功盖一时，名垂千古！”①

据《明史》记载，汤和夫人也很贤惠，被称为“夫人有妇德，明诏称其贤”。汤和共有5个儿子，均在朝廷任职。史书记载：

> 子五人，曰鼎，署前军都督府佥事；曰轫，太原中护卫镇抚；曰鼐，曰爕，皆早卒；曰醴，同知左军都督府，阶荣禄大夫，将兵征五开，卒于军。女五人，长适德庆侯廖权，次为曾王妃，次适万泉卫指挥俞鼎，次适景东卫指挥赖镇之子溶，次适楚雄卫指挥袁义之子兴。孙男十一人，曰昱、暹、昇、晟、勖、景、昪、昞、旻、昊、晔、晟，其嫡也。孙女四人。曾孙男一人，女二人，皆幼。②

他们继承并发扬了汤和的品格，为明王朝的稳定做出了贡献：汤鼎，曾任署前军都督府佥事。汤轫，曾任太原中护卫镇抚。汤鼎辅佐沐英入云南平乱，不幸战死，获谥号“信世子”。

汤和去世时，五子仅剩汤醴一人，当时任散骑舍人，公务在外，“奉敕鲁府操军，弗能具汤药之奉，唯哀痛自伤”。该子承袭信国公爵禄，后曾任同知左军都督府，晋升荣禄大夫，在率军出征五开时，壮烈殉国。

汤和共有女儿5人，分别嫁给德庆侯廖权、曾王、万泉卫指挥俞鼎、景东卫指挥赖镇之子赖溶、楚雄卫指挥袁义之子袁兴。

在汤和去世时，共有孙子11人、孙女4人；曾孙1人、曾孙女2人。其中，长孙汤晟、长曾孙汤瑜也在汤和去世前去世③。白发人送黑发人，尤其是

① 汤锦程：《中华汤姓源流》，中国文联出版社2006年版，第1122页。

② 方孝孺：《东瓯汤襄武王神道碑铭》，洪武三十一年（1398）九月，程敏政编：《明文衡》，载任继愈主编：《中华传世文选》，吉林人民出版社1998年版，第690页。

③ 汤锦程：《中华汤姓源流》，中国文联出版社2006年版，第1121页。

长嗣均失，汤和心情可想而知。

汤氏家训得到了严格执行。据载，一直到民国时期，家谱修成之时，全族人聚集家祠前开祭谱大会，把谱牒挂在祠堂上，族长开始讲话，用青竹打屁股，惩罚不学好的子孙，不肖子孙则跪下向祖宗求饶，这就是所谓的“打青竹”①。

汤氏家族家训所包括的“忠”“孝”“悌”“仁义”，概括起来，不外乎为人低调、待人和善、处事明智。汤氏家族家训也自然形成了良好的家风，并得到了很好的传承。

因为汤和去世时嫡长子已去世，依明朝嫡长子世袭制规定，汤和庶子、庶孙不得承嗣；但因汤和功勋卓著，因此，汤和三子汤鼐承袭信国公爵禄。《续明史》认为信国公位传至汤鼐之子汤弗及后，即被明王朝罢免世袭，汤和因而绝封。据江苏扬州《汤氏宗谱》记载：因汤和子孙支持惠明帝朱允炆，燕王朱棣攻入南京后，汤和子孙逃入扬州江都张纲镇（今汤家庄）避祸，因而失去爵禄。明世宗嘉靖十一年（1532），重录功臣之后，经吏部所请，才勉强封汤和五世庶孙汤绍中为灵璧侯。灵璧侯共传六代七侯，明亡绝封，历时 112 年②。

汤氏后人为避祸逃到江都张纲镇后，时光流转，尽管汤氏后代离开了家乡，但其血脉在江都这块土地上扎根，繁衍生息。据记载，自迁入汤家庄算起，汤氏在此已生活了八代。目前，汤家庄已传到了第二十四代，汤氏子孙大多数走出了汤家庄③。

---

① 姜涛：《江都汤氏始祖为明开国功臣汤和　史可法、于谦为族谱写序作跋》，http：//news.sina.com.cn/c/2017-04-26/doc-ifyepsch3486910.shtml；http：//www.sohu.com/a/136503093_158052.

② 汤锦程：《中华汤姓源流》，中国文联出版社 2006 年版，第 1122 页。

③ 姜涛：《江都汤氏始祖为明开国功臣汤和　史可法、于谦为族谱写序作跋》，http：//news.sina.com.cn/c/2017-04-26/doc-ifyepsch3486910.shtml；http：//www.sohu.com/a/136503093_158052.

第六章
大官小官一百三：淮南廖氏家族

在淮河岸边，有这样一个家族，他们自明代迁居这里以后，就以耕读传家。晚清民国之际，这个家族在江淮的政治舞台上大放异彩，涌现了一大批为了民族解放与独立而不懈奋斗的仁人志士。这个家族就是位于今天安徽省淮南市田家庵区安城镇廖家湾的廖氏家族。自民国以后，廖氏家族在各级政府中为官者众多，因此淮河两岸流传着“廖家湾，大官小官一百三”的说法。

一、晚清以前的淮南廖氏

（一）廖氏先祖事迹

据《廖氏宗谱》记载，淮南廖氏先祖廖文友因元末战乱，避难于巢湖之滨，读书教子，不求闻达。廖文友有五子：永清、永坚、永宁、永安、永忠，前三子事迹无考，后二子则是明朝的开国功臣。

廖永安，字彦敬。元末农民大起义时，永安、永忠兄弟与俞通海等招徕巢湖渔民，据湖反元。元至正十三年（1355），朱元璋攻下和州后，永安兄弟率领手下水军归顺。此时，朱元璋手下恰无水军，因此对他们的归顺十分高兴，亲自迎接他们。归顺以后，廖氏兄弟很快就投入到了与元军的交战中。当时，元人驾驶的是楼船，体型虽然庞大，却进退不便，而永安率领的水军虽然驾驶的是小舟，却进退便捷，因此两次大败元军，奠定了渡江南下的基础。此后，永安兄弟随朱元璋引舟东下，克牛渚、拔太平、踞金陵，为朱明王朝立下了巨大功勋。后来廖永安率水师攻打张士诚，与张氏部将吕珍交战，但因为后军不继，乘坐的舟船搁浅而被俘。因为廖永安擅长水战，很得张士诚的赏识，张一直想要招降他，因此并没有立刻处死永安。但面对张士诚的威逼利诱，永安誓死不从，被囚八年后去世。明洪武六年（1373），朱元璋感念廖永安的功绩，追封他为楚国公，此后又多次加封。因为廖永安无子，就过继兄长廖永清之子廖升为后，爵位也由廖升继承。

廖氏兄弟投奔朱元璋以后，廖永忠一直辅佐兄长，永安被俘后，永忠执掌水师。廖永忠作战英勇，富有智谋，追随朱元璋伐张士诚、灭方国珍、破陈友定，征战四方，战功卓越。按照永忠的战功，他是应该被封为公爵的，但最终仅受封德庆侯。因为当年朱元璋指派永忠迎接红巾军名义上的统帅小明王韩林儿到应天，韩林儿却在瓜步溺水而亡，所以永忠因为失责而封侯。洪武八年（1375），廖永忠又因为“僭用龙凤等不法事”，被赐死，时年53岁。

永忠死后，子廖权于洪武十三年（1380）袭封德庆侯。但洪武十六年（1383），廖权死后，子廖镛及廖铭都没能袭封，只是担任普通的官职。靖难之役以后，明初大儒方孝孺誓死不为燕王朱棣草拟登基诏书，被灭十族。廖镛兄弟二人曾受学于方孝孺，不忍先师曝尸荒野，冒死收尸，将方孝孺埋葬于南京聚宝门外山上。刚收殓完毕，二人就被官府收押处死，家产田宅也被抄没，弟廖钺及堂叔指挥佥事廖升被发配戍边。

正统年间，有大臣奏请赦免靖难之役时期的罪臣，明英宗准奏，廖升之孙廖承庆也被召回，准许袭封指挥佥事的官职。但是廖承庆借口自己有疾病，拒绝为官。明英宗认为他这是积怨未消，将他贬官至凤阳看守皇陵，因此廖氏又落户于凤阳。

廖承庆三子廖泰，正统年间考中举人，担任过山东巨野县教谕，后升为河南河间府教授。廖氏自元末迁居巢湖，谱牒失传，直到廖泰时才广为搜集，重修宗谱。《廖氏宗谱》肯定他的功绩，称“承前启后，公实有大功焉”。

廖泰重孙廖伏元，字柳溪，庠生，著有《柳溪集》传世。廖伏元为廖氏九世祖，在他这一代，堂兄弟四人迁居凤台县东乡王叶巷坊，自此开启了廖家湾廖氏的数百年基业。

（二）“卧龙藏虎”廖家湾

廖氏迁居淮南以后，秉承家训，以耕读为业。直到清末，数百年间，廖氏有功名者达 80 余人，进士、举人、贡生、监生、太学生等 26 人，入地方志者 114 人，所以民间对廖家湾有“卧龙藏虎”之誉。

可能因为廖氏先祖以军功起家，淮南廖氏子孙的身体里，也流淌着保家卫国的血液。在清末的时候，廖氏族中习武风气盛行，甚至出过好几位武举和武进士，这或许可以解释为什么民国时期那么多的廖氏子弟投身到民族解放与民族独立的事业中来。兹引录清末廖氏习武者如下：

廖振邦，原名绍祖，字辅臣，武生，赐昭武都尉。

廖振鹏，原名绍曾，字子翔，振邦四弟，诰授武德骑尉。光绪乙卯科武举，庚辰兵部差官浙江即补守备。

廖鼎奎，原名绍尹，字心田，武生。

廖冠文，原名绍唐，字承尧，武生。

廖冠奎，原名绍成，字梅轩，武生，候补把总。

廖振钧，原名绍商，字和卿，冠奎三弟，诰授武德骑尉。光绪癸未科武进士，前署北炉桥汛千总，即补守备。

廖鸿钧，原名绍卿，字儒臣，冠奎四弟，诰授武德骑尉。光绪甲午科武举，前署阜阳县千总，即补守备。

廖益三，原名传章，字玉奉，号璋亭，诰封武德骑尉，前署颍州龙特寺外委补用千总。

廖传禄，字佑亭，振邦长子，武生。

廖祝三，原名传球，字华亭，武生。

廖杰三，原名传璧，字蓝田，武生。

二、民国初年的廖氏子弟

清朝末年，政治腐败，清政府面临内忧外患，老百姓生活在水深火热之中，中华民族危在旦夕。淮上许多爱国知识青年，纷纷奋起，或参加革命先驱领导下的各种进步组织，研讨救国方针；或进入当地维新派创办的练军学堂，以图沙场报国。

（一）投笔从戎

清光绪二十四年（1898），寿州人张树侯与孙毓筠等人在寿县创立“强立学社”，倡言革命。这个组织引导了一大批有志青年走上了革命道路，其中，就有一位来自廖家湾的青年——廖传玿[①]。廖传玿经柏文蔚介绍，入社练武习文，接受孙文思想。此后，又经柏文蔚介绍，加入反清组织“岳王会”，从事反清救国的革命活动。

光绪三十年（1904）春，安庆武备练军学堂招生，廖家湾青年廖传仪[②]投身该校，与乡人柏文蔚、常藩侯等革命志士，一起从事反清的革命活动。廖传仪毕业后，被分配到南洋第九镇担任排长。由于他才能出众，练军有方，很快就升任队官。1906年，廖传仪又被调回安徽，任安徽新军督练公所（即武备学堂办事机构）卫兵司令官，不久改任步兵弁目第四队队长。

廖传仪认为从事革命必须掌握一定的武装力量，因此，武备学堂第二期招生时，他立刻写信，将消息告诉村中受革命思想熏陶的同辈青年，鼓励他们报考。最终，廖家湾青年廖传琪[③]、廖传玿、廖传铭[④]、廖鸿文[⑤]、廖传信[⑥]、廖文德[⑦]、廖传珩[⑧]、廖传琮[⑨]等人顺利考入武备练军学堂。时隔不久，武备练军学堂改为炮马步工辎弁目养成所。廖氏兄弟从弁目养成所毕业以后，

---

① 廖传玿（1884—1912），字璞纯，廖鼎新三子。
② 廖传仪（1883—1913），字少斋，廖鼎元次子。
③ 廖传琪（1882—1913），字海粟，廖鼎新次子。
④ 廖传铭（1876—？），字盘箴，廖振鸿长子。
⑤ 廖鸿文（1877—？），字子宾，廖曙熙四子，廖运泽之父。
⑥ 廖传信（1888—1962），字梓英，廖鼎元三子。
⑦ 廖文德（1880—1934），字润斋，廖锦章长子。
⑧ 廖传珩（1889—1938），字楚珍，廖鸿钧次子。
⑨ 廖传琮（1891—1932），字瑞然，廖振钧三子。

按照所学兵种，被分配至新兵第六十一、六十二标充任正目，至步营者较多，至马、炮等营者较少。在安庆期间，廖氏兄弟与柏文蔚、倪映典、熊成基、薛哲、方振武等革命同志交好，受到革命思想的感召，纷纷加入同盟会，从事反清的革命活动。

（二）参加安庆马炮营起义

光绪三十三年（1907）7月，徐锡麟在安庆刺杀安徽巡抚恩铭等人，无奈众寡悬殊，行动失败。廖少斋与徐锡麟关系密切，怕被清廷抓捕，因此逃出安庆。潜回廖家湾以后，廖少斋与同盟会的袁家声、张汇滔等人联系，一起组织农民，继续从事革命活动。

徐锡麟罹难以后，同志们都悲愤难忍，希望为他报仇。恰好光绪三十四年（1908）农历九月，按照旧例，清政府将聚集南洋各镇新军在太湖举行秋操。熊成基等岳王会骨干计划趁此机会发动秋操起义。但巡抚朱家宝十分狡猾，对此次参加秋操的新军严格审查，新军中的革命党人都被留在了省城安庆，太湖起义的计划也就胎死腹中了。这时江苏、安徽的同志认为此时南京、安庆的防备最为薄弱，是起义的最好时机。熊成基、范传甲又计划趁秋操期间安庆空虚之际发动起义，然后率军到太湖，争取新军主力响应。在熊成基的计划中，起义“一经举发，长江中断，淮上应之，北道援绝，上与鄂军合，然后光复南京，东西并进北面而争中原”①。于是派方振武在城内筹办饭店，廖盘箴开设旅馆，作为联络点，安纳四方革命同志，并命廖梓英通知其兄廖少斋联络淮上的革命同志届时聚兵响应。

当时恰逢慈禧和光绪相继逝世，一时朝野震动，人心思变。熊成基等人认为机会千载难逢，因此于11月19日下午约集会中执事范传甲、张劲夫、洪承点、薛子祥、廖盘箴、李朝栋、程芝宣、田激扬等人在三祖寺杨氏试馆秘密开会，商讨起义事宜。众人公推熊成基为总指挥，决定当夜10时率马、炮两营千余人同时起事，并约城内步营管带薛哲开北门接应。

① 张树侯：《淮上军纪略》，自刻本。

熊成基率队在炮营如期起事，官兵踊跃用命，只有管带陈镛昌不肯附从，当即被弁兵击毙。随后，起义官兵烧毁炮台，整队前往接应步营。廖氏兄弟多在步标，标统蒋与权早被廖海粟、廖璞纯等挟制。同时马营亦如期发难，管带李玉春带少数随员，负隅顽抗，最后负伤逃遁。马营同志与他营聚齐，在熊成基的统一指挥下往攻北门外菱角嘴弹药库。守库头目是范传甲胞弟，因此起义部队不费吹灰之力，就进入弹药库。义军得到弹药补充后，又返回北门，烧毁测绘学堂的步兵营房，合力攻城。

然而，起义军并不知道的是，安徽巡抚朱家宝在接到慈禧、光绪死耗后，就通过亲信密切关注安庆城内动向。朱家宝在收到安徽布政使沈增植发来的安庆城内人心浮动的急电之后，已经于 19 日带兵赶回安庆。马炮营起义以后，朱家宝一面急电向两江总督端方求援，一面笼络城内官兵，许以重利，让他们坚守城防。住在城内的范传甲听到城外炮声，组织同志响应，但很快就被早有准备的清军击败，范传甲于次日遇害。原计划在城内接应的薛哲，看到北门城防严密，自己兵少力单，夺门无望，无奈率兵退回驻地。

城外起义军虽然英勇作战，但得不到城内革命党人的响应，而城内清军誓死守城，起义军经过一昼夜的战斗，终未能攻破安庆。此时，端方调集的援军已经赶来，起义军面临腹背受敌的困境，转而计划取道舒城，准备夺取合肥作为基地，联合淮上革命同志，另图进取。但在清军骑兵的追击下，起义军抵达合肥时，已仅剩百余人了。熊成基见大势已去，只得潜入寿州，与参加起义的廖氏兄弟一起在寿州联络同志，继续从事革命活动。后来清廷搜捕紧迫，熊成基不愿连累同志，最终逃亡日本。

（三）廖氏子弟与淮上军

安庆马炮营起义失败后，廖氏兄弟也都回到故乡，但他们并没有沉寂下去，而是继续利用各种机会从事革命活动。他们很快融入地方上的革命活动中，利用各自的社会关系，联络乡亲、故旧，组织农会，积蓄力量，伺机而动。武昌起义成功的消息传来，淮上的革命情绪也十分高涨，张汇滔、袁家声召集同盟会安徽支会的骨干人员开会，决定10月17日（农历九月十五日）攻打寿州，响应武昌起义。廖家湾青年廖海粟、廖璞纯、廖盘箴、廖子宾等人参加了会议，他们领到的任务是组织群众攻打寿州东门。廖璞纯、廖梓英先期进城做内应，廖海粟等人回廖家湾分头召集农会骨干进行宣传，发动农友，集合民众。16日晚，各路义军纷纷如期来到廖家湾西圩田柳林，埋锅做饭，饱餐一顿后，半夜向寿州开拔。拂晓前到达寿州城下时，寿州城已经被攻打下来。原来，城中内应已于16日夜攻下镇署、州署，总兵逃走，州牧魏绍英也交出了官印。廖梓英率队打开监狱，放出在监的段云、权道涵等革命同志。17日，宣告寿州完全光复。清军巡防营队官马汉卿不肯缴械，带领一队士兵趁乱逃跑。廖海粟入城后得知消息，立刻派曾与马汉卿有交情的陈子美飞骑追至保义集，晓以革命大义，并保证人身和财产安全，最终成功令马汉卿回城缴械归顺。

起义军光复寿州后，四乡民众自发地剪去发辫，要求参军，仅一两天内，起义军就发展到一万多人。大家一致建议成立“淮上国民军”，公推王庆云为总司令，张汇滔、袁家声、张纶为副总司令，张汇滔兼任参谋长。总司令以下，委任张汇滔、王庆云、张纶、袁家声、廖海粟、段云、权道涵、毕镜波、岳相如、李子久、杨穗九、李诱然、王占一等13人为军统，廖海粟还兼任总司令部参谋。军统下称管带（营）、队（连）。义军整顿后编成18管带，炮队1营、马队1营。廖璞纯、廖盘箴、廖梓英、廖子宾等分任管带。

义军整编粗定，决定分兵三路进军江北各州县。一路由副总司令兼参谋长张汇滔带兵西上，进攻颍上、阜阳等地；一路由权道涵、段云、王占一率队谋取六安、合肥；一路由副总司令袁家声率东征军指向津浦线，接应南京革命军。袁家声首先派岳相如收复凤台、怀远，杨穗九、程华亭光复凤阳，继之亲率军统廖海粟，管带廖璞纯、廖梓英、王绍九，东征军总稽查廖盘箴，督队廖子宾，军械官廖润斋，副官廖楚珍、廖瑞然，队官陈子美、邹龙亭、费子良、朱广风、李云觉、朱玉绍、张云龙、徐兆峰等部和一队炮兵及孙寿亭领导的学生军进军蚌埠，向五河等地发展。

1911年12月，当淮上军向皖北各县胜利进军时，驻扎在南京的清江南提督张勋，听闻凤阳等地为淮上军占领，恐后路被断，慌忙乘车北撤。淮上军获悉，立刻派廖海粟率领淮上军第八营、第十三营以及一个炮兵连、寿县公学学生军共500余人，进驻蚌埠设防。此时，第八营管带为廖璞纯、第十三营管带为廖梓英。淮上军在蚌埠城外小南山布阵，置炮于小南山东侧，试图阻击张勋。张勋部乘火车到达小南山以后，立刻与淮上军交火。张勋部虽然装备精良，但淮上军凭借有利地形固守，正面战场呈胶着状态。最后，张勋派出一队从后方偷袭小南山，由于袁家声部未能识破敌人诡计，只顾炮击列车和阻击从北面进攻的敌人，对南路清军的偷袭毫无防备，致使南路清军顺利进入小南山，包围第八营廖璞纯部。廖梓英听闻小南山被围，意欲营救，无奈敌人火力太猛，分不出力量。被围以后，廖璞纯身先士卒，率兵迎战，全营士兵各个奋勇拼杀。激战一夜，最终保住了小南山阵地。

在这场战斗中，淮上军损失惨重，第八营管带廖璞纯战死，其他牺牲的士兵仅廖氏子弟就有廖多凡、廖多藻、廖文鼎、廖文楷、廖文明、廖秀珍等人。1912年，柏文蔚请准抚恤阻击张勋阵亡将士，孙中山电令追恤廖璞纯，在寿县建立专祠祭祀，并配享熊成基、范传甲二公祠，其他阵亡人员也都从祀廖公祠。

后来，袁世凯在帝国主义支持下窃取了辛亥革命果实，并于1913年6月派兵南下，企图消灭国民党在南方数省的势力。7月，江西督军李烈钧率先发出讨袁通电，揭开了“二次革命”的序幕。革命军任命柏文蔚为讨袁军安徽方面军总司令，柏文蔚则委任袁家声为讨袁军第一支队司令，张汇滔为第二支队司令。张汇滔下属毕少山团驻凤台，廖海粟驻寿州，阻击倪嗣冲军马联甲部，并派总部独立第五团团长廖少斋协理军事。另派卢慈甫部进驻颍上，毕团孙悦臣、廖团廖盘箴营分别进驻顾桥、鲁口孜为前哨据点。

7月23日，倪嗣冲军王治国部全力进攻凤台西南要隘鲁口孜，企图拔取凤台右翼防地以孤立凤台。鲁口孜守军廖盘箴背水结阵，匆忙迎战。面对五倍于自己的敌人，廖盘箴营拼命抵抗，鏖战四小时之久，最终因寡不敌众败退寿州。此后，顾桥、凤台也相继失守。

8月4日，倪军侵占凤台以后，连夜调集部队，除留一部牵制正阳讨袁军外，大部于5日拂晓潜师渡淮，全力向寿凤要道过街楼子、驴蹄子两山头进攻。从凤台退回的讨袁军毕少山部及驻寿州的廖海粟团一部，在司令张汇滔、协理廖少斋指挥下扼险死守。敌人刚攻占凤台，加上倪嗣冲的重赏利诱，士气正旺，在优势炮火掩护下，拼死攻山。双方从清晨一直激战至午后，讨袁军渐难支撑，撤至八公山。倪军占领两山头后，稍事整顿，便尾随讨袁军进至八公山。倪军一面调集所有大炮轰击讨袁军工事，一面重赏官兵，拼命攻山。张汇滔、廖少斋亲冒弹雨统率官兵与倪嗣冲死战。双方争夺十分激烈，阵地得而复失，失而复得，形成拉锯。连续数昼夜的殊死拼搏，倪军虽倾尽全部力量，也无法突破讨袁军阵地，双方在此形成对峙。八公山一战中，双方伤亡惨重，廖海粟团有许多人壮烈牺牲，廖氏族人廖从鲁排长即在此役殉难。

虽然讨袁军在八公山阵地屡挫倪军，但整个形势对讨袁军不利，赣、宁相继失败，柏文蔚也因部下胡万泰的叛变而逃离安徽。张汇滔、袁家声等见大势已去，无法挽回，如再坚守八公山，将会成为孤军，决定放弃淮河防线，引兵与其他讨袁军汇合。其中，寿州撤出的讨袁军原定撤至合肥，不料驻扎合肥的部队守将夏永伦已经暗中叛变，投靠倪嗣冲。夏永伦将讨袁军阻于城外，声称必须接受收编后才能进城，否则便要讨伐。此时，廖海粟部后有追兵，前进受阻，处境异常危险。廖少斋因与夏永伦有旧交，在紧要关头不计个人安危，毅然进城劝阻夏永伦。不料夏永伦不念旧情，扣留廖少斋，逼迫廖部缴械。廖少斋不从，英勇就义。廖少斋遇难后，张汇滔同廖海粟商议，为避免被全歼，不得不将部队遣散。

讨袁军失败以后，淮上军领导人大多逃到上海。廖海粟团逃到上海的有廖盘箴、廖梓英、廖润斋、廖子宾、廖楚珍、陈子美、王绍九等人。廖海粟因为处理善后，耽误时间没有走成，结果因叛徒告密，被蚌埠巡警局侦探抓捕，押往寿州，在城隍庙前殉难。

三、大革命时期的廖氏子弟

二次革命时期，淮上军令倪嗣冲所部在安徽损失惨重。因此，后来倪嗣冲主政安徽时期，对寿县、凤台一带的淮上军旧部及其家属进行残酷迫害，廖家湾更是重灾区。直到倪嗣冲退出安徽之后，受到通缉的原淮上军逃亡人员及其家属才逐渐返乡。然而，在此期间，廖家湾青年从未放弃自己的求学和报国梦想，他们通过求学逐渐走上了父辈的革命道路。廖运周、廖运升①、廖多瀚、廖云飞等人考上了怀远的含美中学，廖麟、廖传煌考入了芜湖职业中学，廖运泽②考入了安庆工业学校皮革科。

（一）参加学生运动

1921 年，安徽教育界因向省议会提出增加教育经费，与省议会发生争执，副议长赵继春命令卫兵痛打学生代表。省一中学生闻讯首先整队赶来，接着法专、一师、一农、一女师、一工、霍桑学生相继赶来，将省议会团团围住，进行抗议。马联甲恼羞成怒，命令卫队及保安队向徒手的学生开枪，又打电话给驻军旅长史骏玉，带兵前来镇压。当场受伤的学生有五六十名之多。姜高琦同学身上被戳七刀，血流如注；周肇基遍体鳞伤，不省人事，后均死于医院。省议会一带血染道路，哭声震天，惨不忍睹。廖运泽作为安徽一工学校的学生代表，参加了这次斗争，并受安庆教职工联合会及学生联合会的委派到沪宁、京津和安徽各地，呼吁各界人士声援。

1923 年 10 月，曹锟贿选的消息传来，全国舆论大哗。安徽学界通电全国及各国大使馆予以否认，并组织学生上街游行示威。游行学生捣毁议员张伯衍、何雯的家，还在他俩家的大门上贴着白纸写的“猪窝”等字样泄愤。廖运泽当时是一工学生会负责人之一，带领一工学生积极参加了这一行动，

军阀政府省长吕调元严令警方保护议员家宅人口安宁，严惩为首的学生

① 廖运升，廖润斋之子。

② 廖运泽（1902—1987），字汇川，廖子宾之子。

和有关的教育界人士。领导运动的柯庆施通过内线查知廖运泽在缉拿之列，立即交给运泽一封介绍信及 15 块银元路费，推荐他投考广州黄埔军校。运泽连夜逃往上海，经广州驻沪办事处的初试，与同乡曹渊、许继慎一起秘密乘轮船抵达广州。经过一段时间的入伍训练，1924 年 5 月，廖运泽被正式录取为黄埔军校第一期学员，与陈赓、杜聿明、李仙洲、侯镜如等人同在第三队。在他的感召下，在南京成美中学读书的廖运升也考入了黄埔军校四期。

含美中学是美国基督教会在怀远办的学校，校长赖而慈是美国人，办学以传道为宗旨，把《圣经》列为学生必修课程，并强迫学生喊“美利坚万岁”等口号，早就引起学生、教师的强烈不满。五四运动在北京爆发以后，全国纷纷响应，消息传到怀远，廖运周、吴云、吴霖等人挺身而出，组织学生会，领导全校师生积极响应，组织大家上街游行演讲，高喊“打倒帝国主义”“打倒卖国贼”“抵制日货”等口号。赖而慈敌视学生爱国活动，借口学生排外，禁止学生外出。学生对校方原来就有意见，现又遭到校方干涉，格外不满，因而在学生会领导下进行罢课。学校不肯示弱，在反动政府的支持下，将带头罢课的廖运周、吴云、吴霖等十几个学生开除。

廖运周等人被含美中学开除后，寿、凤地区的同学也愤而离开含美，廖运升和吴霖、吴云转到南京成美中学，廖运周、廖多瀚考进济南齐鲁大学。1924 年春廖运周被选入学生会，还担任安徽旅济同学会总干事，同其他同学会学生领导济南地区安徽学生进行反帝、反封建、反军阀的爱国运动。为声援省港大罢工，济南各界人士成立“外交后援会”，纷纷要求废除卖国的“二十一条”，欢迎孙中山先生北上议和。廖运周因代表皖籍学生赴京探望因病住院的孙中山先生，受到停学处分。次年春，廖运周、廖多瀚转入河南开封中州大学文科就学。这一年，廖运周、廖多瀚等参加了开封各界人士举行的孙中山先生追悼大会。

同年 5 月 30 日，日、英帝国主义制造了“五卅惨案”，激起了全国人民的极大愤慨，开封各界人士成立了“五卅惨案后援会”。在后援会的指导下，开封各界组织了示威游行、露天演讲、募捐、罢工等活动。在此期间，廖运周、廖多瀚都积极参加活动，廖运周还是中州大学学生运动带头人之一。

1923 年春，廖麟、廖传煌来到安徽省五四运动的中心城市芜湖，考入芜湖职业中学。两人学的是金科，金科主任王坦甫是柏文蔚的外甥，柏姓与廖姓的关系素来很好，因此，王坦甫对他俩格外照顾，并吸收廖麟加入学生会，还介绍他俩加入“马克思学术研究会”，学习马克思、列宁主义。共产党员柯庆施、薛卓汉也常到芜湖各校活动，深深影响着廖麟等人。当年秋，廖麟、廖传煌由王坦甫介绍加入社会主义青年团。1925 年秋，廖麟因在运动中表现积极，被党组织保送苏联莫斯科中山大学。

（二）投考革命学校

1924 年，冯玉祥将自己的部队改编为国民革命军，其后又集体参加国民党。为了发展自己的军事力量，冯玉祥创办国民军西北干校，派人到安徽招生，廖村知识青年踊跃报名，有廖多晋、廖多琳、廖传朴、廖多训（铿）、廖多丰、廖多沅、廖多芳、廖竹溪、廖多淦等青年考取这所干校。

1926 年春，黄埔军校在开封秘密招生。恰巧此时廖运周正因参加学潮而受到军阀政府的迫害，在柏文蔚的支持与帮助下，廖运周由尚在地下活动的国民党开封市党部保送至上海国民党驻沪办事处，再由驻沪办事处介绍到广州，考入黄埔军校炮科，编入三大队九中队受训，与许光达同在一个班学习。

1926 年 10 月，北伐军攻占武汉。11 月，北伐军又打垮孙传芳在江西的主力部队，接连占领九江、南昌。在北伐取得重大胜利之时，国民党中央政治会议决定迁都武汉，并在武汉成立黄埔军校武汉分校。廖多瀚受廖运周、廖运泽、廖运升的影响来到武汉，考入武汉分校五期政治大队。北伐军占领南京后，蒋介石将黄埔军校迁至南京，开始招收第六期学员。廖传枢、廖多术在廖梓英的鼓励下前去投考，分别被炮科和工科录取。黄埔军校毕业的廖氏子弟先后参加了北伐战争，并在北伐战争中立下战功。廖运泽、廖运周、廖多瀚还参加了举世闻名的南昌起义。

（三）参加南昌起义

1927 年 7 月，武汉政治局面逆转，反革命气焰日益猖獗，武汉政府主席汪精卫也逐渐暴露出真反动假革命的丑恶面目。为了应对危急的局势，中共中央决定派叶挺率十一军开赴南昌准备起义。此时，廖运泽是叶挺部七十二团副团长，因参加纸坊平叛受伤而在汉口养伤，见形势危急，不顾伤势未愈，化装乘船离开汉口前往南昌，积极投身起于义事宜。到南昌后，叶挺将军任命他为七十二团代理团长。

南昌起义的前几天，廖运泽两次到起义军总指挥部所在地“江西大旅社”，参加由中共前敌委员会书记周恩来主持的会议。叶挺部参加会议的营团级干部，大多是廖运泽的一、二期同学，同学见面，十分高兴，对起义也充满了期待。第二次会议后，廖运泽接到的任务，是率团解决朱培德部驻贡院、新营房的二十三、二十四团的武装。

8 月 1 日凌晨，廖运泽按既定部署，带领七十二团借口夜间演习接近敌人驻地，出其不意地夺取卫兵武器，以四个连的兵力冲进二十三团营房，同时以一个营的兵力冲入二十四团营房。因天气闷热，敌军官兵都铺着草席在院子里睡觉，武器不在身边，仓促应变，一片混乱，枪都没有摸到就当了俘虏。整个行动中，除朱培德的警卫团依托鼓楼负隅顽抗外，其他各部大多未经战斗就顺利缴械。早晨 8 时左右，城内枪声全部停止，震惊中外的南昌起义宣告成功。

廖运周、廖多瀚由黄埔武汉分校毕业后，在叶挺部七十五团任职，该师也是预定参加起义的主力之一。当时全部队驻在南浔铁路线上的马回岭地区。7 月下旬，前委指示队伍急速拉到南昌，团长孙一中当即派廖运周将行动计划通知各营。

8 月 1 日黎明，全团出发。到了马回岭附近，孙一中团长宣布响应中共中央的号召，立即举行武装起义，并夺了张发奎的军车，满载全团人员，驰向南昌，于黄昏后抵达南昌火车站。这时，南昌起义的计划已经胜利实现，孙一中团到达后，担任南昌城南门的警戒任务。次日，廖运泽前来看望孙一中、廖运周、廖多瀚等人，并在百花洲吃了一顿丰盛的西餐。

南昌起义极大地震动了敌人，反革命势力立刻联合起来，准备围剿起义军。针对这种情况，起义部队决定实行战略转移，打回广州去。根据部署，3日起，整编后的部队陆续出发，第二十五师担任后卫，廖运周等所在的七十五团又是二十五师的后卫。8月18日，起义军大部队开始遭到敌人钱大钧部队的阻截。此后，钱大钧、黄绍竑两个师占领会昌城，企图阻止起义军南下。8月22日，叶挺命令二十四师攻会昌城北的大山，二十五师迂回到会昌以西迎击洛口增援的敌人，并乘机夺取江南岸的高山。七十五团当夜翻过一座大山，次日上午8时赶到江北岸。此时二十四师已发动攻击，占领城北高地。紧接着叶挺军长命令孙一中马上渡江，把敌人在高山上的三个制高点拿下。

接到任务后，孙一中命令团部作战参谋兼警卫连连长廖运周部署三营迂回隐蔽在山的东南侧，待机从背后打击敌人，亲自带廖运周连指挥一、二营发起正面进攻。一营很快攻占第一制高点，敌人遂集中兵力在第二制高点利用工事反攻。孙一中令廖运周通知二营，由右翼绕到南侧，从背后打击敌人。敌人腹背受敌，纷纷向第三制高点撤退。此时隐蔽在山东南侧的三营冲出截击，敌人弃尸遍野，血流满岗，很快被击垮。在冲锋的过程中，孙一中的警卫员中弹倒下，廖运周抓起他的手提机枪，跟着孙一中，继续向前冲击。三营十一连连长许光达、指导员廖多瀚率众首先攻上山顶，拔下“潮梅汕警备司令部”的黄旗，插上义军红旗。山上的敌人除50余名被活捉外，其余都从崖顶跳进江中。制高点拿下后，会昌西门、南门很快被七十三团及二十军攻占，全城解放。

9月24日，部队过汀州、上杭到达三河坝。前敌委员会决定兵分两路，主力部队直下潮汕，由第九军军长朱德率领军教导团和二十五师的七十五、七十三等团留驻三河坝，抗击敌人追击，保证主力行动。

10月2日，钱大钧率3个师进攻三河坝，经过连日激战，起义军损失惨重。10月4日，敌人进攻更加猛烈，十一连连长许光达、党代表廖多瀚等十几名指挥员先后负伤。傍晚，朱德命令七十五团掩护全师主力及伤员撤退。6日，三营在行军到大麻时，被钱大钧部包围，战至最后，廖运周被俘。

总指挥部率起义军主力经潮州继续西进，意欲取道惠州攻取广州。不料在海陆丰以北汤坑地区与敌军遭遇，陷入重兵包围之中。起义军由于长期行军作战，得不到修整，异常疲惫，减员严重，建制完全被打散。廖运泽同周恩来、叶挺失去联系，部队无法掌握，逐渐零星溃散，最后只身逃到汕头。

廖运泽逃到汕头后，遇到在会昌受伤转移到此的贺龙部教导团团长侯镜如，在他的帮助下化装逃到上海，找到八一起义军接待站，与党组织恢复联系。廖运周被俘后，羁押在海上的一个孤岛，关在停产的光华火柴厂，最后在看门人的帮助下逃出。

安置在粤东韩江岸边的许光达、廖多瀚，得知起义军失败的消息，不待伤愈便逃至汕头，倾其所有，买了两张去上海的日本货船票，投奔廖多瀚的族叔廖梓英。二人到上海时，蓬头垢面，衣衫褴褛，差点儿被廖梓英认为是乞丐。此时廖运泽、廖运周已到南京三十三军办事处，廖多瀚回乡探亲路过南京找到廖运周，并通过他和上海的党组织接上联系。

（四）“淮上自治军”与“寿州学兵团”

民国十年（1921），许世英出任安徽省省长，袁家声、柯庆施、廖子宾、廖梓英等人奉同盟会总部命令在安庆创办《建设日报》，继续宣传革命。民国十二年（1923），马联甲主皖，他仇恨革命，查封《建设日报》，缉拿袁家声、廖梓英等革命党人，袁家声、廖梓英再度逃往上海。

1924年秋，同盟会总部命令袁家声、岳相如、廖梓英等皖籍革命党人回皖，联络常持青、黄金盘、王绍九等同志，秘密召集原淮上军旧部及义勇青年组织驱马自治军，其中指定寿县东乡由廖梓英、廖子宾、王绍九、费子良等熟悉情况的同志负责。最后，大家公推袁家声为司令，通电声讨军阀马联甲，主张安徽自治。10月20日，自治军首战告捷，一举攻下凤台县城，进逼八公山。但是很快，因为实力悬殊，自治军弹药供给不上，被迫退往豫皖交界处修整。

淮上自治军虽然退至豫皖交界处，但安徽省内军阀仍感威胁。因此，马联甲撤职后，新任皖督王揖唐立刻请柏文蔚出面调停，愿意出资将自治军遣散。柏文蔚与河南方面交涉，最终达成协议，自治军领到3万元遣散费后，移驻河南永城、夏邑，被收编为国民第二军第十五混成旅，袁家声为旅长，岳相如、程华亭、廖梓英任团长，王绍九等人分任营长，廖楚珍任副官长，廖子宾任司令部参谋。该旅多是寿、凤一带人，大半有亲朋故旧关系，廖家湾也有多人担任下级军官和士兵。

部队整顿十几个月后，于1925年秋奉命北伐，配合友军与山东军阀张宗昌部在泰安一带多次交战。后来，国民革命军攻克武汉，柏文蔚奉命成立国民革命军第三十三军，电邀袁部回皖。袁部后来改编为三十三军第一师，袁家声为师长，程华亭为副师长，廖梓英为旅长，廖子宾为师部参谋，廖润斋为师部军械官，廖楚珍为叶集厘金局局长。另外，柯庆施、廖元翘受柏文蔚邀请，担任军部参议、秘书，襄理军务。稍后，廖运升也从江西北伐军总部调至第一师，担任王绍九团副营长。接受改编后，第一师奉命讨伐驻在寿州、正阳的奉系军阀残部杨树藩旅。廖梓英、王绍九率部与敌军激战两昼夜后，得到炮营协助，全歼杨旅，占领正阳，稍后又攻克寿州。

1928年初，三十三军奉命出征，参与了消灭张宗昌以及孙传芳残部的战争。这年冬天，北伐胜利后，蒋介石撤销了三十三军番号，将原第一师缩编为第十三旅，袁家声任旅长，廖梓英为副旅长，廖元翘、廖子宾、王绍九等编遣还乡。

早在1927年底，三十三军军长柏文蔚就因与蒋介石政见不合，被免去军长职务，调任北路宣抚使。柏文蔚为培植自己的力量以图东山再起，就用宣抚使署的名义，在寿县创办一所军事学校，命名为学兵团。

此时，廖运泽由于参加南昌起义失败，也到了上海。因为廖家子弟在三十三军中任职的比较多，有两人做团长，五人做副团长和营长，因此廖运泽也深得柏文蔚的信任，将办学兵团的事情交给了他。于是，在1927年的11月中旬，廖运泽就到南京三十三军办事处，联络了孙一中、孙天放、廖运周、许光达、廖多翰等原国民革命军第二十五师的战友，一起回到寿县。这些人同时也是共产党员[①]。

1928 年 1 月 15 日，学兵团在寿县中学内成立，将从皖中皖北等地招收的五百多名学生，仿照黄埔军校第一期学员的编制，编成了四个队。孙一中为团长，孙天放任团副，廖运泽为教育长，许光达、廖运周任教育副官，廖多瀚为队长。此外，还延请了冯玉祥西北干校毕业的廖多沅、廖多丰等人任军事教官。学兵团成立后，柏文蔚还拨了五百支枪作训练用。后来，根据中共安徽省临委的指示，学兵团成立了支部，孙一中任支部书记，逐步在学生中发展党员。

1928 年 5 月，中共安徽省临委下达指示，要求学兵团配合寿县县委，掩护农民搞秋收起义。由于当时学兵团的枪支仅作训练用，未配子弹，于是廖运泽等人就想方设法在附近买子弹。但因为学兵团领导缺少地下工作经验，不善隐蔽，过早地暴露了自己。购买子弹的事情被柏文蔚听说，害怕连累自己，他召廖运泽到蚌埠询问缘由，要求学兵团党员离开，并派人接管学兵团。

此后，学兵团里的党员都离开了，廖运泽、廖运周到了冯玉祥的西北军，许光达、孙一中等人到了洪湖的贺龙部队，继续从事革命工作。寿县学兵团也只是“昙花一现”。

四、抗日战争期间的廖氏子弟

抗战期间，廖氏子弟在各地，纷纷投入到抗战的伟大事业中来。例如廖运周、廖敏中、廖积堂、廖多芳、廖多芬、廖多棋、廖多干等人参加了冯玉祥的“民众抗日同盟军”。廖多愉经叔父廖传枢介绍，到了杨虎城将军的西安绥靖公署教导营任职，亲身经历了西安事变，后来又作为少校连长参与了娘子关战役。这一时期，表现突出的廖氏族人是廖运周、廖运升等人。

① 廖运泽：《忆三十三军学兵团》，《皖西党史资料通讯》1984 年第 1 期。

（一）廖运周与正定保卫战

1937年9月，日军在平型关遭到八路军重创，损失惨重，于是改以正面进攻配合同蒲路方向之迂回攻击，集中25万兵力沿平汉线南犯，很快攻陷了保定。在这种情势下，刘峙紧急电令第四十六旅开往河北，配合八十三师固守正定，阻挡日军南下。此时廖运周正在四十六旅七三八团任团长。

9月30日，廖运周团接到命令，以正定县城北部的东长寿沿磁河为第一线阵地布防，以正定北关与城东北高地作为第二线。由于磁河南岸是沙岭地，所以挖掘前沿阵地散兵壕和掩体时，很容易被沙子淤平。当地百姓抗日热情高涨，连夜赶编草帘，甚至拆下门板和桌面，送来给战士构筑战壕，阻挡流沙。时逢中秋节，老百姓还特意给战士们送来月饼、柿子、葡萄等食品，官兵们都非常感动，表示要誓死保卫正定县城。

10月1日，敌人首先派出一个大队向廖运周团进攻，被击退。2日，八十三师调往娘子关，他们的防区交由三十三军一四一师接替。3日，敌人先是升起热气球侦查廖运周团阵地，然后炮火猛攻，继而派出四五百人渡河向廖运周团进攻。廖运周团在工事被炸塌的情况下，利用丛柳、芦苇为掩护，坚守还击，阻击敌人。4日，敌人在炮火和坦克的掩护下，继续向廖运周团阵地发起进攻，战况十分激烈。由于一四一师炮火支援不及时，阵地无法继续坚守，廖运周率团转移至主阵地。当晚，一股敌军窜入四十六旅野战医院驻地，残忍杀死医务人员及伤病员一百余名。

5日，大量敌人在坦克的掩护下向国民党军队进攻，几次攻入城内，都被国民党官兵拼命击退，战事进入拉锯状态。6日上午，敌人集中火力向城内猛攻，坦克也冲入城内，国民党守军与之展开激烈巷战，最终击退敌军，战斗已达白热化。面对如此激烈的战况，总指挥官商震却于6日夜间将一四一师撤走，令四十六旅孤军奋战。面对强敌，四十六旅官兵毫不畏惧，决心与日寇决一死战。

7日，敌军炮火猛攻正定县城，但依然未能顺利入城，于是就抽兵从东南方向迂回，企图包抄正定县城，切断退路，将四十六旅困死在城内。鲍刚见状，紧急派廖运周率部队转移到城外东南部，迎击敌人。8 日凌晨，部队刚刚布好防线，敌人坦克就已到达。四十六旅官兵登上房顶，把能用上的一切火力全部射向敌人。老百姓也都拿出棉被等易燃物浇上汽油，点燃后抛向敌人坦克，最终击退了敌军。

从 10 月 1 日至 9 日，四十六旅在正定连续战斗、反复冲杀，坚守了九天九夜，完成了阻击日军的任务。但四十六旅损失也异常惨重，4000 多人的队伍，损失了一大半。次日到达石家庄清点人数时，全旅指战员仅剩 1800 余人。

（二）廖运周与台儿庄会战

正定战役以后，四十六旅经过短暂修整，与张轸的豫北师管区、东北骑兵旅合编为补充第二师，两个月后又改为第一一〇师，归汤恩伯的二十集团军建制。张轸为师长，廖运周任三二八旅六五六团团长。经过此次整编，一一〇师逐渐正规化起来，全师的人员素质和武器装备都逐渐达到了“嫡系中央军”的标准。

一一〇师师长张轸早在担任豫北师管区司令时，就跟共产党有联系，因此该部不但有共产党的地下组织，而且党员也不少。廖运周也在这里与共产党重新联系上，并接受组织的指派继续在合并后的部队工作。

1938 年 3 月，一一〇师奉命由蒙城经宿县（今宿州）到徐州，担任台儿庄中央防线的北面外线作战任务。3 月 22 日，廖运周派一个加强连到运河北七八里处的几个村庄进行火力侦察，赶走了由临城到韩庄沿线敌据点出来抢粮的零散敌人，并探得敌人主力已向峄县集中的情报。3 月 24 日，敌人向台儿庄发动进攻，峄县城内日军出动部分辎重车辆，负责敌前线补给。为了支援台儿庄正面作战，廖运周团奉命夺取獐山，截断敌人交通线，袭取敌人的车辆辎重。黄昏，廖运周团渡过运河，由旅长辛少亭指挥开向獐山。因敌人全力进攻台儿庄，峄县附近没有警戒部队，半夜时分，廖运周团顺利进展到白山附近，敌人并未察觉。天明，敌人有 50 多辆辎重车由峄县向台儿庄开来，廖运周团出其不意，迎头痛击，敌人慌忙弃车逃跑。很快，廖运周团遭到北面一股敌人的攻击，双方在山脚下的一个小村庄展开了激战。敌人见久攻不下，就派五六架飞机狂轰滥炸。炮弹把廖运周的指挥所都炸塌了，但廖运周将电话机移到桌子底下继续指挥各营战斗。在廖运周的英明指挥下，敌人被前后夹击，伤亡惨重，大败而逃。到黄昏战斗结束，廖运周团缴获了敌人 10 挺机枪、80 多支步枪以及战刀等武器。这一仗打得惊心动魄，有力支援了台儿庄方面的战斗，获得了台儿庄国民党军的一再感谢，一一〇师也因此名声大振。

3 月底，台儿庄战况进入白热化。一一〇师驻守的运河南岸阵地离台儿庄仅十几千米，但每天都听到密集的枪炮声，夜晚还看到漫天的火光，可以想象守军的艰难。侦察人员报告，敌人已攻占台儿庄的大部分，双方连日巷战，伤亡惨重，敌人也筋疲力尽，甚至连非战斗人员也都补充上去了，此时如果趁敌人后方空虚，出兵击其后方，前后合击，可以给予台儿庄敌人致命一击。廖运周感觉有道理，就向师长张轸汇报。张轸听后，即令廖运周所在三二八旅到达运河以北，伺机袭击峄县、枣庄附近的敌人。

4 月 2 日晚，廖运周派连长陈银贵、排长左虎组织了一个 50 多人的突击队，偷袭峄县北门外的汽车站，把敌人的弹药库及装车待运的弹药浇上汽油点燃，爆炸持续了两个小时，使前线敌人整整一天没有补充上弹药。突击队回来后，张轸下令给每个突击队员嘉赏 50 块钱。3 日，国民党开始向峄县发动进攻，刚至南门还没有出击，城内残敌就已向城东北逃窜。中午，敌人出动飞机扫射，北部以及临城方向的敌军也向峄县增援。廖运周派两个连向枣庄佯攻，诱敌转移兵力，又派第二营猛攻来犯之敌，使敌人猝不及防，大败而逃。

4 月 6 日，张轸传达战区长官命令：进犯台儿庄之敌经国民党英勇抗击，伤亡惨重，有向峄县、枣庄撤退的动向，命令参战各军自 4 月 6 日起，向敌全线反击。6 日夜间，廖运周团奉命经白山、獐山向泥沟之敌猛烈反攻。敌人在优势炮火配合下，以坦克掩护步兵，企图包围廖运周团一营。一营撤出阵地时，一连张旺山班被冲散。他们在路边一座三层碉堡中，凭借一挺轻机枪，在 100 多名敌人的围攻下坚持了一天多，最后弹尽粮绝，宁死不屈，全班拉响了手榴弹，与碉堡同归于尽。如此壮烈义举，令敌军也很钦佩，在他们殉难的地方树了一个“中国英雄班”的牌子。

4月7日，李宗仁下达追击的命令，一一〇师也越过枣峄公路，直插邹坞、枣庄东北地区。至此，台儿庄会战胜利结束，共歼灭日军3万余人，粉碎了日军“速战速决”的幻想。

此后，敌人对攻打徐州的军事计划作了重要调整，4月中旬起，从华北、华中等地战场抽调了约30万兵力，分六路对徐州进行包围，企图一举歼灭徐州地区的中国军队。国民党政府也从各地战场调集了约45万兵力参战。但很快，战局急转直下，中国军队因战场失利，决定放弃徐州，各参战部队向豫皖边区突围。在突围过程中，一一〇师承担了掩护机械化重炮团转移的任务。一一〇师除出色地完成了掩护任务外，还在沿途收容了不少失散的官兵和志愿参加抗日的青年学生。

1938年，安庆、九江沦陷后，一一〇师又奉命调往江西，配合江西部队，阻击沿瑞武公路西犯之敌，并且打退了敌人对国民党弹药库的进攻，受到蒋介石、何应钦的嘉奖。此后，廖运周又率团参与了慕阜山南江桥战斗，依靠险要地形，坚守阵地，延迟了敌人对武汉的进攻。此战也获得了军事委员会及汤恩伯的通电嘉奖，廖运周也因抗敌有功被擢升为三三〇旅旅长。

此后，廖运周又率部在抗战前线与敌人多次交锋，参加了随枣会战、收复郑州的战役以及防守中牟的战役，因作战英勇，逐渐擢升至一一〇师师长。

（三）廖运升与“保八团”

卢沟桥事变以后，国民政府宣布全面抗战，安徽划归第五战区，战区长官为李宗仁。为了发展地方抗日武装力量，安徽战区成立保安司令部，并以回乡抗日名义，延揽皖籍有影响的早期黄埔毕业生回乡组建地方保安部队。此时廖运升在国民党第九十五师二八三旅任参谋主任，由师长罗奇保荐回安徽组建保安第八团。

保八团于1938年春在芜湖成立，官兵来源主要是芜湖、巢县（今巢湖）等地的自卫队以及一些爱国抗日青年。除此之外，还收容了从南京溃退的士兵两千余人。在训练方面，廖运升利用个人关系从其他部队中招徕许多有带兵经验、作战勇敢的中下层军官进入保八团，如廖涣伦、袁味东、廖挟洲、蔡传经、廖文恪、余得水等，以增强部队的作战指挥力量。在管理方面，廖运升请来多年担任军佐工作的连祝三、梅曼芳、廖运隆等做直属机关的领导工作。在廖运升的悉心经营下，保八团逐渐成为一支较为正规的队伍。

部队在芜湖整顿 3 个月后，即开赴巢县。此时南京、芜湖、安庆、合肥相继沦陷，巢县四面受敌，仅保八团固守巢县。运升任保八团团长期间，同日寇大小数十战，主要战役如下：

1938 年春末的一天，从裕溪口日军军舰上下来一支日军，约一个大队，分乘汽艇数十艘顺裕溪河向雍镇杀来，三营据雍镇东头桥头坚守，双方激战半日。由于敌人炮火猛烈，三营退至镇内登上房顶准备反击，日军占领桥头后，没有跟进却在桥头集合查点人员。十一连连长廖涣伦见有机可乘，便组织以班、排长带头的 20 余名突击队，由桥下洼地隐蔽处匍匐接近，出其不意从桥下跃出，用几挺机枪和手榴弹，以密集火力扫向敌群，给敌人以极大杀伤。等敌散开准备反击时，突击队迅速撤退，无一伤亡。敌军攻入雍镇后，三营与敌逐房、逐巷拼杀，敌人每进一步均要付出很大代价。天黑以后，敌人不敢停留，举火将雍镇东街烧成灰烬后登船退去。此役中，廖村青年廖涣伦因杀敌勇敢机智，受到全团赞扬。

年底，从合肥开来约一个营以上的日军，进攻保八团在巢县附近的几个据点，企图打通淮南线裕合段。廖运升亲自率一营及团部全体官兵奋勇抵抗，敌人火力猛烈，车站阵地数次失而复得，战斗异常激烈。双方争战一昼夜，敌人攻势才稍缓。次日，日军增援部队赶到，在空中飞机支援下，又向保八团发起猛烈进攻。保八团顶不住敌人优势炮火攻击，又得不到援军，只得退守巢县以东的善家镇，巢县沦陷。

日军攻下巢县后，保八团由于伤亡很大，需要补充整顿，连续十几日没有军事行动。敌人知道保八团附近没有其他部队，便集中比进攻巢县时更多的兵力，企图趁天气恶劣，偷袭保八团，将这支人数不多却坚持顽强战斗的抗日力量一举消灭。时值初冬，天气寒冷，冬服尚未发下，再加上大雨倾盆，哨兵都缩在室内，放松了警惕。直到日军抵达营地周边时，才被发现，一营长胡敬孚跑到团部汇报了敌人偷袭的消息后，就趁敌人尚未合围之际带队逃跑。廖运升急忙组织二营、三营应战，并把团直属组织起来做预备队。战斗越来越激烈，后来成为混战。廖运升冒雨指挥，沉着应变。由于黑夜，又是近战，日军发挥不了火炮优势，保八团最终凭借官兵的英勇奋战，终于突破敌人包围，撤至盛家桥。此役虽给敌人以很大杀伤，但保八团本身也损失惨重，第二营因承担掩护任务，两个连长牺牲，班排长十数人伤亡，全团伤亡 300 人以上。

1939 年春，保八团调霍山接保二团防地，驻守落儿岭一带。这里四面环山，团部设在一个山坡上的小村庄里。一日，群众报告，日军正在山下集结，有攻山的意向。山上迫击炮连亦发现目标，连长袁味东一人操作两门炮，向集聚的日军猛轰。日军赶紧散开，分两路向目标进攻。廖运升赶到炮连，亲自指挥炮连及警卫排反击，给敌人以很大杀伤。敌人依仗优势火力，顽固地向上猛冲，战斗一度异常激烈，但最终被打退。

日军蓄意要消灭这支抗日部队，不久又集结了 1000 多人，配备大口径山炮及近距离杀伤力极大的机关炮，向山上攻来。廖运升同营长们研究，决定将敌人诱入对国民党有利的作战地带石埠镇以后，进行决战。廖运升指挥部队边反击边诱敌深入，差点儿被敌人炮弹击中，幸亏被警卫员蔡传经猛力推倒才幸免于难。但他起来后，继续指挥部队战斗，直至撤到石埠镇。

石埠镇是一个山区小镇，三面环山，对外只有一条通道，廖运升将主要兵力布置在三面山坡上，仅派一个加强连，在山口阻击敌人。等敌人全部进入石埠镇附近，阻击连依镇据险反击，山坡上枪炮齐下，拼命向敌人倾泻弹药。敌人承受四面进攻，仍然顽抗反击，双方激战了 4 个多小时，敌人伤亡很大。入夜，敌人怕国民党援军堵住山口切断其退路，最终仓皇撤退。此役敌人死伤 400 余人，车、马损失无数。

（四）廖运泽与阜阳保卫战

1928 年，廖运泽离开三十三军学兵团后，投奔了冯玉祥的西北军，先后任第四十二军高参、淮军第一师新编第五旅营长、暂编第二旅副团长、独立第四十旅上校团长、第九十五师补充旅少将旅长等职。抗日战争全面爆发后，廖运泽任第九十二军二十一师副师长。

1938 年 11 月，国民政府在南岳衡山召开军事会议，会上蒋介石提出“三期抗战，游击战重于正规战”的战略方针。鉴于国民党军队缺少游击经验，国民政府决定在南岳开办游击干部训练班，邀请中共派人来教授游击战术。蒋介石兼任游干班的主任，白崇禧、陈诚兼任副主任，汤恩伯、叶剑英为正副教育长，陈大庆、廖运泽为正副学生总队长。第一期训练班于 1939 年 2 月 25 日开学，学员逾千人，共编 8 个队，第一、二、三队是由各战区送来的团以上军官，第四队是刚毕业的中央军校学生，第五、六队都是女生，第七、八队是战干团送来的青年。陈大庆分管第一、二、三队，其他各队由廖运泽负责，廖氏族人廖莲西任总队部副官。游击干部培训班训练内容有游击战术、游击爆破、民众运动、游击政工等军事政治课程和野外实习。游击干部培训班为国民党培养了大批精于游击战的军官。在第一期结束后，廖运泽回到湘北抗战前线，随后参加了鄂西会战。

1941 年，第九十二军调往皖北，划归汤恩伯指挥。1943 年春，第九十二军三个补充团组成暂编第十四师，廖运泽被任命为暂编第十四师师长。7 月，廖运泽被任命为骑兵第二军中将军长，下辖暂编十四师、马彪骑三师和廖运周一一七师，返回皖北接替第九十二军的防务。

1944 年春，日军为了打通平汉线，侵占大西南，沿平汉线向南发动了一次大规模的军事行动。正在此时，国民党获得情报：日军十三师团的一个联队，伪军的三个团，配备有炮兵、骑兵、空军的数千人，在田家庵、寿县一带集结，企图进犯阜阳，占领皖北，以牵制汤恩伯部对徐州、郑州的增援。与此同时，国民党通信连在驻地附近拾到一张敌人侦察机上掉落的军用地图，图上标有由颍上指向阜阳的箭头。这说明日军改变了过去由东北方向进犯皖北及阜阳的策略，试图改由东南方向发起进攻。根据这一情况，廖运泽立即改变部署，采取了放弃涡河防线，集中主力部队保持机动的方针，做好反击侵略者的准备。

4月底，廖运泽部刚按计划布置完毕，日军一万多人就在空军掩护下，由寿县经正阳关，向颍上前沿阵地发起猛攻。战斗打响后，布防在颍上前沿的军特务团，按预定计划且战且退，诱敌深入。每撤离一个地区，就将电线杆砍倒，不给敌人使用。敌人误认为国民党败退，骄妄之极，派出左翼骑兵追击国民党。这样，敌人的侧翼暴露出来，廖运泽即命骑八师全体出动，给孤军深入的敌人骑兵部队迎头痛击。

骑八师是青海甘肃军队中的一支劲旅，训练有素，马术精湛，且久经沙场，有丰富的作战经验。师长马彪又是“三马”中有名的虎将，当时虽年逾花甲，仍亲临前线拼杀，马上功夫了得。全师五千多人，官兵性格剽悍，作战勇猛，每人一支骑步枪，一把大刀。战前国民党军对日军进行研究，认为日本骑兵下马战斗时，正是国民党军发动冲击的最好时机。因此，当骑八师在颍上县境内的十八里铺附近与敌人前哨部队遭遇时，敌骑兵尚未下马集结，骑八师便如旋风般冲向敌阵，马踏敌群，大刀猛砍，敌人未及招架，即被击散。敌骑兵队二百多人，仅生还二十余人，遗尸遍野，而骑八师却几乎毫无伤亡。初战告捷，大大挫伤了敌人的锐气，国民党军则士气高涨。

敌人前锋受挫，稍稍修整以后，就在三架飞机和炮火的掩护下，以更大规模向国民党军猛攻。国民党军且战且退与敌周旋，消耗敌人兵力，直撤至阜阳城西尤家花园。这时，颍上县城已被日军占领，日军惧怕骑八师的袭击，加强了左右两翼的兵力，企图在颍上县六十里铺地区包围骑八师主力。战斗开始后，国民党军有三个自卫中队在中队长带领下，贪生怕死，临阵脱逃，导致阵地右翼无人，骑八师被敌人包围。骑八师面对敌人的优势兵力，毫不畏惧，反复冲杀，激战待援。最终，援军赶到，骑八师从左翼突破撤出阵地，敌人乘虚而入，攻到阜阳城东南三十里铺，前锋直达十八里铺。

正当廖运泽调兵遣将，准备聚歼敌人之际，进入十八里铺的敌人突然在炮火掩护下向后撤退。骑八师、军特务团乘势追击，收复了颍上、正阳关，敌人向寿县方向退去。直到日本无条件投降以后，廖运泽在徐州受降时才知道，敌十三师团参谋长被国民党警戒部队击毙，才导致日军退兵。

阜阳保卫战是皖西北地区抗战以来最激烈的一次战斗，不仅粉碎了敌人攻陷阜阳控制皖北的企图，同时保护了阜阳城乡人民生命财产的安全。战斗开始前，廖运泽部就与当地政府进行了磋商，动员市民向农村疏散，以免遭受敌机的轰炸。另外，军队和政府许诺，只要阜阳城在，老百姓带不走的财物就会得到保护。当战事结束，市民们陆续回到家中时，发现贴在大门上的封条还完好如初，财产未受损失，都喜出望外，奔走相告。

这次战斗的胜利，大大打击了敌人的嚣张气焰，迫使敌人不得不龟缩在田家庵及津浦线一带的据点里，再也无力对皖北、皖西采取大规模的军事行动。国民党军则变被动为主动，伺机打击致人。此时国民党军队在京汉线上节节败退，抗战正处于低潮，阜阳保卫战的胜利，对坚定抗战必胜的信念，鼓舞人民的斗志起到了一定的作用。当时国民党的《中央日报》《扫荡报》等很多报纸，均在头版头条报道了这一消息。

五、解放战争中的廖氏子弟

（一）廖传枢与郫县起义

抗战胜利后，廖传枢已经升任五十二军少将参谋长，随五十二军最先进入东北。然而，随着该军在东北战场上连吃败仗，廖传枢也黯然离开东北，返回南京。1948 年 12 月，廖传枢又受十五军副军长廖剑父相邀，担任该军参谋长。

1949 年 10 月，十五军奉令西撤四川，一路上多次被解放军打散，到成都附近时，军长刘平和参谋长廖传枢能够指挥的部队，只有二四三师、六十四师一九〇团及少数军直属部队了，人数仅仅是原部队的三分之一。11 月下旬，刘平、廖传枢率部队抵达绵阳后，国民党大势已去，部队前途未卜。刘平明知跟着国民党走前景不妙，却想不到出路，只能继续跟在顾祝同、胡宗南的几十万残兵败将后面，逃向西南国境。12月上旬，十五军残部从成都东北郊转移到郫县附近，准备继续向西逃窜。但很快他们就得知川西军阀刘文辉、邓锡侯都已向共产党投诚，前路不通，后有追兵，西窜已成泡影。

12月19日，廖传枢路遇张钫，张钫暗示，国民党大势已去，继续跟随只能是自寻死路，向解放军投诚才是明智之举。次日，廖传枢听说胡宗南已飞抵西康，就去兵团部探听消息，见到兵团司令陈克非时，谈到投诚的可能。但陈克非担心自己与共产党敌对多年，积怨很深，怕共产党不会放过自己。廖传枢见陈内心有顾虑，举棋难定，就建议先召集兵团高级军官开会商讨，然后派人到刘文辉处看看动静。会上，到场的十余位兵团高级军官对投诚都无异议。在考虑去刘文辉处的人选时，廖传枢又提议由二军副军长段成涛去，大家一致赞成。会后，段成涛立即驱车去彭城刘文辉司令部。在那里，段成涛见到了解放军代表朱德钦，详细了解了投诚的相关政策。

12月23日，段成涛返回郫县，汇报在刘文辉处的见闻及从朱德钦处了解到的情况，说解放军不但欢迎他们投诚，而且对他们的人身及财产安全做出了许多很现实的保证。大家听后，悬着的心都放了下来，开始研究起草起义通电。24日上午9时，通电稿送到十五军军部。军长刘平看后，情绪失控，悲切不已。廖传枢见状，只得代他签名。

起义消息传开后，军内少数官兵因不了解共产党政策，担心会遭到秋后算账，顿时暗流涌动。为此，廖传枢又集合官兵训话，多加抚慰。起义一周以后，贺龙司令邀请起义部队少校衔以上军官到成都参加宴会，宣传投诚政策，起义官兵顿时消除了后顾之忧，心情舒畅起来。此后，经过陈克非和廖传枢多方设法，逃到川、黔、滇边境的十五军一部及原兵团其他三个师，也都就地起义。十五军在成都附近的部队，后来在湖北省天门县（今天门市）接受改造，整编为解放军五十军第一六七师，起义将级军官继续担任军、师级官职，其余安置也各得其所，皆大欢喜。

（二）廖梓英与合肥解放

1948年10月，廖梓英辞去了省田粮处处长的职务后，原计划返回廖家湾，安徽省主席夏威又邀请他出任第十行政区专员兼地区保安司令。廖梓英考虑到此时廖运泽、廖运升正奉命在淮上组织队伍，担任专员一职对他们有帮助，于是就同意了。但这时候廖运泽已经收到廖运周的来信，知道廖运周的起义经过，并在廖运周的劝说下，有了早日弃暗投明的想法。

12月初，省府两次电令廖梓英将专署从寿县移驻合肥，并且兼顾省政府南迁的善后工作。12月中旬，廖梓英同专署人员、辎重，随廖运升部队乘火车移驻合肥，合肥县长龚兆庆到站迎接，并向廖梓英介绍了驻扎在合肥的刘汝明部的情况，表达了对合肥朝不保夕的担心。进城后，龚兆庆又来找廖梓英的堂弟廖传检（时任专署主秘、视察主任），探询一旦合肥不保，专署何去何从。龚兆庆偷偷向廖传检表示，他已和解放军代表秘密接头，如果廖梓英愿意在合肥等待和平解放，解放军会保障专署人员的人身及财产安全。廖传检立刻向廖梓英转达了龚县长的意思，并表示跟着国民党没有前途，等待合肥和平解放比较稳妥。廖梓英也认可廖传检的判断，表示愿意在合肥等待和平解放，并安排他具体负责与解放军之间的联络。

很快，已经迁往屯溪的省政府电令廖梓英带领专署、县两级政府所有人员以及合肥一带能够集合起来的一切地方武装，速到江南集合。恰巧廖运升部队在合肥短暂停留，廖梓英看时间紧急，就找廖运升商量，希望一起就地起义。廖运升考虑到廖运泽正在南京交涉补充部队重武器事宜，若队伍起义，会危及廖运泽的人身安全，建议过江以后再从长计议，并希望廖梓英与自己一起走，也好有个照应。廖梓英认为早晚都要走这条路，坚持在合肥等待解放。回到专署，恰逢刘汝明正派人请他，拟聘他为顾问，并请他一同过江。廖梓英答复说，作为地方官员，有守土之责，不能擅离职守。刘汝明也未强迫，于1月19日夜间离开合肥。

刘汝明走后，廖梓英立即请龚县长接手城防，联络解放军进城。然后廖梓英将安徽银行的仓库及南京后勤部队留下的粮食封存，派兵看守，防止公物损失。1 月 20 日下午 4 时左右，一小队解放军抵达合肥县城。廖梓英同领队接洽后，把东门城防交给他们，并请大部队立即进城。半夜时分，解放军大部队就进了城，合肥和平解放。次日，解放军代表宋日昌召集原机关人员讲话，对合肥和平解放感到满意。在专署工作的廖氏族人廖多淑、廖多维等十几人同时参加解放。

合肥解放后，廖梓英因年事已高，不愿在合肥工作，希望回到故乡廖家湾生活。此后，廖梓英就生活在廖家湾。1957 年，廖梓英被选为淮南市第一届政协委员。1961 年，廖梓英去世，时年 74 岁。

（三）廖运周与一一〇师起义

廖运周自从一一〇师初建时与党组织重新接头以后，就一直接受党组织的领导，并且在中下层官兵中，发展了很多党员。抗战结束后，廖运周急切地向组织表达了希望脱离国民党部队，返回革命队伍的心情，但组织考虑到他在国民党队伍中继续工作，可以发挥更大的作用，就劝他耐心等待时机。

1946 年春，党组织派徐仁与廖运周接头，传达了刘伯承、薄一波等中央局领导要求廖运周等人收集情报并做好起义准备工作的指示，并听取了廖运周关于部队沿革、编制、装备等情况的介绍。6 月，廖运周派堂弟廖宜民随徐仁到邯郸汇报工作。到了邯郸以后，徐仁向中央局汇报了一一〇师的详细情况，并根据廖运周的口述整理了一份时任国民党政府国防部参谋长陈诚在新乡师以上军官会议上的讲话材料。中央局及时将材料转报给延安后，对判断局势走向发挥了重要作用，受到中共中央军委的嘉奖，军委也批准了恢复廖运周党籍的申请。此后，党组织派出多名同志到一一〇师工作，加强了部队地下党组织的领导力量。

1947 年夏，一一〇师成立了地下党委，廖运周任书记。一一〇师地下党委成立以后，发挥了很重要的作用。首先，从整顿队伍入手，协助廖运周调整了部分领导人员，逐渐掌握了部队领导权。其次，争取和团结了师内的进步力量。再次，为解放军提供了大量国民党的重要情报。每次廖运周参加重要会议或者接到重要命令，都会将相关情报交给徐仁密抄，然后交给附近的解放军部队。

不久，李俊成就带回了中原军区首长的重要指示：做好一切准备，迎接战斗，起义归队。廖运周召开了师党委扩大会议，听取了这一指示。会上，党委成员们又再次分析了当时敌我双方的情况，检查了起义前的各项准备工作，为伺机起义做了充分的准备。

1948 年 11 月，一一〇师划归黄维十二兵团作战序列，开赴徐蚌地区作战。11 月 24 日，黄维兵团占领南坪集以后，感觉处境不妙，就召开军事会议，宣布停止北进，向东分路转移至固镇突围。但是这一部署很快就被解放军打乱，突围失败。25 日夜间，一一〇师和黄维兵团部到达双堆集。26 日，黄维又计划集中四个主力师，齐头并进突破解放军包围。廖运周得知后，立刻将黄维的突围计划告诉了师党委的同志，并且提出想利用突围起义的打算，取得了党委会的一致认同。

廖运周考虑四个师一同行动不利于起义，于是就跟黄维提议，申请由自己的一一〇师打前站，进展顺利后再让其他师快速跟进。黄维听后很高兴，十分支持，派出 4 架飞机配合行动，并让一一八师进行掩护。

起义计划制订好以后，廖运周派联络员杨振海到附近的解放军部队，联系上了刘伯承、邓小平等中原野战军的首长，对起义计划做了汇报。刘、邓等首长认为时机已到，安排王近山等人率部做好起义的策应工作。

27 日凌晨，杨振海带回了上级的指示和要求。一一〇师地下党委经过研究，决定于清晨 6 点行动。出发前，廖运周又召集有故旧关系的营连长，作了慷慨激昂的起义动员，这些基层军官也都激情澎湃，期望起义。6 点，一一〇师冒着寒风，准时开出了驻地，按照预定路线，顺利地通过解放军的阵地。下午 1 时，顺利到达大吴庄起义地点，受到策应解放军的热情接待，起义顺利实现。

廖运周率部起义以后，又利用自己的关系策动了二十三师师长黄子华率部投诚，还策动了第十一师第六四八团残部及八十五军部分直属团一万余人投诚。一一〇师的起义和其他国民党部队的投诚，完全打乱了黄维兵团的作战计划，极大地挫伤了国民党军队的士气，对淮海战役的胜利起了很大作用。12 月 15 日，黄维、吴绍周双双在双堆集被俘，整个兵团覆灭。

此次起义过程中，很多出身于廖家湾的廖氏子弟都参与了进来，除廖运周、廖宜民外，还有情报科长、武汉留守处主任廖多藩，特务连长廖诚，特务中队队长廖运乐，干训班军士队长廖运军，副官廖庆根，军士廖多月、廖俊培等数十人。

淮海战役以后，起义部队被正式改编为中国人民解放军第四兵团第十四军第四十二师，廖运周仍任师长，廖宜民任参谋主任，许多起义骨干也都继续在师里担任重要职务。此后，该师参加了渡江战役，以及进军两广、云南以及解放西藏的战役。

1949 年，廖运周出席中国人民政治协商会议第一届全体会议。1954 年，廖运周在中国人民解放军军事学院高级速成系毕业后，历任沈阳炮兵学校校长、吉林省体委主任、民革中央秘书长等职务。1955 年被授予少将军衔。1996 年，廖运周因病去世。

（四）廖运升与新一一〇师起义

抗战胜利后，廖运升已升任五十七师副师长兼一一七旅旅长，但因厌恶内战，因此趁出席会议之机离开部队，隐居南京，挂名国防部少将部员，只拿薪不上班。此时廖运泽也已辞去骑二军军长的职务，闲居南京。两兄弟表面上赋闲，内心仍关心着国家的前途命运，对国民党不顾战后兵疲民乏、哀鸿遍野的情况，继续准备打内战感到十分的痛愤，却颇感无能为力。

与廖氏兄弟相熟的原安徽省主席吴忠信这时也住在南京，时常谈起国民党的腐败以及国家向何处去等问题，认为只有手中掌握部队才能有所作为，廖氏兄弟也深有同感。当时，国民党在内战中损兵折将，兵源亟待补充，他们知道廖氏兄弟在皖北、沿淮一带有一定号召力，因此就希望廖氏兄弟出山，在江淮一带招兵买马。廖运升被任命为第八绥靖区中将副司令兼第一纵队司令，同时在正阳关设立第八绥靖区颍上指挥所，兼任所主任。廖运泽任第一纵队副司令。

1949年初，颍上指挥所及一纵队撤至芜湖以后，指挥所撤销，一纵队改编为一一〇师，廖运升任师长，廖运泽改任衢州编练处中将副司令。此后，一一〇师奉命开往浙江临安，承担徽杭线的防务。在临安对部队进行整编后，一一〇师仅剩四个团的编制，随后进驻杭州，不久开赴萧山，5月2日进驻义乌。

廖运周起义后，廖运泽兄弟就预感到自己会遭到蒋介石及其陆军大员的疑忌，另外又从军统派驻第一纵队的中校组长刘惠生处得知，蒋介石要调查廖运周与第一纵队是否有联系。因此，他们希望早日与解放军取得联系，尽快起义。然而，当派出的联络员廖运凯从解放区将消息带回时，廖运升已率部南下，他们只好继续追赶部队，直到杭州才见面。在派出廖云凯的同时，华东联络部派朱怀明到寿县，跟廖运升建立联系。按照华野首长意见，廖运升部在淮南一带起义，或是退到江南起义，接应大军渡江，可视具体情况自行决定。廖运升同朱怀明等人反复商讨，觉得部队刚编成不久，人员复杂，不好驾驭；寿、凤一带还有国民党刘汝明的部队驻扎；起义以后，解放军部队如何配合等问题也尚未落实，因此就地起义条件不成熟。同时廖运泽正在南京请领重武器，贸然行动也会连累他。此时，地方上还有一些杂牌武装，如果趁机进行收编，多带一些人到江南起义作用更大，因此将部队情况及上述意见写成书面报告，由朱怀明带回华野汇报。

1949年元月，廖运升部队已经进至芜湖，由于未能及时与朱怀明取得联系，部队今后如何行动，得不到组织指示，廖运升心中十分着急。幸亏通过刘惠生以及与廖氏两代至交、辛亥革命元老岳相如之子岳丹秋的关系，部队同芜湖地下党领导人张台望、石原皋、方向明取得联系。4月初，廖运升部队奉命向浙江临安开拔。张台望专程赶到师部，向廖运升详细交代了与浙江游击队联络的方法和路线。

一一〇师驻萧山期间，党组织派杨振海化名杨大伦，带着廖运周、廖宜民的信件，联络廖运升，转达了二野第四兵团司令陈赓的指示，要求他们抓住时机，立即起义。当时一一〇师一个团已去义乌，两个团在车站候车，只有师部团尚在原地，队伍分散，很难控制。另外，八十五军军长吴求剑已答应拨给一一〇师步枪 3000 支、重机枪 10 挺和大量弹药，但这些军火都存放在义乌。因此，廖运升等人决定，等部队开到义乌后再行动。

5 月 2 日拂晓，一一〇师全部到达义乌县城（今义乌市），师部驻在县城图书馆内。上午，八十五军高参李英伯来到师部，奉军长吴求剑之命，要廖运升立刻集合全师家属，立刻转车去福建。很明显，家属一旦登车将成为人质，不仅起义计划成为泡影，以后的行动也受制于人。廖运升以物资准备不足为借口，拖延不行。李英伯无奈，只得在午后返回金华。

5 月 3 日，兵团司令李延年亲自打电话通知廖运升，一一〇师归自己指挥，在接运火车到达后，全师即刻登车，开赴金华。廖运升感到形势极端危急，与杨振海商量后，认为起义已经刻不容缓。他们首先秘密召集亲信和主要军官，研究具体行动方案，决定把全师各种杂物和不急需的东西运往车站，火车到站时便以此装车，拖延时间。另派人按张台望交代的方法和路线同浙东游击队取得联系，约定时间配合行动并给予帮助。随后，在师部召开了团以上军官参加的紧急会议，会上廖运升分析了形势，介绍了与地下党联系的情况，宣布起义决定。会场上，大家屏声静气听师长讲话，起义决定方才落音，三三〇团长张普庆率先表示拥护，接着大家一致表示，愿与师长同命运，一定跟师长走，当即布置了行动计划。会后，立即切断电话，断毁铁路，封锁消息，断绝与外界联系。此后，廖运升亲自指挥部队占领专、县两署，将驻扎在县城的地方武装缴械。

此时，义乌附近驻有李延年兵团的八十五军等部队，一一〇师孤悬危境，一旦消息暴露，就会遭到四面围攻。为此，廖运升命令全师官兵一律轻装，由共产党游击队负责人吴舜和带领一小队做引导，连夜转移到山区。

4 日拂晓，部队到达一个山村空场上，这天正是 1949 年五四青年节，廖运升集合全师官兵宣告：一一〇师在这个革命的日子里走向新生，举行起义。

散会后各部分头宿营，大家议论纷纷，部分人表现出不安。待大家驻定后，廖运升再次集合师部及附近部队，向大家讲清道理，消除顾虑。当天晚上，三二九团团长朱振业想把廖运升骗到该团杀害，失败后带团离开。此后，部队也发生过一些局部动乱，但很快平息下来。

1949 年 5 月中旬，一一〇师开赴兰溪整编，团以上军官到南京二野总部，参加高级军官研究班的学习。参加起义的其他人员，也都根据个人意愿分别作了妥善安排。廖族子弟随部队起义的有副团长廖运甲，军务处中校科长廖运奎，学生队中校队长廖多愉，少校教官廖光顺，上尉教官廖多恺，副官处少校副官廖多恒、廖运盛，中校军医处长廖运隆，军医廖庆好、廖光炎、廖有德，军需处军需廖光泽、廖传正，特务连长廖奎、廖新光、廖光灿，加上学生队队员，各团连排级干部军士一百余人。

在高级军官研究班学习结束后，廖运升又被安排到苏州高级政校学习。结业后，廖运升先后任南京市建设委员会副秘书长、南京市房产局局长、民革南京市主委、南京市政协副主席、民革江苏省委常委、民革中央候补委员等职务。1981 年，廖运升因病去世，终年 80 岁。

廖运升率一一〇师在义乌起义时，廖运泽正在广州，他在报纸上看到起义消息以及国防部通缉自己的通告，立刻在朋友帮助下逃往香港。1952 年，廖运泽回内地，先后任民革江苏省委副秘书长、副主席，民革中央委员，江苏省政协副主席，江苏省人大常委会副主任，是第二、三、四、五、六届全国政协委员。1987 年病逝于南京。

六、廖氏家族家风家训

有学者曾撰文称，廖氏人才辈出与廖氏宗族世代重教以及过硬的家风是分不开的。除认为爱国主义是廖氏子弟的精神支柱外，作者还将淮南廖氏的家训家风总结为四个方面：耕读为本、世代传承；家族办学、持之以恒；尊师重教、相习成规；重在育人、与时俱进[①]。笔者认为，这四个方面可以进一步归纳为尊师重教以及爱国主义教育两点，这才是廖家湾在清末民国时期人才辈出的根本。

（一）尊师重教

尊师。廖氏子弟对待指导过自己的恩师，向来十分敬重。明朝初年，廖氏先祖廖镛、廖铭，就曾冒死收敛恩师方孝孺的骸骨。近代以来，对廖氏子弟影响最大的老师，当属廖家湾的私塾老师吴庆亭。

吴庆亭早年随祖母、母亲逃荒流落到廖家湾，因苦读不辍、学力深厚受到廖鼎元的赏识，被聘为西宾。最初学生仅仅是廖鼎元本房子女，后来村中大户都将子女送来入馆。吴庆亭一面勤恳教学，一面苦读诗书。几年后的乡考，一举得中秀才。此后不久，科举制度废除，吴氏遂摒弃功名利禄之念，专心在廖家授课。吴庆亭教学十分用心，方法得当，深受廖氏族人爱戴。

在廖家湾担任塾师期间，吴庆亭教育了整整两代廖氏子弟，廖梓英、廖运周、廖运泽、廖运升等都出自他的门下。这些学生后来大多投笔从戎，成为反抗民族压迫、争取民族解放的先锋。虽然处于纷乱之世，戎马倥偬，但这些学生都不忘先生教诲，逢年过节总会按"规定"寄钱奉养，灾荒之年也另有资助。平时回家探亲，也到吴家探望，临走都有馈赠。民国十八年（1929），廖梓英担任安庆警察局长，还曾派人接吴老先生到任所享福，因吴老先生不同意而作罢。

廖多济担任廖家湾小学校长期间，因政府拨给经费有限，学校对超过义务执教期限的本族教师有时分文不付，但对外聘教师薪酬则总是按时支付，分文不少。有时廖多济甚至自掏腰包，保证外聘教师拿到足够的薪酬。

据说，廖村过去有些不成文的规定：村中无论哪家有重大喜庆事件，都要把先生请到家中上座相待；逢年过节有学生读书的人家，要给先生送节礼，

① 管德宏：《一个爱国家族的兴盛和发展——淮南"廖家湾现象"初探》，刘飞跃、王建刚主编：《文化传承与创新发展》，合肥工业大学出版社 2014 年版，第 456 页。

并带学生到老师家叩头拜年；先生家遇到难事，学生及家长要尽力相助；学生如果不听先生训诫，家长还要带着学生给先生赔礼道歉①。

重教。廖氏自迁居淮南以来，就一直有耕读传家的风气。廖家湾的村民，都很重视子女教育，一些贫困家庭甚至举债供养子女读书。在外为官的廖氏族人，也都乐于出钱出力，想方设法帮助家乡子弟接受教育。

民国四年（1915），廖明轩、廖元翘、廖寿民等创办廖家湾小学。首任校长便是南京政法学堂法律系本科高材生，有“寿东才子”美誉的廖元翘。学校成立后，廖氏族内逐渐形成了一条不成文的规定：本族子弟凡有教学能力者，须用一定时间在本族（村）学校义务执教。至于建校，则聚全族之力，有钱出钱，有地出地，有力出力，大家自觉参与，无须动员。由于本族和本地其他乡民人口增加，一些新的村落诞生。1947 年，廖光甲和廖运新等又创办了大东岗小学，廖光甲把自家的厅堂三间、厢房两间、牛屋三间让出，供学校做教室，用自家打麦场兼做学生操场。廖运新（时任保长）则把保公所两间房屋也让出来，供学校使用。新中国成立后，廖氏家族办学的热情同样长盛不衰。

（二）爱国情怀

从晚清时期开始，廖家湾就涌现了一大批仁人志士，他们为了民族的独立与解放而前仆后继。而廖氏家族爱国精神世代相传的独特现象，被称为“廖家湾现象”②。

这种爱国主义教育，首先靠的是廖家湾革命先辈们对革命思想的传播。据廖运周回忆，他在村里读小学时，家乡父老激越的革命热情就在他幼小的心灵中留下深刻的印象。廖少斋、廖海粟等在外参加革命的叔伯辈们，不断把一些资产阶级民主革命的宣传品，例如邹容的《革命军》，陈天华的《猛回头》《警世钟》，以及各种报纸、歌曲等，秘密带回家乡，交给族中子弟

① 淮南市田家庵区地方志编纂委员会编：《廖家湾村志》，黄山书社 2000 年版，第 135 页。

② 管德宏：《一个爱国家族的兴盛和发展——淮南“廖家湾现象”初探》，刘飞跃、王建刚主编：《文化传承与创新发展》，合肥工业大学出版社 2014 年版，第 456 页。

翻阅，并且让他们拿到学校给同学传阅。安庆马炮营起义失败以后，廖梓英等人回到家乡，一边继续从事革命活动，一边给廖氏子弟讲述“驱除鞑虏，恢复中华，建立民国，平均地权”的革命道理。即使是在廖家湾遭到倪嗣冲军队的残酷镇压的时候，逃到上海避难的廖氏长辈们，依然不断将进步报刊、书籍寄回廖家湾。

其次，这种爱国主义教育，来自廖家湾革命先辈们的言传身教。1911 年武昌起义成功后，廖家湾的廖海粟、廖梓英等人发动群众，计划攻打寿州城。当天晚上，一两千人扛着土枪、土炮，手持长矛，肩背大刀，浩浩荡荡地向寿州城进发的场景，令廖运周等廖氏子弟终生难忘。淮上军的壮举，也深深地印在了当时年纪尚幼的廖运周等人的脑海里，埋下了以后为了民族独立与解放奋斗终生的革命种子。抗战开始，廖氏家族曾召开全族会议，号召廖氏子弟踊跃参军，杀敌报国，报名参军者达百余人。廖梓英在会上还告诫全族百姓，外敌当前，如有叛逆，全族诛之。凭着廖家湾革命先辈们的言传身教，凭着他们为了革命前仆后继精神的指引，廖家湾才能在晚清民国时期，涌现出一批又一批的革命志士。

第七章
孙半城：寿州孙氏家族

在今天的寿县地区，孙氏是当之无愧的大姓，总人口达 17 万之众，约占全县人口的 12%。寿县孙姓主要由寿州孙氏、坝上孙氏、隐贤孙氏、瓦埠孙氏四支组成，这四支均承乐安孙氏，在明朝初期或者中期由山东迁居至此。在这四支中，数寿州孙氏人丁最为兴旺，在谱人数已达 12 万[①]。

寿州孙氏自明初由山东迁寿以来，耕读传家，孝礼为本，经过十余代的经营，到了清代后期，已经成为淮河流域首屈一指的名门望族。当时，孙氏人口众多，家业庞大，在寿州民间号称“孙半城”。目前，寿州孙氏后裔已经遍布全球，在政治、经济、军事、文化艺术等领域，人才辈出。在梳理寿州孙氏家族发展史以后，我们可以发现，其发展历程大致呈现出这样一条轨迹：即早期务农经商，继而精心科举，然后转入商业领域，最终又在文化艺术领域大放异彩。

一、早期家族史

寿州孙氏祖籍为山东济宁州。元末战乱以后，山东灾荒不断，始迁祖孙鉴、孙铠兄弟二人不得不挈妇将雏，背井离乡，南下逃荒，最终定居寿州。不过还有另外两种传闻，一说是始迁祖兄弟因为掌握手工技术，响应官府号召，集体移民到了寿州；一说是徐达部将尹世元调卫寿州，因尹氏兄弟及其部属多是济宁籍，始迁祖兄弟投亲靠友也落户于此。由于文献失载，寿州孙氏始迁祖因何原因迁居寿州，已经无考了，但孙氏后裔并未忘记祖先迁居至

① 数据采自孙治安编著：《帝师家族——寿州孙半城》，黄山书社 2017 年版，第 13 页。

此的艰辛。据说，在寿州南过驿巷孙氏宗祠里，曾经存放着一辆木质独轮车，后来祠堂和车都毁于兵火，但孙氏后人重建宗祠时，也未忘记重新复制一辆独轮车[①]。或许，这辆车就是孙氏祖先留下的实物，既提醒后世子孙不要忘记先祖迁居的艰辛，也鞭策后人不断前行。

孙氏兄弟迁居寿州以后，有相当长一段时间，孙氏家族一直默默无闻。或许由于鉴、铠二公迁居寿州的百余年间，孙氏的繁衍比较艰难，未有显达者，因此先祖事迹都淹没于历史长河中。直至数百年后，乾隆二年（1737），逐渐发达起来的寿州孙氏，才组织第一次修谱，明确了寿州孙氏先祖的世系。根据该谱，寿州孙氏前六世大致如下：

一世祖：鉴、铠。

二世祖：相、极、用。

三世祖：肖宗、府、策、节、东、简、都、邵宗。

四世祖：良、体坤、元、体乾、德、继宁、苍、楼、科、继仁、选、盛、文、荣、小松、安、体蒙、体孝、辛。

五世祖：辉、光耀、善、亮、登、晓、明武、明时、寿、高、试、光海。

六世祖：枝华、枝芳、枝惠、枝兰、枝蕃、枝仪、枝茂、枝秀、枝荣、枝蓬、枝荫、枝礼、大成。

到了光绪十九年（1893），寿州孙氏组织二修族谱。纂修人员根据地方志里面有关先祖的零星记载，发现一世与二世之间相距一百余年，不应仅传一世，因此将世系重新编排，一修族谱的三世诸公定为支一世，此后以此类推。

孙氏二世祖仅有孙用一人的事迹可查。一修孙氏族谱记载："二世祖讳用，号近桥者，齿德兼优，孝友素称；取信于乡党，见重于士林。郡牧闻而贤之，举为乡饮大宾。其好义输财，周济闾里，捐资守城，有功社稷，屡膺抚、按褒奖。今西南城垛有碑文记其事焉。"明清时期各州县每年都会举行"乡饮酒礼"，其中主持者即"乡饮大宾"，由当地有名望的士绅担任。由此可见，孙氏二世祖孙用，不但孝友贤德，而且仗义疏财，在当地有着极高的声誉。

---

① 孙治安编著：《帝师家族——寿州孙半城》，黄山书社 2017 年版，第 16 页。

孙氏二世祖孙用之后的支一世、支二世，事迹不显，地方志和族谱偶有零星记载。不过从支三世开始，二修族谱所记的孙氏先祖事迹就已经比较丰富了，或许是这时候孙氏逐渐发迹的缘故。

支三世祖孙明武（1609—1663），字光吾，刚直朴毅，治家有方，家业逐渐兴旺，举乡饮大宾，貤赠中议大夫，钦赐道衔加一级，他的事迹也被收入地方志中。孙明武治家有度，教子有方，四个儿子枝华、枝芳、枝惠、枝兰都是秀才。枝华兄弟四人，个个聪慧能干，成为寿州孙氏支四世众多子弟中的佼佼者，其中尤以孙枝兰最为出色。

支四世祖孙枝兰（1648—1721），字馥若，居心仁爱，和平广大，温厚端方，诰赠朝议大夫，晋赠中议大夫，钦加道衔加一级，事迹也被收入地方志。孙枝兰生有二子，长子孙珆，次子孙珩。假如将寿州孙氏的发展史比作一株娇艳的鲜花的话，那从支五世孙珆开始，寿州孙氏终于含苞待放了。

二、家族由农转文

孙氏定居寿州以后，先以务农和经营小商业为主。虽然也出了一些地方士绅和小吏，但严格来说，孙氏离名门望族的距离还很远。但是从支五世开始，寿州孙氏子弟在科举上开始散发出耀眼的光芒，至孙家鼐考中状元，寿州孙氏开始进入极盛时期，一举奠定了淮河流域第一名门望族的地位。

支五世孙珆（1674—1748），字汉倬，枝兰长子。岁贡生，候选训导，例授修职佐郎。孙珆饱读经书，满腹华章，重孝明礼，晚年回乡以后，致力于对族中子弟的教育。孙珆对寿州孙氏的重要贡献在于组织纂修了族谱，也是我们目前所见寿州孙氏最早的族谱。为了纂修族谱，孙珆投入大量精力，经过多年努力，终于在乾隆二年（1737），也就是他64岁之际，完成了寿州孙氏族谱的第一次修订任务。在族谱中，孙珆还“作谱序、定字辈、立家训”，即梳理了寿州孙氏的家族史，还“为寿州孙氏族人立下了修身齐家的族规家训，并为后世子孙续修家谱留下了珍贵的谱牒资料，为传承家族历史文化，弘扬祖德家风，教化了子孙后代，树立了永志不忘的丰碑”①。可以说，假如没有孙珀的努力，孙珀之前的家族史，将逐渐淹没在历史长河中。

孙珀之弟孙珩（1695—1780），字履苍，号良园，孙枝兰次子。孙珩是寿州地区著名的乡绅，友善乡里，舍财好义，济困救贫，热心公益，为地方公益事业作出了突出贡献。他率领子孙热心公益的事迹，将在家风部分叙述。

孙珩有二子，长子孙士谦，次子孙蟠。孙士谦（1719—1781），字怀六，号淮麓，太学生。孙蟠（1727—1804），原名士扮，字十洲，号石舟，又号小巫山樵。孙蟠为乾隆年增贡生，候选知府，钦加道衔一级，覃恩诰赠中议大夫，任广西南宁知府加一级。孙蟠自幼聪明敏捷，刻苦攻读诗书，学问渊博且爱好广泛，工于书画篆刻。他生性豁达开朗，刚正耿直，十分看不惯当时官场的不良风气。因此，他在乾隆年间辞官回乡，在寿州南过驿巷经营当铺。后来，他将当铺改为钱庄，生意也扩大到周边地区，发展成有名的票号。孙蟠虽然经商致富，但能诚信经营，并且乐善好施，做了许多慈善事业。孙蟠在经商之余，还笔耕不辍，先后著有《群经析意》《读书十八则》《十洲诗文集》《乐老堂百廿寿印谱》等书。

孙士谦有子五人：克任、克依、克俊、克伟、克仪；孙蟠有子七人：仁、克佺、炳图、克佐、克保、克仿、克修。堂兄弟共十二人，以其年龄大小排成房序如下：

大房：克任（1742—1816），士谦公长子，字莘臣，太学生。候选布政司理问，钦加同知衔，加盐运使司运同衔，颁给“盛世醇良”匾额，赏大缎，入祀乡贤祠，传载省志。

二房：仁（1746—1770），孙蟠公长子，字聚之，号心斋，廪生。

五房：克依（1755—1831），士谦公次子，字慎斋，号不庵，贡生。晚年藏书万卷，精于青铜器的考订，著有《湘雪轩诗文集》传世。

六房：克俊（1757—1808），士谦公三子，字继三，号坦斋，廪生。曾任刑部湖广司郎中。光绪《寿州志》记载他“少以孝友行义忠信著闻乡里”。

① 孙治安编著：《帝师家族——寿州孙半城》，黄山书社2017年版，第23页。

七房：克伟（1761—1828），士谦公四子，字立人，号约斋，贡生。光绪《寿州志》评价他“内行纯笃，有隐德，家法严肃，守正不阿，孝友睦姻任恤，为乡党所矜式”。

八房：克仪（1769—1814），士谦公五子，字习堂，号省斋，增贡生。孙克仪热心公益，一直追随父兄从事公益活动。光绪《寿州志》记载，他“事亲孝，事兄恭，博览群书，学有根柢，性和平而练达世务”。

九房：克佺（1772—1852），孙蟠公次子，字尧民，号云庄，贡生。晚年搜集砖甓百余种，制成砚台分赠后人，并告诉子孙说，“这就是我送给你们的良田”。

十房：炳图（1776—1854），孙蟠公三子，字益庄，号绍泉，附贡生。任户部山西司郎中，记名繁缺知府，钦赐花翎，简授南宁知府，加四级。诰赠中议大夫，荣禄大夫，二品顶戴，浙江按察使加二级，传载州志。

十一房：克佐（1781—1860），孙蟠公四子，字竹田，号辅之，廪生。清嘉庆戊辰年召试二等，恩赏大缎。嘉庆丙子科优贡，国子监博士衔。徽州府歙县训导，历署安庆府教授，蒙城、南陵、潜山教谕，授征仕郎。著有《字学寻源》《耕渔小憩诗赋》《秋窗蛩吟》等书。

十二房：克保（1784—1811），孙蟠公五子，字赞宸，庠生。

十三房：克仿（1788—1870），孙蟠公六子，字景贤，号未斋，监生。咸丰年间因捐助军饷晋副将衔，赐花翎。

十四房：克修（1794—1864），孙蟠公七子，字竹君。议叙盐课司大使，选浙江横浦场盐大使，兼理浦东场事，议叙六品衔。

上述“十四房”次序是根据寿州民间和孙氏族内的传说故事编排而成，但为什么缺少三房、四房，就不得而知了①。孙珩孙辈的这“十四房”，都曾读书向学，虽然得中科举功名者不多，却成为寿州孙氏腾飞的起点。据统计，寿州孙氏自清乾隆、嘉庆、道光、咸丰、同治、光绪、宣统七朝约一个半世纪的时间里，在“士、克、祖、家、传、多、方”七辈人中考试入仕和取得

① 十四房的次序参见孙治安编著：《帝师家族——寿州孙半城》，黄山书社 2017 年版，第 24—26 页。

功名者多达数百人，入朝为官者更是数不胜数。十四房中，一共出了十名进士，其中还包括一名状元[①]。寿州孙氏一跃成为当时寿州最为显赫的家族。

在“十四房”中，又数七房最为突出。七房孙克伟有三子、九孙、二十曾孙、三十一玄孙，直到清末科举制度结束，在“祖、家、传、多、方”五辈人中，有五十四人获得各类生员资格，另有三名举人、五名进士。孙克伟三子孙崇祖，治家极严，在他的教育下，五个儿子都很优秀，创造了“一门三进士，五子四登科”的科考佳话。据说，后来还有人给这副对联续了个尾巴，“一门三进士三不进士，五子四登科四未登科”。原来，孙家兄弟五人，老三孙家怿中举但未能中进士，所以称“三不进士”；老四家丞是兄弟中唯一未能中举的，所以称“四未登科”。

自孙家鼐考中状元开始，寿州孙氏家族这株娇艳的鲜花终于盛开了。

三、帝师孙家鼐

孙家鼐（1827—1909），字燮臣、蛰生，号容卿，晚年号澹静老人。孙家鼐是孙崇祖的第五个儿子，母亲出身于怀远望族林氏家族。孙家鼐六岁入塾读书，道光二十三年（1843）考取秀才，道光二十九年（1849）考取拔贡，咸丰元年（1851）考取举人。咸丰四年（1854）至咸丰七年（1857）入寿州知州署庐凤道金光箸幕府，随军转战太平军与捻军。咸丰九年（1859）乙未科会考，考取一甲第一名，状元及第，授翰林院修撰。此后，孙家鼐历任乡试正考官、会试同考官，实录馆纂修官，提督湖北学政，日讲起居注官，武英殿提调。同治七年（1868）二月开始，在上书房行走。光绪四年（1878）二月，命在毓庆宫行走，与翁同龢同为光绪皇帝师傅。曾任内阁学士，工、户、兵、吏部侍郎，都察院左都御史，工、礼、吏部尚书，顺天府府尹等职。1905年任文渊阁大学士，1907年晋武英殿大学士。

孙家鼐是中国近代史上极为重要的政治人物，许多改变历史进程的事件

① 数字参见孙治安编著：《帝师家族——寿州孙半城》，黄山书社2017年版，第24—26页。

他都是亲身经历者和参与者，而最值得肯定或者称许的，应该是他担任帝师、支持变法以及草创京师大学堂这几件事了。

（一）担任帝师

光绪四年（1878）二月，孙家鼐接替出任江苏学政的夏同善，担任光绪皇帝师傅，开启了帝师的生涯。光绪的汉文师傅有翁同龢、夏同善、孙家鼐、孙诒经、张家襄等，此外还有教他学习满文、蒙古文和骑射术的御前大臣。但陪伴光绪时间最久、也最受他信任的老师只有两位：翁同龢和孙家鼐。

孙家鼐作为帝师，最先给予光绪皇帝的，是慈父般的关怀。光绪皇帝四岁入宫，面对烦琐的宫廷礼节，繁重的学习任务，又得不到父母的关怀，所以性格有些孤僻内向。孙家鼐性格温和谦善，持重低调，十分理解光绪儿时的孤独，除了在学习上严格要求，平时对待光绪皇帝十分温和，陪他玩耍，尽量营造一个宽松的学习环境。

在学业上，孙家鼐除了讲授自己主编的《钦定书经图说》，还尽量向光绪介绍一些新鲜知识。例如，他曾向光绪介绍了电报机的用法，光绪听后很感兴趣，立刻要找来看看。当时电报机在中国还是新鲜事物，使用的地方并不多，京城只有同文馆总教习丁韪良从国外带回一台，正在总署展示。当光绪听到孙家鼐介绍同文馆有电报机展示的时候，想让丁韪良带进宫演示。但翁同龢以丁韪良为洋人，不能随便进宫为由加以阻挠。光绪听后，很不高兴，就向孙家鼐发牢骚："去又去不得，来又来不了，这让朕怎么办？"而翁同龢也埋怨孙家鼐，不该拿外国人的奇技淫巧来分散皇帝的读书精力。后来，还是孙家鼐派人培训了中国的电报员，然后进宫给光绪演示，才让光绪了解到国外先进的发报技术。

孙家鼐还利用身为帝师的有利条件，向皇帝推荐一些传播新思想的书。光绪二十年（1894），著名思想家郑观应完成了自己的巨著《盛世危言》，并托人送给孙家鼐一部。孙家鼐看过后大加赞赏，立刻向皇帝推荐了这部书，并多次在光绪面前高度评价它，以引起光绪的重视。光绪读后也深表赞许，并命令总理衙门印2000部，分发给大臣们学习研究。郑观应是中国近代最早具有完整维新思想体系的理论家，《盛世危言》也是中国思想界中较早地认真考虑从传统社会向现代社会转变的维新著作。全书贯穿着“富强救国”的主题，并不讳言中国在社会生活诸多方面落后于西方的现实，在政治上率先提出了建立议会式的立宪政体主张，对政治、经济、军事、外交、文化、教育、司法诸方面的改革提出了切实可行的方案，在当时是给甲午战败以后沮丧、迷茫的晚清末世开出了一帖拯危于安的良药，对中国近代史的走向产生了重要影响。

孙家鼐还向光绪皇帝推荐了冯桂芬所著的《校邠庐抗议》一书，对光绪的维新思想也产生了巨大影响。冯桂芬（1809—1874），字林一，号景亭，江苏吴县（今江苏苏州）人，曾师从林则徐。冯桂芬是改良主义之先驱，最早表述了洋务运动“中体西用”的指导思想。他亲眼见到英国侵略者发动的鸦片战争，使封建主义的中国向半殖民地半封建社会急剧转变，一向闭关自守的中国，已不可能再孤立于资本主义世界之外了。中国一方面受到资本主义外国的鸦片、大炮的侵害，同时也接触了西方资本主义的先进文化。冯桂芬对世界的了解和看法，较之闭关锁国、夜郎自大的传统时代文化的认识，有了十分显著的进步。《校邠庐抗议》涉及政治、经济、社会、文化、军事各个方面，对文化价值不以其来自何方、创自何人而定，提出“法苟不善，虽古先吾斥之；法苟善，虽蛮貊吾师之”的主张。这是在西方文化涌来之际，勇于吸收外来文化，充满自信且相当健康的文化心态，在中国近代思想史上具有独特的价值。他接受西方人文主义的“科学、民主、自由”等先进思想，对洋务运动、维新变法运动等历史进程都产生了重大影响。

（二）同情变法

光绪二十年（1894），中日甲午战争爆发。战前，孙家鼐就对这场战争持以悲观态度，反对与日本开战。作为多年的宰辅，他知道，大清国已经是金玉其外，败絮其中；而明治维新后的日本，国力蒸蒸日上，企图侵略中国的野心也日渐显露。所以，在他看来，因朝鲜宗主权的问题与日本开战，实在不值得。他与直隶总督兼北洋大臣李鸿章的见解不谋而合，试图通过讲和来牵制日本。户部尚书协办大学士翁同龢等激进派却力言开战，并且最终得到了光绪皇帝的支持。

1895 年 4 月，日本逼迫清政府签订了丧权辱国的《马关条约》，割地赔款的消息一传到北京，朝野震惊。当时在北京参加科举会试的十八省举人，群情激动。康有为、谭嗣同等人组织发动在北京应试的千余名举人联名上书光绪皇帝，痛陈民族危亡的严峻形势，提出拒和、迁都、练兵、变法的主张，这就是史上有名的“公车上书”，从而拉开了维新变法的序幕。

1895 年 5 月以后，康有为、梁启超、文廷式等在北京、上海成立了“强学会”，翻译欧美书报，议论时政，宣传变法，一时士大夫云集，规模越来越大。在形势的影响下，孙家鼐也名列强学会，并为强学会提供活动场所，参与强学会的活动，支持康有为。但很快，强学会的活动遭到“后党”的打压，御史杨崇伊秉承李鸿章的旨意，弹劾强学会“植党营私，专门贩卖西学书籍，并抄录各馆新闻报，刊印《中外纪闻》，按户销售。犹复借口公费，函索外省大员，以毁誉为要挟，请饬严禁”①。此事惊动了慈禧太后，强学会也受到查封，最终难逃被取缔的命运。虽然孙家鼐“力言其诬，且谓事实有益”②，但也无济于事了。后来，在翁同龢、孙家鼐的努力下，强学会被改为官书局，由孙家鼐督办。

孙家鼐认为维新派“开民智”“通下情”为第一要务的主张最为重要，赞同将上海《时务报》改为官报。他指出：自古以来，“圣帝明王，未有不通达下情，而可臻上理者也”，“国家积弊，惟在敷衍颟顸，事无大小，多以苟且塞责了之”，“贫弱之患犹小，壅蔽之患最深”。并引用魏徵“人君兼听则明，偏听则暗”的名言，建议皇帝诏令京、申、邻、粤等地的报馆，将各家所出的报纸，逐日呈送都察院，“录呈御览”。

---

① 《光绪实录》第三八一卷，第 986—987 页。

② 汪大燮：《致汪康年诒年书》。

孙家鼐还认为变法自强宜统筹全局，分别轻重缓急，谋定而后动，指出“今日时势，譬如人患痿痹而又虚弱”，要对症下药，不可病急乱投医。他还向光绪皇帝推荐郑观应的《盛世危言》、汤寿潜的《危言》和冯桂芬的《校邠庐抗议》三部书，认为冯书最“为精密”，“其书主变法，臣亦欲皇上留心阅看，采择施行”，并奏请刊印，颁发给各署官员。他说：“变法宜民出于公论，庶几人情大顺，下令如流水之源也。”不过，孙家鼐寄希望于“君臣同心”，认为只要符合大多数官僚的利益，变法维新就可以畅通无阻了，这显然是把变法维新看得过于简单了。

在维新变法问题上，孙家鼐不同于翁同龢、李鸿章，也有别于康有为、梁启超。在光绪筹划变法过程中，身居高位、名列“帝党”的孙家鼐，虽然明白国家富强必然要改变政治腐朽与经济衰败的现实，但他反对维新派的改革主张，希望在不改变封建统治制度的前提下，进行有限的改革。他认为康有为的《孔子改制考》“杂引谶纬之书，影响附会”，向光绪上奏，“以为康有为书中，凡有关孔子改制称王等字样，宜明降谕旨，亟令删除，实于人心风俗，大有关系”。他对于维新派的民权说尤其反对。光绪皇帝原定颁布的新政诏令曾有“设议院”内容，但孙家鼐力谏：“若开议院，民有权而君无权矣。”他的这一态度正合光绪之意，结果维新派的“设议院”主张没有列入维新的诏令。

他主张向欧美学习，指出要“因时制宜，一切格致之书，专门之学，则又宜博采泰西所长，以翊成富强之业”。同时，他又认为“中国以礼教为建邦之本，纲常名义，万古常新”。这与洋务派的主张如出一辙。所以，他主张变法的目的其实还是在为维护清廷统治出谋划策。

1898 年 6 月 11 日，光绪皇帝颁布“明定国是”诏书，实行新政。但是，以慈禧太后为首的“后党”很快就疯狂反扑，15 日迫使光绪帝免去了翁同龢的官职，几个月后又囚禁了光绪皇帝。至此，“新政”尽被废弃，一批维新志士被处死，一些大臣被革职，“后党”全面掌权。孙家鼐虽然支持变法，但因为他的变法要求比较温和保守，所以并未受到追究，侥幸躲过。

（三）主办京师大学堂

除了政治上的成就，孙家鼐一生最值得肯定的成就，就是主持创办了京师大学堂。在孙家鼐看来，欧美和日本之所以能够人才辈出，国力强盛，根本原因在于学校制度的完善。因此，他一直都是“新学”的倡导者之一，认为欲使民族振兴，国家富强，当务之急是办新型学堂，开启民智，培养人才。

1896 年 6 月，刑部左侍郎李端棻上《奏请推广学校折》，提议在北京以及各省州县设立学堂，其中北京设“京师大学，选贡监生年三十以下者儒学，其京官愿学者听之”①。李端棻的奏折很快得到光绪皇帝的批准，令总理各国事务衙门议奏。总理各国事务衙门却把这个皮球甩给了官书局。此时的管理官书局大臣正是孙家鼐，早在李端棻之前，他在开办官书局时，就曾设想过开办学堂一所，因此对李端棻的提议，积极响应，很快就写了《议复开办京师大学堂折》，指出这是“官书局分内应办之事”，认为应向欧美学习，“参仿各国大学堂章程，变通办理，以切时用”。

在这份奏折里，孙家鼐提出了六件事，分别是定宗旨、造学堂、分科目、遍访教习、慎选生徒、推广出身，基本上涵盖了办学宗旨、教学场地、教学科目、师资、招生以及毕业生的去向等各个方面，相当全面。

然而，由于当时掌权的恭亲王奕䜣、大学士刚毅等人属于守旧派，对办学并不感冒，建议缓办，最终导致京师大学堂的筹建工作搁置下来。

李端棻、孙家鼐奏请设立京师大学堂的消息走漏之后，得到了朝野上下有识之士以及来华外国人员的关注，他们或向皇帝谏言，或在报刊上抒发己见。但是，此事一直毫无转机。

1898 年初，光绪皇帝决心变法，御史王鹏运抓住这一时机，再次向光绪皇帝奏请开办京师大学堂。1898 年 6 月，光绪皇帝颁发“明定国是”诏书，将创办京师大学堂作为其中的重要内容。光绪唯恐军机大臣和总理衙门的官

---

① 李端棻：《奏请推广学校折》，陈元辉主编：《中国近代教育史资料汇编戊戌时期教育》，上海教育出版社 2007 年版，第 221 页。

员再次阻挠，随后又发出上谕督办此事。终于，在皇帝的督办下，总理各国事务衙门请梁启超参考东西洋各国大学制度，草定章程八章五十余条，复奏《遵筹开办京师大学堂折》，表示给予经费支持，并就如何开办提出四条建议：宽筹经费、宏建学舍、慎选官学大臣、简派总教习。其中，关于官学大臣，梁启超希望能够“简派大臣中之博通之外学术者一员”。1898 年 7 月，光绪皇帝正式批准下令设立京师大学堂，并委派吏部尚书、协办大学士孙家鼐担任管学大臣，全权负责大学堂事务。至此，孙家鼐设立京师大学堂的设想终于要付诸实践了。

经过紧张的擘画，8 月 19 日京师大学堂宣布成立并开始招生。由于学堂尚未开建，于是暂借福隆安的旧宅作为校舍，从 1000 多名报名者中，选出百余名学生，先期上课。孙家鼐仿效西制，舍弃传统的膏火费，改为新式的奖学金形式，以鼓励学子努力向学。同时，他还制定了评价学生学业的标准，即“以中学西学一律赅通者为上等，中学通而略通西学者次之，西学通而粗通中学者又次之”。大学堂毕业的学生，如果屡次考试都是优等，也可以给予功名，由皇帝“按所习之科采择录用”。然而，新政施行不久，即为顽固派扼杀。京师大学堂此时尚未步入正轨，仅设置了诗、书、易、礼、春秋等堂，每堂不过 10 多人，性质和旧书院差不了多少。

虽然与原先设想差距颇大，但京师大学堂毕竟被保留下来，成为“百日维新”中诸新政唯一得以幸存的项目。京师大学堂作为中国近代最早的大学，后来几经变迁，辛亥革命后改名为北京大学。

四、革命先驱

虽然寿州孙氏一直重视科举，在清末涌现了大批的官员，孙家鼐甚至位极人臣。但是，寿州孙氏家族里，也同时出现了如孙毓筠、孙一中这样为了推翻封建王朝，为了民族解放而奋斗的革命先驱。

（一）革命都督孙毓筠

孙毓筠（1869—1924），原名多琪，字竹如、少侯，又号央庵，孙家鼐侄孙，孙传晋之子。孙毓筠是近代政坛上的风云人物，先是毁家纾难支持革命活动，后又背叛革命，倒行逆施，晚景凄惨。但是，孙毓筠是反清革命活动的先驱，这一历史事实不容抹杀。

孙毓筠之父孙传晋，早年经商，家资丰厚。因与当时的安徽巡抚英翰交情深厚，孙传晋后来还曾做过分管皖北军需粮草的道台。但孙毓筠从十四五岁开始，就对优越的家庭生活产生了厌倦。不到二十岁，就有了厌世思想。后来，在进步思想的影响下，孙毓筠把精力转向革命事业。

甲午战争后，孙毓筠与同乡张树侯、柏文蔚、张汇滔、权道涵、石德纯、常恒芳等进步青年，审时度势，在寿州城内创立了“阅书报社”，以文章书画会友，同时改良“藏书楼”，聚集进步青年阅读革命书籍和传播革命思想。他们还发动创办了“强立学社”“天足会”等民间进步组织，把改良思想付诸初步实践。1904 年 2 月，孙毓筠又在寿县城北僧格林沁祠旧址，捐资创办了寿县第一所新式启蒙教育学堂——蒙养初等学堂，自任堂长，并聘请有革命思想的教师任教。这个学堂，后来也成为皖北革命党人的活动场所。

由于孙毓筠传播革命思想，影响较大，逐渐为当局所不容。1905 年 9 月，在征得祖叔孙家鼐的同意后，孙毓筠先将妻子儿女迁居到日本，自己也在次年 3 月奔赴日本。

此时，东京同盟会总部因负责人孙中山和黄兴正忙于回国从事武装起义，疏于会务，致使东京东盟会因缺乏有力的主持者，一度陷于颇为涣散的境地。孙毓筠出身于名门，又顶着毁家纾难资助革命的盛名，因此很快被选为同盟会总部代理庶务干事，代为主持东京同盟会的活动。

1906 年下半年，湘籍同盟会会员刘道一等人联络萍乡、浏阳一带的秘密会党，策划起义活动。孙毓筠听说后，也计划回国起事，以支援湖南的起义。是年底，孙毓筠与同乡权道涵、段云二人秘密回国，孙中山在东京牛道区的寓所为他们设宴践行。

孙毓筠到南京以后，立刻派人到安庆联络，计划占领南京以后，能够得到安庆革命党的响应。但孙毓筠是贵公子出身，没有从事秘密活动的经验，行为活动过于张扬。据说，他“寓下关佛照大楼，举止豪华，日则驱车钟山试投炸弹，夜则挟妓饮酒，博弈取乐，交游杂沓，奸人混迹”①。很快，孙毓筠就被人告发，连同权道涵、段云一起被两江总督端方逮捕。

端方为人十分圆滑，知道孙毓筠与孙家鼐的关系后，对孙毓筠比较照顾，并有意为他开脱。端方派人去狱中告诫孙毓筠，让他在录口供时承认有政治革命的举动，不要谈种族革命的行为，即反封建而不反满族。孙毓筠依意而行，最终在端方的周旋下，仅判处五年监禁。虽然名义上是监禁，但实际上孙毓筠被安置在衙门花园里读书，两年后就被保释出狱。

1911 年，武昌起义爆发后，同盟会决定派黄兴等赴武汉指挥作战，派柏文蔚到南京筹划光复。11 月 11 日，上海都督陈其美致电江苏都督程德全、浙江都督汤寿潜，提议组织江浙联军，一同攻打南京，并推举原新军第九镇统制徐绍桢为联军总司令，孙毓筠被推选为联军副秘书长。由于孙毓筠在革命者中声望巨大，革命党人组织的“皖省维持统一机关处”召集临时参事会，一致票选孙毓筠为安徽都督。当时许多重要组织，如上海中国革命同盟会本部、各省都督府代表联合会、旅沪皖省同乡会也都推选孙毓筠担任皖军都督。

当时，上海的同盟会与首义的鄂军政府，均欲争取以己为主组建中央政府，同时尽可能多地控制邻近地区，代表鄂方的黎宗岳此时已驻兵皖省，同盟会坚决反对，因此派孙毓筠为安徽都督，展开针锋相对的斗争。革命形势把孙毓筠推到了斗争的前列。

江浙联军于 12 月 2 日攻克南京，孙毓筠即于第二天到达芜湖，立即通知黎宗岳的皖南军政府限日取消。后来，孙毓筠在柏文蔚派兵护送下，到达安庆，于 12 月 23 日正式接任安徽第一任都督。但是黎宗岳控制池州和宁国两地，并进军徽洲，进行军事割据。

---

① 潘赞化：《安徽革命运动回忆录》（稿本），转引自《孙毓筠传略——从革命党魁到帝制之凶》，沈寂：《中国近代史事论丛》，安徽大学出版社 2009 年版，第 358 页。

1912年3月，孙毓筠在柏文蔚的协助下，决定武力讨黎。黎宗岳向袁世凯政府请求调停，袁政府偏袒黎宗岳，提出重新召集代表选举都督的建议。孙毓筠针锋相对，详细陈述自己经各界代表推选的经过。最终，在柏文蔚大军压境形势的逼迫下，黎宗岳黯然退出，搭乘江轮返回湖北。至此，相峙半年之久的划江分治局面，终于结束，安徽南北统一。

除了统一全省，孙毓筠在稳定安徽政治经济方面，也做出了较大功绩。他刚回安徽，就电召陈独秀担任都督府秘书长，协助自己处理政务。当时，安徽江北各州县遭遇水灾，如何筹款赈灾是孙毓筠面临的首要问题。他把这个任务交给陈独秀，而陈独秀去上海与侨商人借款300余万用于赈灾，又邀请上海各界和华洋义赈会募捐及借款办法，商议借款100万作为修堤之用。另外，孙毓筠还在省咨议局的基础上成立了安徽临时会议，废除了一些不合理的法规，制定了一系列新的规章制度，积极支持境内工商业的发展，使得饱受战争摧残的安徽商界重新显示出欣欣向荣的面貌。

然而，孙毓筠本不擅长行政事务，再加上他接手时的安徽已经是个烂摊子，上下掣肘，政令不出省垣，让他颇感无力。因此，孙毓筠心灰意冷，于1912年4月向袁世凯辞任都督，推荐柏文蔚接任。孙毓筠卸任以后，移居北京。

孙毓筠虽然知道袁世凯是个极端专制的人物，但认为袁世凯能够统一全国，民众对他也比较信任，因此对袁世凯存有一定的幻想，希望他能够维持一段时间的国家秩序。或许就因为对袁世凯的一丝幻想，孙毓筠很快被袁世凯拉下水，与一些旧官僚、政客勾结到一起。在陆征祥组阁的时候，袁世凯曾提名孙毓筠担任教育部部长，只不过在参议院讨论时被否决了。后来，袁世凯还拟请孙毓筠担任山西省省长，被孙毓筠谢绝了。然而，孙毓筠在背叛革命的路上越走越远。

1914年3月，袁世凯操纵的约法会议开场，孙毓筠被指定为议长。5月，袁世凯设立参政院，孙毓筠又是参政之一。8月，杨度成立鼓吹袁世凯称帝的"筹安会"，孙毓筠也名列筹安会六君子之一，积极为袁世凯称帝制造舆论。1916年7月，讨袁护国战争结束后，孙毓筠遭到通缉，移居天津。1924年，孙毓筠应河南军务督理胡景翼邀请，到开封担任幕僚，不久病逝于此。回顾孙毓筠在卸任安徽都督以后的表现，实在令人叹惋。

寿州孙氏家族，除了孙毓筠担任首任安徽都督，还有两位曾担任过安徽都督或主席，即孙多森和孙孟戟。1913年3月，袁世凯派人刺杀宋教仁。5月，广东都督胡汉民、安徽都督柏文蔚、江西都督李烈钧以及湖南都督谭延闿等人通电讨袁，国民党与袁世凯公开决裂。随即，袁世凯下令罢免了柏文蔚等人的都督，并以“皖人治皖”的名义，命令孙多森担任安徽都督兼任民政长。孙多森是清末民国时期著名的实业家，也是孙氏家族商业领域的掌舵人。不过孙多森对南方如火如荼的革命形势缺乏了解，遭到革命党人的排挤，任职仅十余日即卸任都督一职。

孙孟戟，又名多桀，是寿州孙氏六房克俊系的后代。孙孟戟很早就与柏文蔚、张树侯等一批青年从事革命活动。他与蔡锷、李树城、尹昌衡等人都是日本士官学校的同学，回国以后在广西分担军政各职，宣传革命思想，培养革命力量。辛亥革命以后，孙孟戟在安徽任职，曾出任国民革命军三十七军参谋长。1928年，因安徽省主席陈调元忙于打仗，孙孟戟代理了近一年的安徽省主席职务。

（二）红军将领孙一中

孙一中（1904—1932），原名以泰，谱名以悰，曾用名德清，为寿州孙氏枝芳系的后裔。孙一中祖父孙多佑为清朝武举，父孙行芳曾捐五品衔散官，家中薄有田产。但由于孙行芳去世较早，家境日渐困窘，孙一中只能与兄长相依为命，艰难度日。

1920年，孙一中在读完小学以后，随亲戚到上海的纱厂做工。1923年，孙中山在广州设立大元帅府，派许崇智到上海招兵。孙一中随即辞去纱厂的工作，应征入伍，进入广州驻粤皖军司令部当兵，从此走上了革命的道路。

1924年，孙一中经柏文蔚和谭惟洋介绍，加入国民党。在两人的推荐下，孙一中报考了黄埔军校，被录取为黄埔军校第一期学生。1925年10月，孙一中加入中国共产党。毕业后，他一直在国民党的军队中担任下级军官，先后参加了平定广州商团叛乱，平定军阀刘震寰、杨希闵叛乱，以及讨伐军阀陈炯明的两次东征。

北伐期间，叶挺独立团作为先遣队，先后攻克长沙、岳州，夺取了丁泗桥、贺胜桥，并于9月初到达武昌城下。在强攻武昌时，独立团第一营营长曹渊不幸牺牲，时任副营长的孙一中此时正在广州参加政治学习。闻讯后，他立刻请求参加战斗。被批准后，他匆匆赶到汉口，接任第一营营长，并迅速整理队伍，投入战斗。战斗中，他的左肩被子弹洞穿，血流如注，但他一面包扎，一面继续指挥战斗，直到叶挺强令他撤下，他才在深夜离开战场，被送往汉口中西医医院治疗。

1927年1月，孙一中升任第四军二十五师七十五团团长。5月，驻在宜昌的独立第十四师师长夏斗寅趁武汉兵力空虚之际，公开率部叛变，伙同刘佑龙、杨森等人，企图袭取武汉推翻武汉政府。在这紧急关头，武汉革命政府命令中央军事政治学校和学兵团等单位，迅速组成中央独立师，配合七十二、七十五团共同守卫武汉。5月17日，夏斗寅部抵达距离武汉仅20千米的纸坊车站。叶挺闻讯后，立刻率部开往纸坊附近，占领高地，准备狙击敌人。战斗开始以后，孙一中率团向敌人猛烈冲击，战斗持续了一天，才将敌人打垮。在追击敌人时，七十二团团长许继慎负伤，叶挺师长命令孙一中指挥两团紧紧追击叛军，激战数小时后，终于平定了夏斗寅的叛乱，使武汉转危为安。在战斗的最后关头，孙一中也不幸负伤，再次被送往汉口医院。战斗结束后同志们去探望他时，他还乐观地跟大家开玩笑说："革命尚未成功，同志仍需努力，放心吧，我是死不了了。"

大革命失败后，国内形势严重恶化。1927年7月，中共中央为挽救革命，决定发动南昌起义，并组建了以周恩来为首的南昌起义前敌委员会，领导起义。此时，伤愈归队的孙一中任七十五团团长兼团党代表，也率部参加了起义。

7月31日晚，孙一中接到聂荣臻传达的前委指示："明日拂晓，全副武装出动打野外。"这是为了蒙蔽敌人，把部队拉到南昌参加起义的信号。接到通知以后，孙一中就召集全团干部开会，研究行动计划，做好战斗准备。

8月1日黎明，孙一中率部到达马回岭车站附近，并以团党代表的身份，宣布了中央将要在南昌举行武装起义的决定。随即，他指挥部队拦截了张发奎、李汉魂乘坐的火车，将张、李等人赶下车后，乘车迅速向南昌驶去。到达南昌时，起义军已经攻占南昌，孙一中团被安排担任南昌城南门的警戒任务。虽然为未能参加夺取南昌的战斗而遗憾，但孙一中依然为起义的成功感到高兴，积极投入到保卫起义胜利果实的工作中去。

南昌起义失败以后，孙一中根据中央军委的指示，回到皖北的家乡从事兵运和农运工作，同行者还有廖运泽、廖运周、许光达等人。

1929年10月，孙一中、许光达受中共中央指派，到洪湖地区领导组建红军的工作。到达洪湖革命根据地后，他们发动群众，团结同志，很快成立了中国工农红军第六军。此后，红六军在军长孙一中的带领下，东征西战，迅速将鄂西苏区的武装斗争和根据地建设带入了新的阶段。后来，红六军和贺龙率领的红二军顺利会师，并合编为红二军团，军团总指挥为贺龙，孙一中担任参谋长，继续转战湘鄂地区。

1931年春，红二军团改编为红三军，贺龙任军长，孙一中任参谋长。此后，他与贺龙一起率部转战鄂西北地区，连克巴东、兴山、秭归、房县等城，开辟了以房县为中心的鄂西北革命根据地。同年秋，贺龙、孙一中又率部返回洪湖地区，粉碎了敌人的第三次“围剿”，湘鄂西革命根据地迅速扩大。在壮大根据地和红军力量的过程中，孙一中立下了不可磨灭的功绩，迅速成长为一名优秀的红军指战员。

1931年春，夏曦被派往湘鄂西革命根据地，担任湘鄂西中央分局书记。夏曦到达根据地以后，执行王明的“左倾”冒险主义路线，孙一中、贺龙等根据地领导对此进行了坚决抵制。但夏曦变本加厉，先后在苏区发动了四次内部肃反运动。1932年夏天，孙一中、段德昌等大批红军干部，被扣上“改组派”“托派分子”等莫须有的罪名，遭杀害于湖北监利瞿家湾。孙一中遇害时，年仅28岁。直至中共十一届三中全会以后，这一冤案才得以昭雪平反。

除了孙一中，孙氏家族还涌现了如早期工人运动领袖孙津川以及孙友余、孙以瑾等一批革命家。

五、商界领袖

孙家鼐晚年积极主张兴办工业，曾与马吉森一起，创办了安阳广益纱厂。此后，寿州孙氏家族除了政坛上继续发出耀眼的光芒，在商界也开拓出了自己的一片新天地。在商界发展的众多孙氏成员中，尤以孙多鑫、孙多森兄弟最为杰出，他们创办了阜丰面粉公司、中孚银行、通惠实业公司等大量实业，参与创办了启新洋灰公司、京师自来水公司、直隶滦州矿地公司、滦州矿务公司等多家企业，成为晚清民国时期的工商业巨子，为民族工业的发展作出了一定的贡献。

（一）阜丰面粉公司

孙多鑫、孙多森兄弟 1897 年在上海创办的阜丰面粉公司，是我国近代第一家具有较大规模的机制面粉企业。

我国是小麦生产大国，但加工技术极为落后，一直依靠人力生产，耗时多，产量低。19 世纪中叶以后，外国资本家先是向我国输入面粉，后来又直接设厂加工，销量惊人，攫取了大量利润。受此影响，从 19 世纪 70 年代起，我国民族资本也先后在天津、上海、芜湖、北京、广州等地创办 10 余家机器磨坊，但规模普遍较小，产量不大。

此时，孙多鑫、孙多森兄弟正在经营盐业生意。孙多鑫（1865—1906），字荔轩，孙家铎之孙，孙传樾之子，光绪十七年（1891）辛卯科举人。孙多鑫年轻时即投靠其外祖父两广总督李瀚章，担任幕僚。孙多森（1867—1919），字荫庭，孙多鑫之弟。1893 年，孙多森在母亲去世后，因家庭人口渐多，入不敷出，举家迁往扬州，投靠姑父何维健，经营盐业生意。1895 年，李瀚章卸任两广总督以后，孙多鑫也到扬州，兄弟二人一起经营商业。

1897 年，因为成本增加，经营盐业的利润渐不如以前，孙氏兄弟开始想着转行。当看到机器面粉销路广、利润大，具有广阔的利润空间和远大前景时，孙氏兄弟便想转而投资面粉加工业。他们先托人到芜湖、天津、上海等地调查机器面粉厂，并在上海英国商人办的增裕面粉厂试验加工了一批国产小麦。在考察结束以后，孙氏兄弟对面粉市场的行情已经有了较为深刻的了解，于是他们放弃原来在扬州设面粉厂的计划，转而在交通方便、靠近消费市场的上海设厂。

1897 年 9 月，孙氏兄弟及其亲友共集资白银 17 万两，在苏州河畔莫干山路购置了 50 亩地作为厂房，并在次年 5 月初拟定了面粉厂章程，定名为阜丰机器面粉有限公司，孙多森任总理，孙多鑫任协理。此时，恰逢戊戌变法时期，清政府积极鼓励民间资本投资设厂，并颁布了《振兴工艺给奖章程》，对于一些新设企业可给予税收等方面的优惠。此时孙氏兄弟的叔祖父孙家鼐正担任吏部尚书，深受朝廷倚重，清政府对此自然积极支持，很快便批准“概免税厘，通行全国”。

为了在同业中保持领先地位，孙氏兄弟还引进了国外最先进的机器设备。约在 1898 年 9 月，孙多鑫就起程到法国、美国考察，并以 2.2 万美金在美国爱立司厂（AllisChalmerCo）订购了一套设备。1900 年 6 月，设备安装完毕，正式生产，日产面粉 2600 包。由于没有经验，销路未打开，第一年亏损了 7 万多两。但次年起，面粉厂便逐渐获利，1901—1903 年每年盈利 10 余万两，3 年后就收回了本钱。受此激励，1904 年，孙氏家族再次增资 13 万两，添购机器，另建新厂，日产量达到 7000 余包。不久，又在无锡购地 20 亩，建筑锡丰堆栈，用来收购及存储小麦。此后，孙氏兄弟又多次抓住了有利时机进行扩张：1904 年日俄在我国东北交战，面粉奇缺，阜丰公司趁机北进，大获厚利；1905 年为抗议美国长期歧视凌辱旅美华工，全国掀起了抵制美货运动，民族工业品畅销，阜丰公司又获得丰厚的利润。一直到 1913 年，阜丰公司每年的赢利都保持在 10 万两左右。

1914 年第一次世界大战爆发后，面粉工业进入“黄金时期”，国内外的需求量都很大，阜丰公司大获其利。1922年后，资本主义国家恢复元气，又开始向我国大量输入面粉，一些小面粉厂经受不住冲击，纷纷破产倒闭。但阜丰面粉公司凭借稳固的基础、强大的实力、优良的产品、成功的管理，不仅渡过了难关，还能够稳步发展，先后租办了上海长丰面粉厂、无锡泰隆面粉厂、上海裕通面粉厂、上海祥新面粉厂、上海信大面粉厂，赢利颇丰。当时，阜丰系统日产面粉可达51500包，占全国民族资本面粉工厂日生产能力的11.39%。1937年10月阜丰厂建成了自动化圆筒麦仓，效率进一步提高。该仓像一座大楼，可储麦50万担，足够阜丰厂一个月之用；该仓也极为坚固，一直使用到2002年夏季工厂搬迁，当时炸毁麦仓还很费了一番功夫。

抗日战争全面爆发后，上海租界地沦为“孤岛”，经济畸形繁荣。阜丰面粉公司也借助于地利优势，获得一定的收益。据《中国近代面粉工业史》一书估计，阜丰面粉公司从投产到1940年，账面盈利约为1580万元，为原始资本的37.89倍，平均每年盈利39.5万元；实际盈利则远大于此，仅1926—1937年的盈利就高达1750万元，平均每年盈利145.83万元。

1941年太平洋战争爆发后，日军进入租界，阜丰面粉公司陷入了艰难的境地。抗战胜利后，国民党又发动内战，不但使得阜丰的原料和销售受限，且代磨国民政府善后救济总署的小麦，也严重影响了阜丰公司的自营业务。到20世纪40年代后期，物价飞涨，面粉卖出后竟买不起小麦。1948年的“八一九”限价，又使得阜丰公司多年的积蓄化为乌有，经营陷入困顿。直到1956年5月，上海市粮食局提出了进一步调整本市面粉工业的意见，将阜丰、福新两合营厂合并成为上海唯一的面粉厂，成为公私合营的阜丰福新面粉厂。从此，阜丰面粉厂结束了由孙氏家族主导它命运的历史，开启了新的征程。

（二）中国银行

就在孙多鑫、孙多森将阜丰面粉厂经营得红红火火的时候，时任直隶总督的袁世凯召孙多鑫入幕，筹办金融机构。孙氏兄弟考虑到面粉厂的发展已步入正轨，一人管理足够，经营金融业也能够有力支持面粉厂的发展，于是

1905年夏孙多鑫离沪北上，担任天津官银号的总办，执掌直隶的金融机构。这时，周学熙是天津官银号的督办，在周、孙二人的通力合作下，盘活了天津官银号集聚的资金，有力支持了天津工商业的发展。

随着清政府“新政”的实施，全国掀起了一股投资实业的热潮。周、孙既掌握了一定的资金，又有筹办实业的经验，便决定直接投资兴办企业，而兴办的第一家企业就是启新洋灰公司。该公司原名“唐山细棉土厂”，由原直隶总督李鸿章1886年命人筹办，但投产以后，一直亏损，后来又被英国商人霸占。1906年，周学熙经过多次交涉，最终将该厂收回。公司组建以后，周学熙任总理、孙多鑫任协理。孙多鑫积极协助周学熙清产核资、筹集资金、招募商股、制定章程、组织生产等，使公司经营逐渐步入正轨。该公司最初的经营资金来自天津官银号，后来是招募商股，孙氏家族也积极投资。该公司投产后，效益极佳，仅8个月就还清了全部官款。然而，正当孙多鑫全力支持周学熙兴办北洋实业的时候，突发急性阑尾炎，溘然长逝，年仅53岁。

孙多鑫去世后，袁世凯又召孙多森北上，接手天津官银号总办、启新洋灰公司协理的职务。孙多森到任后，协助周学熙开办了滦州矿务公司、直隶滦州矿地公司、京师自来水公司等企业。

袁世凯担任临时大总统后，任命周学熙为陆征祥内阁的财政总长。周学熙就任后，计划筹办银行，在财政部内设立“筹办国家银行事务所”，任命金邦平为总办，孙多森为会办。后来，又任命孙多森管理中国银行事宜，聂其炜为协理。1913年4月，孙多森正式就任中国银行第一任总裁，聂其炜为副总裁。在孙多森的经营下，中国银行开始真正具备国家银行的职能，成为南京临时政府和北洋政府的中央银行。

为了经营好中国银行，孙多森采取的措施有：（1）派人专程到日本考察银行的组织、制度，参考带回的几十本银行规程，草拟了中国银行的规则、制度。又用3个月的时间，参酌各国先例和本国商情，编成中国银行章程120余条。（2）在任内通过了《中国银行则例》。该条例于1913年4月7日由参议院通过、4月10日大总统批准、4月15日公布。在北洋政府时期，仅在1915

年和1917年对之进行了两次小范围的修改，基本被沿用。（3）在人事管理上，主张各省分行负责人由在政界有相当资望的官僚担任，副职则由英美留学生或熟悉银钱业务的老职员担任，一般职员主要是吸收北方票号和南方钱业，经新式训练后上岗。这种人事管理，非常适合当时的实际，有助于银行业务的开展。（4）重视业务培训。在任内办有银行讲习所，由山西票号和徽州钱业保送有业务经验的职工到所学习复式会计原理和制度。这些人被分派到各地后，迅速成为业务骨干。（5）大力扩展银行分支机构。中行初成立时，仅有天津、上海、汉口3处分行。孙多森就任后，先后添设了山东、河南、长春、营口、山西、扬州、青岛、奉天等分支行及西坝、镇江、大通、正阳等处派出所，并饬令各分支行次第经收盐税、关税，为经理国库做准备。（6）设法推广钞票发行。到1913年6月孙多森离任时，中行发行总额已达684万余元。（7）派员到各处了解商情。

从孙多森担任中国银行总裁之后的举措我们可以看出，他不但制订了一整套金融管理计划，而且有借助于这一平台有所作为的想法，但由于周学熙因善后大借款而辞职，孙多森又未能满足袁世凯的一些关于金融的无理要求，引起袁世凯的不满，于1913年6月离职。孙多森虽然担任中国银行总裁的时间比较短暂，但他在任期间已经奠定了中国银行发展壮大的基础。

（三）通惠实业公司

孙多森离开中国银行后，被袁世凯安排接任柏文蔚的安徽省都督兼民政长的职务。孙多森在到任以后，很快遭到国民党人的排挤，甚至有生命危险，最终黯然离开安庆。孙多森回到北京以后，袁世凯又派他担任赴日实业调查专使，前往日本考察数月。1914年5月，孙多森与王克敏、陆宗舆及日本人中岛久万吉等在北京发起组织中日实业股份有限公司，孙多森任总裁。1914年6月29日，孙多森、周学熙、张镇芳等又发起成立通惠实业股份有限公司。该公司营业范围极其广泛，是中国第一家控股投资公司，参与投资建设了中孚银行、河南新乡通丰面粉厂、山东烟台通益精盐公司等。

通惠公司由孙多森任总裁，财政部官股代表林葆恒任副总裁，二人与官股董事龚心湛、傅增湘、王筱汀组成董事会。不过，龚、傅二人在政府担任部长职务，王任启新洋灰公司总经理，均无暇过问通惠事务，而林又是孙的旧属，因此，通惠实业公司的实际当家人就是孙多森。此外，孙多森在筹建该公司时，还选调了一批亲信辅助自己，如方伯常、胡季樵是他任直隶劝业道时的部下，其他一大部分经理、工程师也都是从阜丰面粉厂选调的。这样，孙多森在该公司拥有很高的威信，该公司也能自觉地为孙氏家族服务。孙氏家族通过对人事权的掌控，将通惠公司变成了实质上的家族企业。

通惠实业公司成立后，投资的第一个项目是中孚银行，此后还筹划开办了精盐厂、面粉厂、森林采伐场及煤矿等业务。其中，河南新乡的通丰面粉有限公司于1919年建成投产，是当时河南最大的机器面粉厂，日产面粉5000袋，除供应本地外，还远销北京、天津、石家庄、南阳、郑州等地。

通惠实业公司投资的烟台通益精盐股份有限公司也是1919年建成投产的。孙多森、孙多钰、傅增湘、王筱汀等还以个人名义投资入股。该公司资本原为25万元，经过3次增资，到1932年达100万元。总厂设在烟台西沙旺大街，占地40亩，有职员40余人，工人200余人。该厂所用原料为粗盐，产于牟平沿海一带和石岛等地，用帆船运至烟台，每年所用最多30万—40万担，最少也有10余万担，每担价值0.5元。该厂所制精盐平均每年约30万—40万担。每担价值1.8—2.5元不等，约值100万元。在国内运销湖南、湖北、江西、安徽、江苏等地；国外运销东南亚，如印度尼西亚、马来西亚、新加坡等国家。在这家企业中，孙氏家族成员长期担任重要的职位，如1938年3月11日召开的股东会选举董事7人，孙家有孙豫方、孙观方，选举监察人3人，孙家有孙陟甫、孙晋方。在20世纪40年代，孙晋方长期担任董事长和总经理职务。

总体看，通惠实业公司是一个具有强烈的孙多森个人色彩的公司，业务的进展与他的督导、计划息息相关。在他去世后，通惠实业公司只是维持原来的经营项目，未再有新的发展。孙多森的去世也标志着孙氏家族投资的企业由加速扩张期转入平稳发展期。

（四）中孚银行

孙氏家族控股的中孚银行是我国第一家正式对外经营国外汇兑业务的商业银行。

孙多森曾主持过中国银行的工作，深知银行在资金周转调度中的作用，明白它对企业发展的影响。因此，他在离开中国银行后，就曾考虑创办自己的银行。1914 年 9 月通惠实业公司成立后，孙多森开始筹办中孚银行。1916 年 1 月，该行经北洋政府财政、农商两部批准注册立案。由于该行的股金主要由通惠实业公司提供，因此中孚银行早期的董事孙多森、傅增湘、袁乃宽、王筱汀、张镇芳，均是通惠实业公司的董事。11 月 7 日中孚银行正式开业。总管理处设在天津，天津分行同时设立。此后，业务逐渐铺开，先后在北京、上海、汉口、苏州、南京、郑州设立分支机构。增资过程也较顺利，由最初的股金 60 万元，到 1930 年的时候，资本总额已达 200 万元。

随着中孚银行的发展，孙氏家族在该行投资的份额越来越多，拥有的股权越来越大。相比较，通惠实业公司发挥的作用越来越小。早在 1918 年，北洋政府财政部就因财政困难，将持有的通惠实业公司 60 万元股票向中孚银行押借了 40 万元，后来一直没有归还。孙多钰继任中孚银行总理后，与当时的财政总长周自齐商谈，将该股权买了下来。这样，通惠实业公司和中孚银行相互拥有的股权均由孙家掌握运用，成为孙氏家族掌控的企业。

值得一提的是，中孚银行不仅是我国较早开办的商业银行，而且是当时最早承办国外汇兑的银行。1918 年 5 月 29 日出版的《银行周报》第 2 卷第 20 号专题报道了《中孚银行添设国外汇兑》，称："我国银行与各国都市银行直接通汇者，几如凤毛麟角，金融轮转，率惟外国银行是赖。故该行兹为挽回利权及便利各界起见，特与英美日本各国银行，商订代理规约，直接通汇。该行魄力之宏大，识见之远大，洵有是多者。惟该行既创此先举，所望我国银行群起效法，则国外汇兑之发展，将国进九疆，而金融界亦得受无穷之惠。"

从中孚银行档案看，1918 年上半年中孚银行就正式经营国外汇兑业务，并与花旗、运通、朝鲜等银行商订代理规约，直接通汇。主要业务有电汇、票汇、押汇、活支汇票、代收款项、旅行支票，还声称“其余一切信托、业务，凡外国银行所应有者本银行均可办理”。中孚银行经营的国外汇兑业务开展得较好，以至于有人评价：“其办理国外汇兑，信托业务，及保管库等，创设至早，现今欧美大埠，靡不知名。”当然，在这前后，浙江兴业银行、上海商业储蓄银行等也开展了国外汇兑业务。1926 年 6 月，中国银行公会宣布成立华商外汇经纪人公会，会长为谢芝庭。谢曾长期担任中孚银行上海分行副经理，主管外汇业务。

上述孙氏家族控制的企业在发展过程中，逐渐形成了以中孚银行为资金调度中心的企业集团——通孚丰集团，包括通惠实业公司、通丰面粉公司、通益精盐公司、中孚银行、阜丰面粉公司等公司。1930 年 8 月 11 日，通孚丰联合办事处在上海正式成立，成为通孚丰集团形成的标志。在孙氏家族的调度下，集团组成企业互相支持、互相配合，共渡难关，共谋发展，取得了较好的效果。如阜丰面粉厂历年拨付中孚银行的贴补款就达 500 万元，帮助中孚银行渡过了危机，而中孚银行的存在又为阜丰面粉厂的资金融通提供了方便。中孚银行对通惠实业公司、通丰面粉公司、通益精盐公司，及关联企业济丰公司都提供过资金支持。

寿州孙氏家族创办的一些家族企业中，因股东多是孙氏族人或近亲，所以管理人员也以孙氏族人为主。在孙氏家族企业发展的过程中，也培养了一大批杰出的商业人才，例如方字辈的孙元方、孙豫方、孙煜方、孙晋方、孙麟方、孙观方等。

六、艺坛名人

孙氏家族重视子弟的教育，因此在许多领域都人才辈出，如著名女画家孙多慈、著名书法家孙剑鸣等。

孙多慈（1912—1975），又名韵君，著名画家，孙传瑗之女。孙多慈是中国近代非常重要的一位女画家，与潘玉良齐名。孙传瑗出自寿州孙氏十三房孙克仿系，早年深受孙毓筠、柏文蔚、张树侯等人的影响，倾向于革命。辛亥革命胜利以后，孙传瑗先后在安徽省政府和江苏省政府担任秘书工作，后来还曾担任孙传芳的秘书。方振武担任安徽省主席时，孙传瑗任省政府委员，是决策班子的成员。同时，孙传瑗还曾是安徽大学教授，担任过教务长的职务。可以说，在 20 世纪二三十年代的安徽，孙传瑗在安徽的政界和文化界都有一定的地位。

孙多慈排行老二，从小就受到良好的家庭教育，在安庆女中读书时，就经常发表文章。1930 年，孙多慈经过父亲好友宗白华的推荐，成了中央大学艺术专修科的旁听生。在这里，孙多慈与徐悲鸿结识。1931 年，孙多慈以第一名的成绩考入中央大学艺术系。在校期间，孙多慈深得徐悲鸿赏识，在徐的悉心指导下，她的艺术才华得以充分展现。1936 年，孙多慈刚一毕业，就通过徐悲鸿的帮助，在中华书局出版了自己的第一本画集——《孙多慈素描集》。宗白华也为她写序，对她的艺术进行高度称赞。抗战期间，孙多慈避居浙南地区，除了研究油画，还开始进行中国画的创作。1936 年，在南京举办的第二次全国美术展览上，孙多慈的油画《石子工》被选入展，获得了业内人士的一致好评。1947 年，她在上海举办了自己的个人画展，此后出国考察。孙多慈考察归国后，随丈夫迁居台湾，任教于台湾省立师范学院艺术系。迁台以后，她受人之托，画了不少历史人物的绘像和国民革命时期的史画，尤其是后者，多是巨幅油画。

孙剑鸣（1914—1990），原名方鲲，笔名司徒越，著名书法家。孙剑鸣出自寿州孙氏十一房孙克佐系，到他这一代时，家境已然中落。1931 年，他在亲戚的资助下，考入上海美术专科学校。入学不久，因为积极参加抗日反蒋的学生运动被学校开除，被迫转入上海新华艺术专科学校。在这里，他系统学习了西洋绘画理论知识和技能、技法。抗战期间，孙剑鸣曾在武汉、重庆等地做过抗日救亡宣传工作。1940 年以后，他逐渐转向教育，先后在正阳中学、六安师范、舒城中学、寿县中学等校任教。1963 年，开始从事文物考古工作。

孙剑鸣早年就执着于书法研究和创作，但名声不显。1976 年，他的一幅狂草作品入选了在日本举行的“现代中国书道展”，自此，孙剑鸣的书法才脱颖而出，“司徒越”一名也被书法界熟知。孙剑鸣的书法，在 20 世纪 80 年代中期逐渐形成了独特的风格，以雄健奔放、婉转流畅的狂草独步书坛。孙剑鸣后任安徽省书法家协会副主席、名誉主席，为我国当代书法艺术的发展做出了较大的贡献。

寿州孙氏后裔除了在政界和商界发展，在专业技术上也做出了较大成绩，在高等院校、科研院所、文化卫生等部门担任教授、高级工程师的比比皆是。如：原安徽煤炭工业公司代总工程师、教授级高工孙多晶，美国加州大学教授、原中国科学技术大学近代物理系教授孙良方，美国耶鲁大学教授孙以安，西南交通大学应用力学研究所教授孙训方，安徽大学哲学系教授孙以楷，安徽大学中文系教授孙以昭，安徽理工大学地下工程结构研究所教授孙文若，安徽省立医院副院长、主任医师孙自敏等。他们为现代科学技术进步和国家经济社会发展发挥着积极的作用。

七、孙氏家风

寿州孙氏家族能够成为江淮地区首屈一指的名门望族，他们的家风家训有很多值得我们学习的地方。

（一）乐善好施，热心公益

寿州孙氏定居寿县以来，就一直恪守着“乐善好施，热心公益”的家风。二世祖孙用“好义输财，周济闾里，捐资守城，有功社稷，屡膺抚、按褒奖”[①]。从孙用开始，孙氏子孙的义举，或见于地方志，或见于家谱，代不绝书。上

① 乾隆《孙氏族谱序》。

一代人的义举，也深深影响着后辈。方志记载孙珩去世前一个月，曾将孙蟠兄弟拉至身前，将自己所行义举一一告知。孙蟠兄弟又谨遵父命，“举行更推广之”。而孙克任的义举，也得到诸弟的佐助。孙联珠的义举，也都是随着叔伯们一起实行。

仅《光绪寿州志》所载孙氏子孙的义举，就不胜枚举。从纂修者对孙氏子孙的评价，如孙克任“世德相承，代传积善”，孙绍祖“好施与，自其先五世皆以乐善著”，我们毫无疑问地可以总结出，孙氏家族自迁居寿州以后，就逐渐形成了“乐善好施”的优良家风。

总结孙氏家谱及地方志所记孙氏家族的义举，大致可以归纳为两个方面。

1. 赈灾

寿州靠近淮河，饱受水旱灾害。孙氏家族在发家以后，不忘回报桑梓，一遇水旱灾害，就立刻施粥或者捐钱，协助地方官府赈灾。孙氏家族中，孙蟠与侄子孙克任最为乐善好施，事迹也最多。乾隆五十一年（1786），寿州饥荒，孙蟠与孙克任捐银三千两赈灾。嘉庆五年（1800）秋季，寿州水灾导致粮食绝收，谷价高昂，孙蟠与孙克任设置粥厂赈济灾民，持续了三个月，花银九千余两。嘉庆七年（1802）春天，寿州旱灾，孙蟠与孙克任又施粥八十多天，每天赈济灾民一万多人。嘉庆九年（1804）春天，孙蟠叔侄又施粥赈灾，从他处来逃荒的有四万多人，施粥的活动从春天一直持续到夏天，花银三万六千余两。史书总结称孙蟠“岁终散钱米，冬春施衣粥，数十年如一日”。

除孙蟠叔侄以外，孙氏家族其他人也都乐于施舍。例如孙珩“岁饥，倡赈，全活甚众”；孙克依“乾隆间捐资助赈，全活甚众”；孙克仿“辛卯壬辰癸巳叠赈水灾”；孙联珠“道光十二三年水灾同伯克修蒸饼赈饥，冬月施赠棉衣”；孙赠祖“道光辛卯壬辰癸巳舟载饼饵钱米叠赈水灾，饥民赖以全活”；孙绍祖“道光辛卯大水捐数千金赈饥”。

2. 修建公共设施

孙氏家族也很重视维护当地的公共设施，热心修桥铺路。《寿州志》记载，孙氏先祖孙珩就开始热心修桥。当时，寿州城西北有一个涵洞，用于城内向外排水。但乾隆二十年（1755），淮河涨水，由该涵洞倒灌进城，危害很大。孙珩请工匠实地勘察后，修建了石墙、月坝、闸门，彻底解决了涵洞倒灌的问题。另外，方志还记载说，城南门护岸被冲塌、东门大桥倾圮，都是由他独立重修，毫不吝惜花费。

寿州是水陆交通便捷之地，在城外九里沟东津渡有三座桥，但都已经坍塌，一到涨水的时候，行旅来往就很不方便。孙珩在世的时候，就计划重修，但还没开始就去世了。孙士谦和孙蟠兄弟继承父志，率领子孙次第重修完毕，并且考虑到桥上的木板易朽，“以石作高圈”。另外，还在桥西增修了一座桥，缓解交通压力。两江总督书麟视察到寿州的时候，对孙氏兄弟的善行进行了表彰，并在桥头刻石，文曰“义冠一州”。

孙珩的孙辈孙克任等人，也致力于当地公共交通设施的完善。孙克任兄弟与叔父孙蟠一起，参与了东津渡桥的修建。后来，孙克任还在嘉庆十年（1805），独立重建了寿州与合肥之间一座已经坍塌的桥，沟通了南北交通。孙克伟对父祖所修桥梁，十分维护，害怕以后无人维护，于是就单独捐出巨资，用作每年维修桥梁的经费。

孙氏“祖”字辈的子孙同样也关心着当地的公共交通，如孙诰祖就曾出巨资修东津渡大桥和东门大桥。

在修桥之外，孙氏子弟还重视其他公共设施的维护，例如孙克任还有“缮谯楼、设义渡、修街道”等义举，而孙克仪多次通过资助巨款来支持兄长的义举。

除了在赈灾和修建公共设施方面，孙氏家族还有着其他令人称道的义举，例如捐资守城、施舍葬具给贫穷人家等等。可以说，孙氏家族的乐善好施体现在各个方面，到处都能看到孙氏子孙的身影，借用方志对孙克伟的评价来形容孙氏家族，即“凡邑有义举，不惜巨资以成其事，士民赖之”。

孙氏家族的义举，也得到官府的肯定与表彰。例如孙克任修桥以后，当时地方长官先后以“惠周梓里，一门孝友，乐善可风”等词表彰，并写入奏折，汇报给皇帝。孙克仿捐资守城，巡抚贾臻奖其门曰“急公好义”。

孙氏家族成员也不仅仅只热心地方公益。孙克俊当年刚到北京为官时，感慨于北京应试的举子们住宿艰难，于是就捐资两千四百多两，倡建凤阳会馆。孙蟠听说后，又寄来四百两，使得凤阳会馆最终落成。

孙氏家族在乐善好施的同时，也保持着勤俭持家的家风。例如孙蟠，史书就说他“施济不吝而自奉极俭约”。七十岁时，他不让家人给他过寿，而让子孙制作棉衣两千余件发放给贫民。孙克任也同样如此，在他七十岁的时候，也谢绝过寿，把亲朋给他过寿的钱捐出来周济族中贫民。

（二）重教助学

孙氏家族一直流传着一股“重教助学”的风气，既资助教育事业，又热心进行教育实践。

孙氏先祖孙珩曾于乾隆二十一年（1756）参与倡修寿州学宫，寿州知州李天玺曾刊石铭记。过了几十年，到了嘉庆五年（1800）的时候，学宫部分房屋损毁，孙蟠、孙克任叔侄又“请以身任”，支持知州郑泰重修，孙克依等也参与其事。嘉庆十七年（1812），孙克任、孙克佺又捐资重修学宫。这几次重修，时任知州都有碑文记载其事。

《寿州志》还记载孙氏后裔修建文庙、考棚的事迹。当地的考棚逼仄狭小，孙克任捐钱 3000 缗购买旁边的空地，增建了 10 间房屋。孙克任重修文庙，费时七年，花费近两万缗。克任去世时，尚未完工，由其弟克依、克伟等继续主持修建。孙联珠追随叔伯辈的孙克佺、孙克仿捐资修建文庙、考棚、文昌宫等建筑。孙澍征、孙诰祖兄弟在道光初年，又一起捐巨资倡修考棚。孙家鼐的父亲孙崇祖也曾捐资修建过寿县文庙，据说学宫内的松柏都是他亲手种植的。

孙珩之子孙士谦在乾隆四十四年（1779）的时候，曾捐建了四门义学五所。当时孙士谦一共捐献了 2600 缗，除部分用于穷人的丧葬费外，其余的部分“备童生试卷及乡试会试费”。知州张佩芳专门撰写了《孙氏乐输记》记载此事。孙士谦弟孙蟠，子孙克任，以及孙蟠子孙克佺等人，此后也都曾加捐。时任知州杜茂材撰《孙氏捐赠学校公费记》一文记载此事，称“助丧葬、设义学、备试卷与赴试之费，所费出于一门，而被其惠者且数千人，且其父子兄弟乐善不倦，无有异志。遇乡里有缓急，辄出其私财，曾无德色，尤足以风之当世”。后来，孙赠祖“修学宫，依寒酸，于考试多所成就，士林至今犹颂其德”。很多时候，这种善事都是父子、叔侄、兄弟一起实施，这种家风的形成得益于家族成员之间的耳濡目染。

孙氏家族还直接参与教育实践。最为有名的就是孙家鼐了，他曾担任管学大臣，主持创办了京师大学堂，有着较为系统的教育理念。在寿县的孙氏族人，也热心创办教育事业。

1903 年，孙多森在寿县县城创办了私立阜财学堂，为其阜丰面粉厂培养人才，这是寿县最早的新式学堂，也是最大的学堂。1904 年，孙毓筠在城北僧王祠创办了蒙养学堂，先是初等学堂，后来改为高等学堂。1906 年，孙传檙在城内春申坊办公立高等学堂，后来又在寿州循礼书院旧址基础上新修校舍，创办寿州公学，设中学、高小两部。

清末寿县人参加同盟会的很多，他们都很重视利用学堂从事革命活动，例如蒙养学堂，就是城市宣传民主革命思想的地方。

八、孙氏家训

寿州孙氏家谱一共经过了四次修订。第一次修谱在乾隆二年（1738），由孙玿、孙珩等主持修订。第二次修谱为光绪十九年（1891），孙家怿、孙家丞、孙传樾等主持修订。第三次修谱在宣统元年（1909），由孙传栋等主持修订。第四次修谱于 1996 年开始，2015 年完成。

孙氏家训大概有如下十条：

一、父慈子孝，兄友弟恭。

二、丧葬必遵家礼，随家道之丰歉，勿奢俭致敬致哀。

三、祖宗虽远，祭祀不可不诚。春露秋霜，君子履之，必有凄怆怵惕之心。每年庙祭墓祭，必于春二月、秋八月择日各具衣冠同集宗祠庙，祭墓毕必有酒食，一以展孝敬之思，一以联敦睦之宜。

四、和睦九族，念祖宗一派流传，各宜相亲相爱，勿恃强凌弱，勿以智欺愚。有事告于同族处分，不可因小忿构讼，有伤族好。

五、尊卑长幼礼节不可紊乱，疏忽不讲。

六、居家宜戒奢靡，崇勤俭，或耕或读，务正业，以培根本。

七、居心要存仁厚。勿事残刻奸巧，上亏祖德，下剥削子孙。

八、平日宜敬师傅，亲正人，不可呼朋引众、聚饮赌博，有坠家声。

九、族中子弟有聪俊者，宜教品读书以期上达，不得问外事交接官府。

十、婚姻要择门第，不许论财。

如孙氏族谱所说，这十条都是“修身齐家之事，举其纲领加以训告之词”[①]。然而，这些家训最为重要的，还是第十条，与世家大族的联姻，也是寿州孙氏家族长盛不衰的一个重要保证。

清末，孙氏家族与怀远林家、合肥李家、望江何家、庐江刘家、东至周家等江淮地区的大族，都是姻亲关系。

怀远林氏发迹于清代中后期，先后有数十人通过科举入仕，代表人物是林之望和林介弼。林氏叔侄二人均以诗文闻名江淮，所以有“江左二林”的美誉。寿州孙氏与怀远林氏世代结亲，很早就有姻亲关系。据不完全统计，仅寿州孙氏十四房，即有数十对互结姻缘。孙家鼐母亲就出自怀远林氏。

天平天国起义时期，孙家鼐二哥孙家铎在江西为官，与在湘军任职的李瀚章相识，并结下了深厚友谊。此后，李瀚章次女嫁给了孙家铎次子孙传樾，生有六男四女，六子分别为多鑫、多森、多培、多焱、多堃、多钰。孙多鑫

① 四次修谱概况及家训转引自孙治安：《帝师家族：寿州孙半城》，黄山书社2017年版，第324、322页。

兄弟能够迅速在商界崛起，除孙家鼐的支持外，更离不开晚清名臣李鸿章的关怀照顾。

望江何家发家于何俊（1797—1858），道光进士，曾任两淮盐运使、江苏布政使。何俊长子何维键（1835—1908），字汝持，号芷初，曾任湖北盐法武昌道、湖北督粮道。后辞官定居扬州，有“晚清第一园林”之誉的何园，即为他所建。何维键之妻即孙家铎之女，是孙多森的亲姑母。何家两代担任盐运官员，何维键辞官定居扬州后也经营盐业，实力雄厚。孙多森当年举家定居扬州，就是投靠姑丈何维键。后来孙多森也是通过向何氏租赁盐票才挣得第一桶金，积聚了转战机器面粉业的资本。

东至周家发家于周馥（1837—1921），名宗培，字玉山。周馥跟随李鸿章数十年，深受李鸿章器重。洋务运动中，周馥创办了天津电报局、天津机械局等企业，并主持建立天津水师学堂和北洋武备学堂，参与了北洋海军的建设。后来，周馥还接替李鸿章担任直隶总督。孙家鼐与周馥同朝为官，孙家鼐之孙孙多焌娶周馥次女周庆同为妻，后来孙多焌次女琏方又嫁给了周馥之孙周骏良。

第八章
书香世家：淮安丁氏家族

淮安坐落于江淮平原东部，古淮河与京杭大运河交点，是江淮流域古文化发源地之一。境内的洪泽湖，为淮河中下游结合部，原为浅水小湖群，古称富陵湖，两汉以后称破釜塘，隋代称为洪泽浦，唐代始名洪泽湖。南宋建炎二年（1128）冬，“杜充‘决黄河，自泗入淮，以阻金兵’”[①]。南宋绍熙五年（1194），“河决阳武故堤，灌封丘而东。尚书省奏都水监官见水势趋南，不预经画”[②]。黄河再次南泛，自此开始了700多年的夺淮历史。淮河自此失去入海水道，被迫在盱眙以东潴水，从而使原来的小湖连成一片，扩大为一个洪泽湖了。洪泽湖具有“蓄清、刷黄、济运”以及航运功能，毗邻该湖的淮安也成为邻江近海的南下北上的交通要道，一度是漕运枢纽、盐运要冲，驻有漕运总督府、江南河道总督府；历史上与苏州、杭州、扬州并称运河沿线的“四大都市”。

历史上，淮安古城不仅街巷桥梁多，官署衙门多，而且牌坊祠堂多。淮安最早的祠堂始建于哪朝哪代已无从考证，明清时期，古城内外遍布大小祠堂。淮安的祠堂一般分为历史名人专祠、姓氏祠堂两大类，尤以姓氏祠堂占比较大，足以说明该地豪门家族之大、之多。其中，丁氏家族颇具代表性[③]。

淮安丁氏家族来源较多，据《淮安丁氏族谱》（丁晏）载[④]，仅城内而言就有“民丁”“卫丁”之分。这两个丁氏家族均堪称书香门第。

---

① 《清史稿》卷一二六《河渠志一》。

② 《续资治通鉴》卷第一五三。

③ 陈伯新：《淮安的名人祠》，文史淮安，http：//www.wshuaian.org/index.asp.

④ 《淮安丁氏族谱》，1985年复印本，淮安市图书馆馆藏。

"卫丁"指丁宝铨一族。丁宝铨（1866—1919），字衡甫，号佩芬，一号默存。蒙古族人，原籍辽东广宁府。始祖别里可不花，明初官蓟州卫指挥佥事，授明威将军。因迭著军功，赐姓丁。三世祖丁裕，改任淮安卫指挥使，始迁淮安，子孙均卫籍（即军籍），并世袭卫职。清代，丁氏仍为卫籍，但已无法世袭卫职，子孙于是改习儒术。自顺治五年（1648）丁子考取秀才功名始，"卫丁"一族后人考取功名的不在少数，有的还担任了地方要员，如丁峻、丁焕南、丁耀南、丁蘧、丁葵、丁芑、丁福申、丁兆祺等。其中功名最高的当属丁兆祺与丁宝铨，二人都是进士。丁兆祺曾官江西盐法道，署按察使。丁宝铨是丁峻的曾孙，曾先后官任山西冀宁道、山西按察使、山西布政使和山西巡抚，并响应清廷号召，在山西积极办学，颇有成绩。数代的知识积累，"卫丁"一族由武胄世家转变为书香门第，熏陶出一代代学子[①]。

"民丁"即本书所述之丁氏家族，有淮安"四大家族"（丁、何、韦、许）之首之美誉[②]，其代表人物就是清代中后期著名的经学家、文学家丁晏。

一、家族发展史

（一）丁晏生平

丁晏是"民丁"家族发展史上一个里程碑式的人物。

据《山阳丁氏族谱》载：丁晏八世祖丁国信，原籍山东济南，于明万历年间，"因贩布帛来淮贸易，遂占籍山阳"。自高祖辈起，丁氏族人勤奋读书，力图走仕途之路。丁晏后来在《柘翁七十自叙》中称："家世丰腴、累叶忠厚，读书敦善行，朴然有古风。""十科蕊榜，甲第传家，七代芹香，丁公衍绪。"

丁晏曾祖父允益，字与偕，国子监太学生，例赠儒林郎。

① 刘怀玉：《山西巡抚丁宝铨》，文史淮安，http：//www.wshuaian.org/index.asp.

② 《丁氏——淮安四大家族之首》称："其实在楚州（今淮安）历史上，也相继出现了以丁、何、韦、许为代表的四大家族，其中丁氏子嗣颇多，人丁兴旺，在淮安城内形成庞大家族群体，为'四大家族'之冠，其祖上由山东济南迁至此绵延二十一世，其后人多出海外。"http：//ding.2upu/yuliu/654414.jtml.

祖父熙采，字畀揆，一字弼夔，号勉斋，也是国子监太学生。据称，“公胸次伉爽、悯人急难”，“轻财好施，不为口惠”。

父亲琮（1754—1807），字锦舒，号礼崖，邑附监生，其“性沕穆，无机心，朴讷寡言，交友以信”，“亲串中窭贫者，恒周恤之”。丁晏父去世后，被诰赠奉直大夫、刑部主事，晋赠通奉大夫三品衔[①]。

乾隆五十九年（1794），丁晏出生于淮安城里大沟巷本宅。当时，其父丁琮四十一岁，母刘氏四十岁，为第三子。丁晏父为其取名“晏”，字俭卿，号柘唐，意“勖晚成”“励清志节”之意。丁晏祖上虽多有读书之人，并致力于科举，然并无一人求得一官半职，其家境也十分贫寒。丁晏自幼体弱多病，六岁开始入学，师从舅氏刘南宾先生；八岁时开始读四书，“少聪颖，多疾病”。一次，刘南宾宴请客人，丁晏于席前侍奉。当时客人以“喜”行酒令[②]，丁晏当即对曰：“吾闻之喜而不寐[③]，云胡不喜[④]。”据载，当时丁晏尚未学习《孟子》《毛诗》等，只是因为平日里曾阅览，便能熟记在心，出口成章，令人颇感惊奇。

丁晏十二岁时，跟随父亲丁琮去安东（今江苏涟水）拜访朱禹江（名湘）先生。朱先生为当地名士，颇有文名，初见丁晏，为其谈吐举止所慨叹，认为此子将来“必为伟器”。据载，朱先生当时就提出将女儿许嫁与丁晏。然而，丁琮以家道中落，并称丁晏性格太孱弱加以婉言谢绝。孰料，朱先生执拗不改，最终将女儿嫁与丁晏。

嘉庆十一年（1806），丁晏十三岁，师从胡棠，开始学习写作诗文，不到半年时间，即能顺利成篇，辞采可观。

---

① 郭寿龄：《清经学家、文学家丁晏》，文史淮安，http：//www.wshuaian.org/index.asp.

② 酒令是中国筵宴上一种较为流行、助兴取乐的饮酒游戏。据称，该游戏最早诞生于西周，完备于隋唐，在士大夫中特别风行。程序是，推举一人为令官，余者听令后轮流说诗词、联语或其他类似游戏，违令者或负者罚饮，所以又称“行令饮酒”。

③ 《孟子·告子下》有：“鲁欲使乐正子为政。孟子曰：‘吾闻之，喜而不寐。’”

④ 毛诗，指西汉时鲁人毛亨和赵人毛苌所辑和注的古文《诗》，也就是现在流行于世的《诗经》。《国风·郑风·风雨》云：“风雨凄凄，鸡鸣喈喈。既见君子，云胡不夷？风雨潇潇，鸡鸣胶胶。既见君子，云胡不瘳？风雨如晦，鸡鸣不已。既见君子，云胡不喜？”描写的是一位妻子乍见到久别的丈夫时的喜悦心情。

十四岁时，丁晏父亲因病去世，丁家生活日益艰难，丁母甚至将衣物送去典当以维持生计。此时的丁晏为家境终日忧心忡忡，但也无计可施，只有发奋用功。丁晏虽然生活拮据，但性格开朗。他本体弱多病，但通过读书不断养气，身体反而日渐强固。此外，丁晏善于结交朋友。嘉庆十五年（1810），丁晏十七岁，在城内丽正书院求学时结识了潘德舆[①]。二人志同道合，结为了终生至友。他在《与潘四农先生书》中写道：

大丈夫得志则不负所学，慨然自志于时；不得志则闭户穷居，不以贫贱而改行，不以困厄而尤人，归于实用。[②]

上文也正是丁晏一生治学的座右铭。嘉庆十七年（1812），丁晏十九岁，考取秀才，入府学成为一名郡庠生。他好学勤思，很快就脱颖而出。据载，漕运总督阮元到郡学视察[③]，很是赏识丁晏的学识，认为"孺子可教"。《清史稿》载：

阮元为漕督，以汉《易》十五家发策，晏条对万余言，精奥为当世冠。[④]

当时的府学山长江藩也极为称赞丁晏的学识[⑤]，他曾在丁晏的课卷上

① 潘德舆（1785—1839），清代诗文家、文学评论家。字彦辅，号四农，别号艮庭居士、三录居士、念重学人、念石人，山阳（今江苏淮安）人。道光八年（1828），潘德舆考取解元（第一名举人）。道光十五年（1835），潘德舆中举后将近8年，在京"大挑一等"，分发安徽候补知县。但他认为，由"候补"为"实授"极难，故"以科目资浅截留"未赴任。时人称其诗文精深，为嘉、道间一作手，著有《养一斋集》。

② 郭寿龄：《清经学家、文学家丁晏》，文史淮安，http：//www.wshuaian.org/index.asp.

③ 阮元（1764—1849），清代著作家、刊刻家、思想家，在经史、数学、天算、舆地、编纂、金石、校勘等方面都有着非常高的造诣。字伯元，号芸台、雷塘庵主，晚号怡性老人，籍贯江苏仪征，乾隆五十四年（1789）进士，先后任礼部、兵部、户部、工部侍郎，山东、浙江学政，浙江、江西、河南巡抚及漕运总督、湖广总督、两广总督、云贵总督等职。历乾隆、嘉庆、道光三朝，体仁阁大学士，太傅，被尊为三朝阁老、九省疆臣，一代文宗，谥号文达。

④ 《清史稿》卷四八二《儒林三》。

⑤ 江藩（1761—1831），清代经学家、目录学家、藏书家。字子屏，号郑堂、水松，晚号节甫。原籍为安徽旌德之江村（今属白地镇），其父江日宙由安徽旌德迁居甘泉（今江苏扬州），并占籍甘泉。监生。早年授业于余萧客、江声，博综群经，师承惠栋，将经学分为汉学、宋学两派，熟于史事，曾受聘为丽正书院山长。

批注：

不佞三复足下之策，扩群经之精，阐汉易之奥，当今之世，如足下好学深思者有几人哉？

不仅如此，江藩还赠送丁晏一本《诂经精舍集》，以资鼓励[①]。据载，学使汤金钊以《大学·格物》《论语·正名》《易·爻辰》《诗·五际》《礼·裼袭》等发策[②]，丁晏又对数千言，受到汤金钊的激赏。清代大学者王引之为他的书作序[③]，以为丁晏能传承大学者阎若璩之学[④]。阮元、江藩等人的赏识，使得丁晏名声大噪。

然而，备受人们赏识的丁晏在科举仕途上并非一帆风顺。他多次参加乡试，均铩羽而归。历经挫折后，直到道光元年（1821），丁晏方考取举人功名。然而，在接下来的赴京参加会试中又是连续失败，遂由“举人大挑得教谕，不谒选”[⑤]。自此之后，丁晏一意研究经学，著书考古，先后主讲于阜宁观海书院，盐城表海书院，淮安淮关、文津、丽正书院，以惠泽后学。

丁晏的晚年，基本上都在家闲居，读书著述。六十七岁后，经地方一再邀请，丁晏继续主讲于丽正书院。同治十年（1871），七十七岁高龄的丁晏与何绍基共同主持了《重修山阳县志》《淮安艺文志》修纂工作，历时三

---

① 陶洪仁、丁驾龙：《流芳关天培》，大众文艺出版社2013年版，第49页。

② 汤金钊（1772—1856），嘉庆四年（1799）进士，在朝为官六十多年，是四代元老（乾隆、嘉庆、道光、咸丰），曾任吏、户、礼、工、兵部侍郎，及四部（礼部、吏部、工部、户部）尚书。字敦甫，一字勋兹，萧山人。策原意为指计谋、计策等，是我国古代科举考试的一种文体，即策论、策问。考试时，主考官发策，即发问，其内容主要是治国安邦、国计民生的政治大事，而士子们便针对“策问”的内容作出回答，也就是所谓的“对策”。

③ 王引之（1766—1834），嘉庆四年（1799）进士，清代汉学家。江苏高邮人，字伯申，号曼卿。祖王安国为左都御史兼领广东巡抚、礼部尚书、吏部尚书，父王念孙为直隶永定河兵备道，皆以治名物训诂著称。

④ 阎若璩（1638—1704），清初著名学者，清代汉学（或考据学）发轫之初最重要的代表人物之一。字百诗，号潜丘。其父阎修龄于崇祯八年（1635）以“商籍”入淮安府学，其兄阎若琛、堂兄阎洞也以“商籍”入学，先后成为进士。其本人也于顺治八年（1651）以商籍入淮安府学。

⑤ 乾隆十七年（1752）后，举人会试三次不中者，由礼郎造册，送吏部，派王公大臣拣选，一等以知县试用，二等以教职铨补，谓之大挑。

载，方可完成。

光绪元年（1875），丁晏病逝，享年八十二岁，墓葬淮安石塘吕庄。

二、丁氏族谱

依据丁晏玄孙丁志安在陶镶、吴昆田合编的《柘翁先生年谱》中所作的后记可知：丁晏的年谱，曾先后出现六种：一是自编（即《柘翁七十自叙》，不分卷——笔者注）；二是门人潘桐编[①]；三是门人陶镶、吴昆田合编（皆至六十岁止）；四是受业侄铭兰先生一鹏编[②]；五、先伯曾祖寿祺编（又皆未成书而殁，今不知存佚）。敝麓（蔽簏）幸存者丁志安先曾祖（寿恒）编传抄本，至光绪乙亥（1875）卒年止。此后各家所刻遗稿，皆未得注明。丁志安云：

> 于密谋响应太平军事，更不敢直书。坤自幼喜读桑梓文献，于先高祖著作之付刻与否，必详加核实。暇取先曾祖编本，删繁就简，别存一帙。于稀有之本，并注其所藏处所，俾学者有以查阅。惟见闻有限，且荒落不文，敬求博学同志多予指示，尤所感谢。玄孙步坤谨识。玄孙志安记。

上文所称“敝麓（蔽簏）幸存者先曾祖（寿恒）编传抄本”，即《柘唐府君年谱》，1卷，丁晏子丁寿恒等同编。该谱首先记载了丁氏家谱世系，然后记载了谱主丁晏从学、交游及著述等的情况，所依据大多是日常见闻以及谱主文集，往往连篇引用谱主所撰序、跋，以用来说明其著作之由及思想渊源，故不避繁冗，远较前谱详悉。凡涉交游，皆出小传；子孙生卒嫁娶、入学出仕，也一一备述。只不过圈改修订之处颇多，实为草稿。该谱有清抄本传世。

依据1985年《淮安丁氏族谱》记载，康熙四十年（1701），丁氏第五

① 另据谢巍《中国历代人物年谱考录》卷九载，清潘桐撰有《丁柘唐先生年谱》。

② 丁一鹏编有《历年纪略》1卷，卷端有一鹏识语，称“三子寿恒依年缀系为谱，行将刊付。（一鹏）侍先生最早且久，谨就素所稔闻者作《历年纪略》，为《年谱》先。呈漏之愆，知所不免。然征实以纪，不僭不诬，用自信焉”。是谱所记丁晏求学、科试、讲学、著述等，择其要者为纲，较简明。有清末朱丝栏抄本。

世祖丁世华（1680—1753）正式入山阳（今淮安）县籍，并建丁氏祖祠。第七世祖丁长春（1762—1821），曾创修族谱。

丁晏父亲丁琮，曾“手记先世之服属，草创宗谱，未就而殁”。丁晏时，开始着手续修族谱。据载，他“咨访于族叔祖煦台”，终于完成。丁晏续修族谱有咸丰二年（1852）版本，但迄今无人见到。另有同治七年（1868）版本，不分卷，全名为《山阳丁氏族谱》，上有丁晏于嘉庆二十三年（1818）冬作的序。据淮安地方文史专家刘怀玉称，他曾见顾震福的《乡贤丁公家传》，上面记载丁禧生之父丁俊登倡议修族谱。丁禧生为丁晏侄儿，据此推理，当是丁晏与丁禧生叔侄共同完成的族谱续修。至1924年，丁晏之孙丁元福又进行了续修；丁步程还同时编制了一个世系表。1942至1947年，丁曾藩等有进行增补、续修，但未能完成。据丁氏十四世孙丁廼霁称，当时共刊印10本，由各长房收藏。1981年，丁廼霁从洪泽县一个族叔处找到这个版本的族谱，由丁氏十三世孙丁步坤据此加以油印、辑补，并抄录了三本。此后，丁廼霁又加以勘误、新增，并作了一个世系表①。

自丁晏始，丁氏家族日益兴旺。据载，丁晏去世时，“子孙曾服斩衰、齐衰者三十余人，其女子、子妇、孙女、曾孙女又三十余人”。也就是说，直系后裔已达60余人②。

三、丁氏族训

从目前所发现的丁氏族谱及其他相关资料来看，并未有专门的丁氏族训。不过，从丁晏的为人处世方式来分析，可以从一个侧面得出丁氏族训。换句话说，作为丁氏家族的里程碑式人物，丁晏的言行为家族后人起到了言传身教的作用。

---

① 《淮安丁氏族谱》，1985年复印本，淮安图书馆馆藏。

② 陶镶、吴昆田合编《柘翁先生年谱》，丁志安增订本。

（一）发奋治学

丁晏自幼诵读经书，一生发奋治学。据《清儒学案》记载："柘唐覃精研思，诸经皆有撰述。晚年治《易》，尤嗜《程传》，为《述传》一书，于治乱消长，独见征兆，而不杂以孔疏无当之辞，最得汉经师遗意。论者谓道咸以来，惟柘唐为能以汉学通宋学焉。"① 当代学者张舜徽先生也认为："盖晏治经之功，以考定伪《古文尚书》出于王肃，为发前人所未发。故所撰《尚书余论》，尤为精要。"此外，丁晏著《毛郑诗释》，《周礼》《仪礼》《礼记》三释注，亦以精博称②。

据载，丁晏著作浩帙，著书 47 种，凡 136 卷。其中，23 部被编入《颐志斋丛书》，1862 年刊行，余下或单独刊行，或编入其他丛书。张之洞的《书目答问》曾列举丁晏的部分著作，包括《毛郑诗释》四卷，《左传杜解集正》八卷，《郑氏诗谱考正》一卷，《诗考补注》二卷，《补遗》一卷，《兰礼释注》八卷，《尚书余论》二卷，《书蔡传附释》一卷，《禹贡锥指正误》一卷，《禹贡蔡传正误》一卷，《陆疏校正》二卷，《佚礼枝微》一卷，《投壶考原》一卷，《述注》一卷，《征文》一卷，《北宋二体石经记》一卷，《读经说》一卷，《金天德大钟款识》一卷，《子史粹言》二卷，司农、陈王、靖节、宣公四家《年谱》四卷，《钞淮南万毕术》一卷，《石亭纪事》二卷，《淮亭雅录》一卷，《百家姓韵语三编》一卷等③。

（二）读书而不尽信书

丁晏所处时代，正逢晚清考据之风大兴之时。因此，他的著述更多的是注释、辨伪，正如他《禹贡集释》自序中所说：

---

① 《清儒学案》卷一六〇《柘唐学案》。

② 张舜徽：《清人文集别录》下册，中华书局 1963 年版，第 442 页。

③ 值得一提的是，张之洞撰《书目答问》，习惯于将尚在世的作者名字隐去，而代之以"今人"，即如陈澧、俞樾等也是如此。《书目答问》刊成于光绪元年（1875），那时丁晏尚在世。然而，对于丁晏所著书，则一一署其名，足证丁晏在当时经学家心目中地位之崇高。

> 呜呼，博学如（胡）东樵[①]，犹不能信好古文，证合经义，其所著书，多沿宋以后之俗说，溯其流而不先溯其源……余既为之正误，以匡东樵之失。复采获古文，甄录旧说，砭俗订讹，断以己意，自《史》《汉》《水经注》及许郑古学，取其说之确者著于篇，传以后儒之解，证以地志，期于发扬经文，无取泥古。

《清史稿》对此认为：

> 晏以顾炎武云梅赜伪古文雅密非赜所能为，考之《家语后序》及《释文》《正义》，而断为王肃伪作。盖肃雅才博学，好作伪以难郑君。郑君之学昌明于汉，肃为古文《孔传》以驾其上，后儒误信之。近世惠栋、王鸣盛颇疑肃作而未能畅其旨，特著论申辨之，撰《尚书余论》二卷。又以胡渭《禹贡锥指》能知伪古文，而不能信好古学，踵谬沿讹，自逞臆见。后之学者，何所取正？既为正误以匡其失，复采获古文，甄录旧说，砭俗订讹，断以己意。期于发挥经文，无取泥古。引用前人说，各系姓氏于下，辑《禹贡集释》三卷。[②]

可以看出，《清史稿》对于丁晏的疑古、辨伪是赞赏的。实际上，早在丁晏二十岁时，漕督阮元视察郡学，以汉《易》十五家发策，其中一策为驳策题："孔子作十言之教，即十翼也。"丁晏不以为然。他根据《左传·定公四年》的记载认为：

> 伏羲作十言，孔子传名十翼，不名十言。汉韩敕《孔庙碑》皇羲统华胥，前闿九头，以什言教，是系易本于皇羲，十言，非指十翼。策题颇误。

---

① 即胡渭。胡渭（1633—1714），清代经学家、地理学家。初名渭生，字朏明，号东樵。浙江德清人。康熙三十六年（1697），撰《禹贡锥指》20卷，作图27幅，搜采方志舆图，阐释《尚书·禹贡》，将九州分域、山水脉络的沿革变化，详加说明，特别重视治水，是研究中国古代地理沿革的重要参考书。

② 《清史稿》卷四八二《儒林三》。

意思就是，阮帅你出的题错啦！阮元并未恼火，反而更加欣赏他。24岁时，丁晏完成《论语孔注证伪》一书，很快受到学者们的好评。在他27岁时，与时任礼部尚书汪廷珍家属一同进京，将《论语孔注证伪》一书呈送汪廷珍[①]。汪廷珍读后大加赞赏，将书稿推荐给汉学家王引之。王引之慨叹这位年轻学者竟能写出见解独到的著作，慨然为之作序，称其书为继承“绍乡前辈百诗（即阎若璩）之学”，但其学识有过之而无不及。汪廷珍还将书稿寄给正在山阳县任教的阮钟瑗[②]，予以推荐并称赞丁晏：“顷见俭卿气平心细，识见明确，当今豪杰之士也。”

中国儒学注重经学研究，但存在“汉学”“宋学”之分。清代是汉学复兴的时代，宋学虽无汉学之盛，但从事者也不乏其人。整体而言，就考证、训诂而言，汉学据其胜；而阐发义理、心性，则宋学擅其长。然而，二者各有其不足：汉学常常被讥笑为守旧、琐碎；宋学则往往被指摘为轻浮、凿空。丁晏研究经学则力图跳出汉学、宋学的窠臼。丁晏在《柘翁七十自叙》中写道，他“四十以前训诂考索，六旬以后，义理研求，《易》《传》成于晚年”。《清史稿》云：

> 然晏治经学不掊击宋儒，尝谓汉学、宋学之分，门户之见也。汉儒正其诂，诂正而义以显；宋儒析其理，理明而诂以精：二者不可偏废。[③]

正因为如此，论者才有“惟柘唐为能以汉学通宋学焉”的说法。

丁晏被称为清代经学大师，于经学研究方面著作颇丰，并涉及文字、训诂、校勘、史学及文学等诸多领域。

---

① 汪廷珍（1757—1827），字瑟庵，山阳（今江苏淮安）人。乾隆年间进士，官至礼部尚书，协办大学士，加太子太保，赠太子太师。谥文端。

② 阮钟瑗（1762—1831），山阳（今江苏淮安）人，号定甫，字次玉，祖学沛，县庠生，“内行淳笃”，进学后屡试不中，为求生计，课馆授徒，“终身未尝一日释卷”，“在胶庠（即学校）三十年，品望特竣，后辈敬之”。

③ 《清史稿》卷四八二《儒林三》。

《诗》方面，著有《郑氏诗谱考正》《毛郑诗释》《诗考补注》《毛诗陆疏校正》《诗集传附释》五种。

《书》方面，著有《禹贡集释》《禹贡锥指正误》《尚书余论》《书蔡传附释》《禹贡蔡传正误》五种。

《礼》方面，著有《仪礼释注》《周礼释注》《礼记释注》《投壶考原》《仪礼扶微》等。

《易》方面，著有《周易述传》《周易讼卦浅说》《周易解故》《易经象类》《焦氏易林释文》五种。《清儒学案》卷一六〇专设《柘唐学案》一篇，开篇以简明扼要的文字介绍了丁晏的易学研究特色：

> 晚年治《易》，尤嗜《程传》，为《述传》一书，于治乱消长，独见征兆，而不杂以空疏无当之辞，最得汉经师遗意。

也就是说，丁晏晚年研究《周易》，尤其推崇《程传》，其所著《周易述传》一书，以敏锐独到的眼光洞察治乱消长之理，深得汉代经师之遗意。

其他方面还有，《春秋胡传申正》《左传杜解集正》《孝经注述》《孝经征文》《论语孔注证伪》《读经说》等，以及《说文举隅》《楚辞天问笺》《淮南万毕术》《马班陈范四史余论》《陈思王集铨评》等诸多著述。

四、经世致用

丁晏一生未谋官职，在潜心治学的同时，以儒家纲常名教为准绳，积极投入到地方公共事业与慈善事业中。

（一）忧国忧民

鸦片战争爆发后，丁晏对于异族的入侵深感忧虑。《清史稿》收录了他的《论禁洋烟》：

不禁（烟），则民日以弱，中国必瘦，禁则利在所争，外夷必衅。且禁烟当民命为重，不当计利。立法当以中国为先，不当扰夷。

《清史稿》对于丁晏的对策比较赞同，认为后来时事的发展变化证明了丁晏对策的正确，“后悉如其言”[①]。

道光二十一年（1841）二月，英军对虎门要塞发动总攻，广东水师提督、山阳籍人关天培力战而殉国。此后，关天培遗体由其子奎龙、仆孙立护送至淮安。三月，漕运总督朱澍与淮安知府恩龄、家乡耆宿经学家丁晏共同主持了隆重盛大的迎柩、安葬仪式，据载，“士大夫皆缟衣迎迓道旁，观者咸哭失声”[②]。

道光二十二年（1842）五月，英军舰进入长江，攻占镇江，江北之地一时人心惶惶。丁晏会同太常寺少卿李湘棻等组织团练义勇，并筹集善款，大规模地修缮城垣，稳定了军心、民心，社会秩序得以安全定下来[③]。那一时期，丁晏日夜操劳，殚精竭虑，劝捐醵资，争取地方官府拨款，得到各界好评，社会声誉日隆。道光二十三年（1843）二月，署理漕运总督李湘棻会同潘锡恩等联名上奏[④]，称丁晏“保卫乡里，劳绩卓著”，清廷赐丁晏内阁中书衔。

丁晏与太平军曾发生碰撞，并一度蒙受冤屈。《清史稿》如此记载：

咸丰三年，粤匪蔓延大江南、北，督抚檄行府县，练勇积谷为守御计。淮安以晏主其事，旋以事为人所劾，奉旨遣戍黑龙江，缴费免行。十年，

---

① 《清史稿》卷四八二《儒林三》。

② 陶洪仁、丁驾龙：《流芳关天培》，大众文艺出版社 2013 年版，第 170 页。

③ 李湘棻（1798—1866），字云舫，清末大臣，山东安丘夏坡村人。道光二十一年（1841），英国侵略军在广州寻衅扰乱，他随从参赞大臣隆文赴粤处理有关事宜。因襄赞军机和参战有功，奖以知府衔，并赏戴花翎。道光二十三年（1843）实授宁国府知府。后擢任太常寺少卿，于清江浦会同总督麟庆办理淮安、扬州一带防务，亲自带兵防堵江北。翌年 8 月，特命署理漕运总督，连续三年奏陈大江南北的防务部署，以防外国侵犯。

④ 潘锡恩（1785—1866），字纯夫，又字芸阁，安徽泾县茂林镇潘村三甲人。历任翰林院编修、侍读、侍讲学士，广西学政、国史馆提调兼总纂、光禄寺卿、都察院左副都御史、兵部左侍郎、吏部右侍郎、顺天武闱正考官、经筵讲官。官至江南河道总督兼漕运总督。晚年晋封太子少保（从一品、荣禄大夫）。

捻匪扰淮安北关，晏号召团练，分布要隘，城以获全。十一年，以团练大臣晏端书荐，叙前守城绩，由侍读衔内阁中书加三品衔。

这究竟是怎么回事？事情经过原来是这样的：

咸丰三年（1853），太平军攻克南京、镇江等地后，继续向江北进军，扬州等地清军仓皇而逃。丁晏主持时局，整饬乡勇，新铸虎蹲炮十尊。因时间仓促，来不及筹集粮饷，丁晏决定先行提用义仓备荒公款120000串，计划至次年麦熟，始行议捐，以纾民力。他还“虚张声势”，采用“蒋干盗书”的灵活计策，故意让被捕的两名太平军士兵盗取檄文，从而吓跑太平军。淮安城“数日间城乡肃清，一方安堵，居民纷纷回城矣”。然而，事后被人以“与红毛（太平军）合谋”，“日食万钱，拾唾余以肥私款（中饱私囊）”的罪名告发。丁晏因此被革除功名顶戴，带枷羁押于邗江清兵“大营”。次年春，丁晏从邗江被押解回到淮安候审。不久，咸丰帝下旨，丁晏“发往军台（遣戍黑龙江）效力”。丁晏长子丁寿昌及众人不断鸣冤，丁晏三子丁寿恒变卖家产，纳赎至京火器营捐缴，方经兵部复议，向清廷申请豁免，并得以落实。

咸丰十年（1860），捻军攻陷清江浦，直抵淮郡北关。淮安乡绅惊慌失措，纷纷登门求助，恳请丁晏能够再次聚众抗击捻军。丁晏力辞不就，但答应可以“吾竭吾力”。他忍辱负重，任劳任怨，建议漕运总督首先发文请湘军派队来淮，又请扬州主兵者速派大队援助；同时，加固城墙，积极备战。淮城通过修葺，大大提高了防御性能，捻军终未破城，被迫退去。次年，丁晏由大臣晏端上书保荐，申明此前守城防御太平军之功绩，恢复功名赏戴花翎，加三品衔，冤屈得以昭雪。同治三年（1864），漕督吴元炳又以丁晏“叠御贼氛”，奏保“赏二品封典，诰授通奉大夫”。

（二）热心社会公益活动

丁晏积极投身于淮安的社会公益活动，《清史稿》这样评价他：

在籍时办堤工，司赈务，修府城，浚市河，开通文渠中支，均有功于乡里。

淮安地处淮河中下游结合处，受黄河泛淮影响，时常发生洪灾。道光二十七年（1847）二月，洪泽湖水溢。丁晏主张修筑运西太平圩以用来防御湖水，保护民田。淮安地方官委任丁晏负责此项工程，他采取以工代赈的办法，“皆民自输将经办，不费公帑一钱也”，最终修成一道顶宽一丈、高一丈二尺，底宽四丈，长约四十里的大堤。“平若砥路，屹若长城”。当年，淮安获得大丰收，“运西地区收获凡百余万石”[①]。

咸丰二年（1852）初夏大旱，运河几近干涸，漕运中断，土地龟裂，无水插秧，庄稼枯死。丁晏与地方官员商议，决定引中河水横穿黄河注入运河，并让农民引城河水插秧。漕运得以畅通，秧苗得到及时栽插。官、民皆大欢喜。当时民间流传一首儿歌，唱曰：“大旱苦荒年，引水灌农田，好心好报丁孝廉，子子孙孙中状元。”

据载，淮安古城始建于晋，至明代已成相当规模，分内城、外城和夹城。由于年久失修，到了清季中叶，城垣有些地方坍塌，内外城互通，失去了防御的功能。道光二十一年（1841），淮安官方、社会开始商议修城，并推举丁晏“总其事，劝捐兴筑”。丁晏不负众望，组织民力对城垣、四门城楼均进行了很好的修葺。当时，淮安北门城楼悬挂一座大钟，地方志也没有记载其缘由。丁晏将钟文拓下来，并详为考证，刻《金天德大钟款识》，同时撰写《淮安修城古砖记》

道光二十四年（1844），丁晏利用当时修城的余款及砖石木料，重建了龙光阁。修建后的龙光阁，阁三层，高七丈余，成为当时淮安的一大景观，也是乡民们游览和文人雅士登高赏秋、吟诗唱和的好去处。龙光阁竣工后，礼部尚书李宗方书写了“龙光阁”匾额与楹联。丁晏为此还专门撰写《重建龙光阁记》。道光二十五年（1845），丁晏再次主持修筑城垣，兼筑鼓楼、

① 陶镶、吴昆田合编《柘翁先生年谱》，丁志安增订本。

炮台、兵堡、四门城楼，周围共计十一里零，至十二月份完工。丁晏此次修城之举，共得捐银十万多两。十二月有工竣，共捐输银十万两。

同乡周寅曾赠诗《正月十五雪后怀柘唐之袁浦》，盛赞丁晏修府城、重修龙光阁之举①：

夜雨方闭户，剪烛怀同俦。当此苦寒时，投刺谒上游。
读书自尊尚，奔走胡不休？事因乡闾重，计非身家谋。
郡城日倾圮，外患恒足忧。三载积劳勚，未雨勤绸缪。
杰然楼阁起，雉堞崇墉周。万户赖安堵，保障资先筹。
足未出乡里，居然宏勋猷。后来祀乡贤，舍此将安求！

五、丁氏家风

丁晏忧国忧民，热心社会公益，造福于桑梓；重情重义，喜欢结交有识之士，不仅留下千古佳话，而且对后代产生了很好的影响。

（一）善交游

丁晏恪守中国传统伦理道德，以诚待人，与当时的有识之士结下了深厚友谊。

丁晏重情重义，乐善好施。

骆腾凤（1770—1842），山阳县（今江苏淮安）人，字鸣冈，数学家。著有《开方释例》4卷、《游艺录》2卷，被誉为“学开方者之金锁钥”。但是，骆一生清贫，没有子孙，病危时年逾七旬，其母尚在人世，已100余岁。骆

① 周木斋（1785—1847），名寅，别号茧中翁，又号耳鸣山人，以字行世。山阳县（今江苏淮安）人。丁晏主持修筑淮安城后，请周寅书写城门扁额大字，并记录了亲见周书写的情景：壬寅癸卯甲辰（1842—1844）之岁，有事修城之役，淮郡城楼门额每字逾丈，每画阔八九寸，皆请木斋书之，今所悬榜是也。木斋得狼胡笔大如斗，竿长六尺余，铺巨纸于地上，倾靛青汁蘸笔，右手把笔，左手托持，奋笔书之，淋漓飞舞，此余所亲见也。

将母亲后事托付给丁晏，丁晏表示："当竭力为之，一如老伯自送，以慰孝思。"此后，丁晏兑现诺言，先后安葬了骆腾凤、骆母。骆腾凤"遗稿凡十数万言，俱手自缮写"，丁晏加以整理，并请求在京为官的山阳人李宗昉筹集资金[①]，将骆之遗著《艺游录》刻印，并为之作序。

书法家周寅晚年十分不幸，临终前将老妻和一孙女相托于丁晏。周去世后，丁晏不但为其殓葬，还多年照顾其遗孀、孙女，挽以联云："自有书名传后世，相期友谊定来生。"周寅去世后，诗稿几乎散失殆尽，丁晏竭力搜寻，得"诗二十七、词一与书信一"，出资以《耳鸣山人剩稿》为名刊刻传世。在《耳鸣山人剩稿·序》中，丁晏对周寅予以高度评价："木斋不以诗名，然其识议之高、性情之厚，风格之古，气韵之超，世之能诗者，庸有加于是乎！后有赏音，知余不阿所好，不独书法之腾掷排宕，磊落清奇，悉于诗中见之。并木斋之为人，亦可以想见矣。"

周寅有一书写扇面，上有：

> 蝉噪林逾静，鸟鸣山更幽，细体其境，实有不爽，惟二语一意，不免合掌。古人有"风定花犹落"，舒王即以"鸟鸣山更幽"偶之，妙极。丙戌夏日木斋周寅。

丁晏睹物思人，特"绘图以纪其事"，并题诗赞曰："周郎豪宕书绝伦，榜书盈丈悬国门。狼毫蹴地疾风扫，伸将巨笔龙虎蹲。周郎已去书常在，我绘此图诒后辈。岘碑坠泪同斯悲，宴花楼上秋风吹。"

丁晏喜欢结交有识之士，他与姚莹、许瀚、魏源、江开、黄爵滋、鲁一同等人交往密切、感情深厚。他与晚清中兴第一名臣曾国藩的交往堪称千古佳话。

曾国藩与丁晏有多年的文字之交。丁晏家居淮安，曾国藩每次水路经此地，

---

① 李宗昉（1779—1846），字静远，号芝龄，山阳县（今江苏淮安）人。曾历任侍讲、侍读学士，督贵州、浙江学政；詹事、内阁学士兼礼部侍郎衔、礼部左侍郎、吏部右侍郎、吏部左侍郎、署兵部尚书、礼部尚书等职。

必定会上岸进城拜访，并称丁晏为“山阳之宿儒也”。

丁晏著有《曹集铨评》一书。《曹集》即《曹子建集》，凡十卷。作者曹植，字子建，曹操第三子，曹丕之弟。曹植聪颖，幼时即出口成章，善诗文，但去世早，一生所作诗现仅存十八首，文章辞赋四十多篇。同治七年（1868）十一月十三日，曾国藩调任直隶途中，经水路过淮安，即登岸拜访丁晏。曾国藩询问丁晏有无未刊印之书稿，丁晏于是拿出了《曹集铨评》手稿。曾国藩读后拍案叫绝，决定代为付梓事宜。次日夜，曾国藩还在途中，就在《谕纪泽》家书中曰：

> 《曹集铨评》四本系山阳丁俭卿所撰，余许以发金陵书局代为刊刻。子建为诗家不祧之祖，亦不可无专集，尔可送缦云先生处发刻，并言明□□□□（原文缺——笔者注）补校对。①

曾国藩在家书中所言，不仅仅推崇曹植的作品，更是大大表露了对丁晏治学的器重。《曹集铨评》一书于同治十一年（1872）由金陵书局刊印。该书校对者刘寿曾在《跋》中不仅叙述该书刊印的经过、意义，也对曾、丁的交往予以高度评价②，称：

> 右《曹集铨评》十卷、逸文一卷，山阳丁俭卿先生所纂集也。先生与湘乡相国为文字交。同治戊辰（1868年——引者）冬，相国移督畿辅，道出山阳晤先生。询所未刊书，先生出是集相质。相国读而善之，为谋授梓。寿曾与校字，既蒇事，先生属为跋尾。谨案：先生初校是集，系据休阳程氏本，嗣得娄东张氏本参校。凡集中诗古文辞，程、张两收者，题下皆不注；程无而张有者，则注程缺；张无而程有者，则注张缺；新

① 《曾国藩全集修订版·家书》，岳麓书社2011年版，第501页。

② 刘寿曾（1838—1882），字恭甫，一字芝云。江苏仪征人。同治三年（1864）、光绪二年（1876）两中副榜（科举时代一种不同于正式录取的榜示，即于正式录取的正榜外，再选若干人列为副榜），后被曾国藩招入金陵书局，所刊群籍，多为校定。

增诗文为程、张所失收者，另编为《逸文》附全集后……

承命跋尾，感与惧并。惟念先生此书《自序》作于乙丑（1865年——引者）秋，距今已四年。其间续有修改，义例稍变。有《自序》所未详者，谨补著之于右，以谂读者。若夫思王忠孝大节得先生论定，灿然别白，与日月争光。相国之乐于表章，固将扶翼世教，毗赞政化。非徒供考右者拾诵之资而已。挂名简末，有荣幸焉！

同治己巳（1869年——引者）冬十月仪征后学刘寿曾识。①

丁晏的两个儿子也与曾国藩有密切的关系，其侄子寿征还出于曾国藩门下。

在《曾国藩未刊往来函稿》中，有丁晏致曾国藩书信一通，称：

久钦山斗，愿识荆州。胞侄寿征幸出夫子之门，儿辈昌祺在都供职，得侍讲帷，饫聆师训，矩法祇遵，私衷铭泐。前年蒙惠篆联：教子苏明允，著书王仲任。辱承奖饰，殊切悚惭。恭维大人泽沛三江，恩周万姓，勋高李、郭，望重富、韩，圣眷优隆，部民欢颂。②

也就是说，曾国藩曾送丁晏“教子苏明允，著书王仲任”篆联。

苏明允即苏洵，其子即苏轼、苏辙，均为宋代著名文学家。后世称苏洵为老苏，苏轼为大苏，苏辙为小苏，合称“三苏”。王仲任即王充，东汉哲学家、思想家、文学批评家，著有《论衡》八十五篇。

“教子苏明允”，是称赞丁晏教子有方。

丁晏次子寿祺，同治五年（1866）六月，外放为迤西道员。迤西就是现在的云南西部地区，当时人迹罕至。丁寿祺不愿前往，因此请求曾国藩代为通融。曾国藩晓之以理，鼓励丁寿祺为国效力。

① 胡卫平：《曾国藩的藏书与刻书》，岳麓书社2014年版，第177页。

② 中国社会科学院近代史研究所资料室编：《曾国藩未刊往来函稿》，岳麓书社1986年版，第192页。

曾国藩曾向两淮盐运使郭霈霖推荐丁晏侄子丁寿征，称：

有敝门人丁子静寿征，山阳人也，淳厚好学，以小学受知于祁春圃相国，现居忧在家，欲得淮阳一馆所。佳士难得，老兄幸留意焉，弟又已告幼章矣。[①]

言辞中满是对丁寿征的欣赏、期望之情。丁寿征未辜负曾国藩的期望，后成为八旗子弟教习，并精通经史、小学。

（二）丁氏后代

丁晏后代人丁兴旺，不少考取功名，从而使得丁氏成为闻名全国的“书香之家”。丁氏后代深受丁氏家风熏陶，有的潜心治学，有的为官造福民众。

丁寿昌，丁晏之长子，字颐伯，号鞠泉。自幼聪颖好学，当时淮安著名学者潘德舆曾赏识其才学，专门赋一首长歌赠送与他。长大后，丁寿昌受家庭影响，致力于经学。道光丁未年（1847）考取进士功名，先是任职于户部，官至户部郎中；后于同治二年（1863），外放福建道监察御史，不久授知浙江严州知府，卓有政绩。同治四年（1865），严州突发大水。丁寿昌奋力组织抗洪，不幸遇难。著有《台垣疏稿》，编有《山阳文征》。

丁寿祺，晏之次子，字介臣，号仲山，咸丰己未年（1859）进士，历官内阁中书、刑部郎中。同治五年（1866）六月，外放为迤西道台。他曾向曾国藩求救，希望通融，改任他处。曾国藩一方面认为“仲山世兄观察迤西，以公义而论，则春秋正富，自宜叱驭而行……惟滇省人员，前年奉有明谕，通饬赴任……议者即使奏调来营，亦断难邀俞允”，加以婉言拒绝；但同时承认，“以私情而论，则一个方弱于睦州，二老更怜少子”[②]。清廷最终考虑

① 《曾国藩全集修订版·书信》，岳麓书社 2011 年版，第 80 页。幼章即祁宿藻。祁宿藻（？—1853），清代官员，字幼章，山西寿阳人，大学士祁寯藻之弟。道光十八年（1838）中进士，选翰林院庶吉士，散馆后授编修。官至江宁布政使。太平军攻占江宁（今南京）时殉难。

② 《曾国藩全集修订版·书信》，岳麓书社 2011 年版，第 286 页。

到丁寿祺父亲（即丁晏）年迈，特准许其回到淮安，赡养父母。著有《双堂书屋存稿》《海隅从事录》《西行日记》等。

丁寿恒，丁晏之三子，原名丁寿辰，字叔居，号梦星。道光丁未年（1847）考取秀才功名。丁寿恒淡于仕途，潜心治学，著有《毛诗杂故》《漱经斋集》。

丁寿征，晏之侄子，字子静，道光丙午（1846）优贡，应试作《经说》，颇得学使俊藻和时任礼部侍郎曾国藩的器重，官至八旗弟子教习，以知县候用，精通经史、小学。著有《十六国兴亡表》《说文揭橥》《春秋异地同名考》《张右史年表》以及《葆素斋诗集》等。

丁志安，原名步坤，号象庵，丁氏第十三世孙，1914 年出生。因立志淮安地方文献的搜集和整理，新中国成立后改名“志安”。他曾写道：“坤自幼喜读桑梓文献，于先高祖著作之付刻与否，必详加核实。暇取先曾祖编本，删繁就简，别成一帙，于稀有之本，并注其所藏处所，俾学者有以查阅。”1948 年在宁期间，丁志安自费编印了《颐志斋文集》（“颐志斋”为丁晏书房名）。晚年埋头著述，著有《边寿民》《钱谷》《关天培年谱》《潘四农年谱》《鲁一同年谱》《丁晏著作年表》《〈笔生花〉作者邱心如家世考》等等[①]。

① 郭寿龄：《怀念丁志安先生》，江苏省政协文史资料委员会编：《江苏文史资料》第 84 辑，第 163—167 页。

第九章
簪缨世家：阜阳太邱刘氏家族

以刘体仁为代表的刘氏家族，在明清鼎革之际就已经成为当时阜阳地区的名门望族。这个家族由军功之家成功转型为书香门第、簪缨之家，颇具神秘色彩。

一、家族溯源

相传，阜阳太邱刘氏的先祖从北方迁移而来。《太邱刘氏族谱》记载，太邱刘氏的一世祖刘顺，原籍山西省洪洞县。元朝末年，刘顺与兄弟为避战乱，辗转迁徙，落户于永城，还曾担任永河三里的里长。刘顺所居的河南永城保安山歧河村，临近太邱集。春秋时代这里是宋国太邱邑，西汉时期又在此置太邱县，为了与其他刘氏支系区分，刘顺这一支刘氏就号称“太邱刘氏”。

定居永城以后，刘顺娶妻张氏，生有三子一女。长子刘奉祥，次子刘奉先，三子刘奉赞，女儿嫁给张姓家的儿子。洪武十六年（1383），刘奉先从军，按律张家儿子亦当从军。但张家儿子为家中独子，此去从军吉凶难料，家中又无人照料，刘母张太夫人怜惜女婿，终日啼哭不止。刘奉祥孝顺母亲，认为自己兄弟三人，二人从军之后，还有一人可孝顺父母，因此代替妹夫应征。

刘奉祥从军以后，作战英勇，很快就因功升任百户长，可惜最终战死疆场。因为奉祥是代替张氏子参军，没有后嗣。张家感念奉祥的恩情，以幼子毅承接奉祥之嗣。这段故事也被载入《太邱刘氏族谱》，在族内代代相传。

刘奉先参军之后，一直都是普通士兵，直到建文元年（1399）随燕王朱棣参加“靖难之役”后，军职才开始升迁。建文二年（1400）攻大同时升小旗（领兵 10 人），攻济南时升总旗（领五小旗）；建文三年（1401），升试百户（领二总旗，军士 112 人）；建文五年（1403）打下南京后升武略将军（武官从五品）、河南卫中后所副千户（领军士 1120 人）。永乐十一年（1413），刘奉先卒于东阿县，享年 50 岁。刘奉先是颍州（今安徽阜阳）刘氏的一世祖，因此被尊称为始爵公。

刘奉先有二子，长子刘刚，次子刘英。刘刚于永乐十一年（1413）袭副千户，三年后去世，副千户由弟刘英袭封。宣德八年（1433），刘英调任颍川卫，世袭镇抚之职（卫镇抚司，掌刑名，从五品职）。宣德十年（1435），刘英在颍州城东南五里堡置地建庄园一处，从此定居颍州。自刘英之后，刘氏子孙开始在阜阳这片富饶的土地上繁衍生息，刘英也被颍州刘氏奉为始迁公。

这里有必要介绍一下明代特有的军事制度——卫所制度。明代建国以后，根据全国各地的战略位置和防御需求，一府多者有数卫，少者仅置一所。每卫军士大体 5600 人，下辖 5 个千户所，每千户 1120 人。每个千户所下辖 10 个百户所，每个百户所内设有 2 个总旗，每总旗领 5 小旗，每小旗领兵 10 人。这些卫所平时受都指挥使司和中央军事机构五军都督府节制，战时则受命于朝廷委派的临时将领，战罢仍归卫所。为了便于中央控制，有些卫所虽然驻扎于某省，但可能属于驻扎于另一省的都指挥使司管辖。例如刘氏所属的颍川卫驻扎在南直隶凤阳府的颍州城，但隶属于河南都指挥使司管辖。

卫所实行世兵制，卫所的士兵都由“军籍”家庭世代充任，卫以下的军官都世袭。颍州刘氏自刘英迁居颍州以来，直至刘氏八世祖，一直世袭颍川卫镇抚一职。

刘瑜，袭武略将军、颍川卫镇抚。

刘翰，袭颍川卫镇抚，晋明威将军、颍川卫指挥佥事（指挥佥事为卫武官，每卫四人，正四品，位在指挥使、指挥同知下，掌各卫事务）。

刘臣，袭武略将军、颍川卫镇抚。

刘一徵，袭武略将军、颍川卫镇抚。

刘九世，袭武略将军、颍川卫镇抚。

刘廷范，袭武略将军、颍川卫镇抚。

明代的卫所制，以军屯保证其自给自足，以世袭保证士兵来源。早在永乐晚期，军屯制度就已经开始遭到破坏，屯粮不足，卫所军士为挣脱军籍的世代束缚，不断逃亡。为解决兵源不足的问题，明代不断发展募兵制，到明晚期，卫所兵制已经衰微不堪。第八世刘廷范于万历二十四年（1596）袭颍川卫镇抚，万历四十四年（1616）去世后，刘氏后人便没有世袭军职的了。尽管卫所制未裁消，但由募兵制所组建的营兵已成为军队主力，这是明代兵制的一大变革。

二、由武转文

颍川刘氏家族虽然是军官世家，但是随着明代武官地位的下降，文臣地位的提高，刘氏家族也开始重视子弟的文化教育，通过数代的努力，终于完成了从军功家族到世代簪缨的转变。

颍川刘氏家族由武转文的起点是在四世刘朝的时候。《太邱刘氏族谱·家传》记载："四世刘朝由例监授直隶保定府新安县丞。""例监"是明代国子监监生名目之一，始于明景泰元年（1450），凡未入学的民间子弟通过纳粟、纳马、纳银而成为国子监监生者，称例监。由此可知三世刘瑜长子刘翰承袭颍川卫镇抚，他通过捐纳钱粮把次子刘朝送入国子监读书。刘朝在国子监肄业后被授新安县丞（正八品），此后又升任兴宁县知县（正七品）。刘朝的职位虽然不高，但他能够进入国子监读书，则代表着刘氏家族重视文教的开端。

乾隆《颍川刘氏族谱》所载刘凡撰《先世厚德录》记载："兴宁公以例监官广东德庆州倅，升兴宁县尹。是时武职子弟多不向学，惟公自奋读书，人多笑之，卒不听。此吾家文阶之始。后其曾孙方伯文孚公过德庆，诗云：九十年前倅庆州，囊无剩物压归舟。幸留清白传家世，今日阿孙继旧游。"刘朝的入仕扭转了当时刘氏子弟"多不向学"的风气，刘凡评价称他为颍川刘氏“文阶之始”，是相当准确的。

五世刘棋官至王府典膳，六世刘一正官至山东朝城县主簿，官阶均为九品。颍川刘氏四、五、六世虽然各有一人步入官阶较低的文官行列，但总的来说受教育程度不高，均未见有参加科举考试的记载。但刘氏家族锲而不舍地重教重学，终于在三代之后取得重大成就。

七世刘九光，于万历壬午年（1582）参加河南乡试、乙未年（1595）会试、殿试，联捷及第，钦点进士，授清丰县知县。此后，刘九光历次升迁，到万历四十七年（1620）的时候，已经担任了从二品的云南布政司左布政，授散阶通奉大夫。

刘九光担任地方官吏期间，政绩十分突出，深得百姓的爱戴。乾隆《颍州府志》记载，他担任兵部郎中时，“厘剔宿弊”；担任山东右参政时，“调督粮储，民不知扰，设法救荒，多所存活”；担任广西右布政使时，“瑶人剽掠，将吏数请进剿，九光不可，谕以威德，罔不听命”。

刘九光以后，刘氏子弟中科举者层出不穷，颍州刘氏也成为江淮流域首屈一指的名门望族，“科目相望……故河南称巨族者，必推颍州刘氏云”[①]。

刘九光之后，刘氏中科举者首推十一世刘体仁。崇祯十二年（1639），刘体仁中河南乡试第十二名，时年23岁。顺治十二年（1655），刘体仁在北京参加会试，排名第二百零六名，五月殿试中二甲四十一名进士。刘体仁是清初著名文人，也是刘氏家族的代表性人物，详细事迹见下文。

体仁之后，刘氏家族在科举上大放异彩，开创了四个“三”字壮举：三世同科、同胞三凤、同榜三进士、三世二品。

三世同科，是指十世刘抃与从祖刘廷桂、从叔刘济宽于顺治十一年（1654）同中举人。

刘廷桂，刘氏八世祖，顺治十一年（1654）中举，次年与刘体仁同中顺治乙未科进士，为三甲七十九名，授丹阳县知县。

刘济宽，字公定，刘氏九世祖，刘廷石三子。顺治十一年（1654）中举，

① 汪琬：《刘公惟中传》，《尧峰文钞》卷三四，文渊阁四库全书本。

授浙江宣平知县。当时，宣平刚经过三藩之乱，市镇一片丘墟，百姓流离失所。乾隆《颍州府志》记载，刘济宽到任以后，“请给牛种，招来垦荒，田亩多辟”[①]。另外，当年境内暴发瘟疫，刘济宽还主持施舍医药，大批百姓因此而存活下来。

刘抃，刘氏十世祖，顺治十一年（1654）中举，康熙二十二年（1682）任广东饶平县知县，连任十六年，曾主持纂修《饶平县志》。

同胞三凤，是指八世刘廷石的三个儿子刘佐临、刘壮国、刘济宽都先后考中了举人。在老三中举后，乡人送匾额曰“同胞三凤”。

刘佐临，字与襄，号澹园，刘氏九世祖。刘佐临于顺治八年（1651）中举，顺治己亥年中进士，后被授予山东兖州府司李的官职，主掌刑狱。当时，兖州发生了巨盗于七、张四被捕案，株连甚广，境内人心惶惶。刘佐临主持拨乱反正，仅处理首恶，而释放了大批被无辜牵连的百姓，“全活不可胜计”[②]。后来他又担任了城武县令和分管治河事务的官员，政绩突出。他在任时，恰逢曹县河道决口，他引流筑堤，工竣费省，受到当地百姓的爱戴。后来他在山西汾州府同知的任上告老还乡，著有《陌上吟词》《县居诗》《澹园集》《文亭政略》等书传世。

刘壮国，字幼功，刘氏九世祖。相传当初农民起义军攻破颍州，当地战乱不息，但刘壮国仍然能坚持在家静坐读书，不为外界干扰。顺治五年（1648）刘壮国中举，顺治己亥年考中进士，被授予山西夏县县令的官职。他到任以后“革里长陋规，设义学于温公祠，延师教士”，县内风气为之一新。刘壮国同他兄长刘佐临一样，都擅长水利工程的建设。他到任后，盐池水决口，冲坏了姚暹渠的堤坝有三十里。按照以前惯例，应该由夏县、安邑和解州三地合筑。其他两地都请一个月的工期，刘壮国却打包票说三天就能修好，因此上司就让刘壮国专门负责这件事情。刘壮国把三十里的修堤工程分段，责任到人，每家修二尺，自带工具和三天的口粮。由于管理到位，果然在三天

① 王敛福纂辑：《颍州府志》，安徽省阜阳市地方志办公室整理，黄山书社2006年版，第765—766页。

② 王敛福纂辑：《颍州府志》，安徽省阜阳市地方志办公室整理，黄山书社2006年版，第765页。

之内修好了堤坝。后来刘壮国因为触怒上司，被罢职归乡。他归乡以后，在颍水之滨修建了东皋别墅，每日吟咏自得，有陶渊明田园隐居的风范。

同榜三进士，是指刘体谦之子刘搢与其堂叔刘佐临、刘壮国同时考中了顺治己亥科的进士。

刘搢，字子方，刘氏十世祖，刘体谦之子。刘搢考中进士以后，被授予山西洪洞县令。他到任以后，平反冤狱，释放了监狱里因为冤案被株连的囚犯数十人；带民垦田，引霍山泉水灌溉，百姓大获其利。另外，地方志还称他“豪迈有胆略”。当时洪洞县有个名叫龙社里的地方，靠近大山，山上又有许多地势险要的山洞。当地有些百姓为了逃避租税，就逃入深山，并且时常出来劫掠百姓。刘搢独自带着几个士兵，深入贼穴，抓住了贼首，消灭了这股危害乡里的土匪①。

三世二品，是指七世刘九光、九世刘体仁、十世刘凡勋阶都达到了二品。

刘凡，字元叹，刘氏十世祖，刘体仁之子，康熙丙辰科进士。刘凡后任河南孟县令。孟县地势高，农民耕作经常受旱灾之苦。刘凡到任以后，寻访到元代郭守敬修建的引黄河水灌溉的旧迹，发动人民重新疏浚，修成之后，这个水利工程能够灌溉农田数万亩。此外，他还清理无主荒田，修建河阳书院，政声卓著。后来他官至礼部郎中，督学三秦，作《读书谱》，为士人楷范。刘凡刻有《清芬阁诗》传世。

除上述人物以外，清代初年，颍州刘氏还出了不少地方名士。

刘体谦，字君益，颍州刘氏九世祖。领岁荐，在即将就职时，以双亲老病而不赴任。在颍州遭受战乱，载籍散失的时候，刘体谦以搜罗地方文献为己任，著成了地方文献《卫乘》一书。

刘淑因，字子端，号继素子，颍州刘氏十世祖，刘佐临子，康熙己酉科举人，康熙癸丑科进士。刘淑因也继承了阜阳刘氏任侠豪爽的性格，史书记载他幼报奇气，负大节。传说刘淑因同乡有一户仕宦之家的子弟，因为家道中落，贫困不堪，连同妻子一起卖身为奴。刘淑因遇到之后，倾囊相助，为他们赎身。

① 李复庆：《阜阳县志》，阜阳市地方志办公室整理，黄山书社2009年版，第404页。

后来在有人问到这件事的时候，刘淑因都讳莫如深，从不居功，说自己只是偶然遇到，顺路把他们带回来而已。他的好友刘宾廷去世以后，家人流落苏州，衣食无着，刘淑因知道以后，把他们接来奉养，态度始终如一，未曾改变。刘淑因晚年在阜阳城西建屋居住，沿溪种柳，人称柳村先生。

刘育德，刘庸长子，康熙五十一年（1712）举人，康熙五十二年（1713）授江南太平府繁昌县知县。

可以说，明清之际，刘氏家族在刘九光之后，科举不衰，成为当时颍州的名门望族。在这些刘氏子弟中间，最为杰出的，当数刘体仁了。

三、刘体仁事迹

刘体仁，字公勇，号蒲庵，清初著名文人。因做过吏部考功郎中，又被称为刘考功。刘体仁是刘廷传的长子，生于万历四十五年（1617），卒于康熙十五年（1676）。生平事迹主要见于康熙《颍州志》、乾隆《颍州府志》、乾隆《阜阳县志》等。

（一）读书仕宦

刘体仁很小就在身体和学业上表现出了自己的过人之处。康熙《颍州志》所载《刘体仁行略》称其“生而英异，目重瞳子”[①]。相传，他五岁就坐在父亲的腿上，在父亲的指导下读《大学》《中庸》及《坡仙集》。等到了上学的时候，“经史一览成诵”。同时，他还表现出远大的志向。曾“谓同舍生曰：‘若辈读书为取科第而已，吾志不然。’”[②]刘体仁十七岁的时候，以第一名的成绩考中秀才，深得学使的赏识。

崇祯八年（1635），刘体仁十九岁。这一年，李自成农民起义军攻破颍州城，刘体仁的父亲刘廷传和叔父刘廷石都被杀，家族遇难者数十口。刘体仁等家

① 康熙《颍州志》卷一四《刘体仁行略》。

② 康熙《颍州志》卷一四《刘体仁行略》。

族成员因居住在乡间别业而幸免于难。刘体仁跟父亲的感情极深，三年守孝期间，家人很少见到他有露出笑脸的时候，余生只要提到父亲，刘体仁必然涕泗交流。

崇祯十二年（1639），刘体仁中河南乡试第十二名。不过，此时颍州屡遭兵祸，盗贼蜂起。恰逢刘体仁岳父张大章此时在南京为官，担任南京后府经历。因此，刘体仁投靠岳父，辗转于南京、颍州之间。崇祯十五年（1642），刘体仁则正式定居南京。

顺治二年（1645）以后，刘体仁返回颍州居住。顺治十二年（1655），刘体仁殿试得中二甲第四十一名进士。此后，刘体仁按照惯例被授主事一职，担任刑部江西司主事。不过这次为官，时间不长，大约两年以后，刘体仁因为“家难”而弃官归家。这次家难到底是什么，我们已经不得而知，或许是跟家中有人去世相关。方志记载，刘体仁回到颍州以后，“葬其伯季二姊，并迎嫠处仲姊同居。为成立其子孙”[①]。此后，刘体仁离开颍州，再次游览金陵。从大儒孙奇逢求学，也是在这个时候。在刘体仁首次辞官的顺治十三年（1656）到再次为官的康熙六年（1667），这十余年间，刘体仁游览祖国山河，结交了许多志同道合的朋友。

康熙六年（1667），刘体仁再次出仕，最初仍在刑部担任主事，最后迁任吏部稽勋司郎中，后调考功司郎中。康熙九年（1670），“复请假归”。这次为官，一说为三年，一说为五年，但不论哪个，时间都很短。这次辞官之后，刘体仁一直居住在颍州，时常出游，未再仕宦。康熙十五年（1676），忽然病逝于凤阳龙兴寺。

（二）任侠豪爽

刘体仁出身于武将家族，深受家风熏染，表现出强烈的任侠之风，为人慷慨豪爽，“轻财喜事，以交游为乐”[②]。

---

① 康熙《颍州志》卷一四。

② 汪琬：《七颂堂识小录序》，《七颂堂集》，王秋生校点，黄山书社 2008 年版，第 223 页。

汪琬是刘体仁的好友，他撰写的《七颂堂识小录序》记载，刘体仁轻财重义，七岁的时候就曾用自己的买书钱来周济贫困的族人[①]。

康熙《颍州志》中的《刘体仁行略》也记载了几件事，很能表现刘体仁的轻财好义。他岳父张大章在芜湖为官时，赠给他六百两银子，用于资助他外出游学。恰巧他的钱姓好友急需五百两银子，找他借钱。刘体仁听后，连缘由都不问，直接把自己所有的钱都借给了这位友人。刘体仁有一位老友叫王穆如，王穆如早逝后家境十分贫困，女儿一直没有出嫁。刘体仁听说后，拿出家中仅存的二百多两银子，全部给了这位故友的女儿，作为陪嫁。刘体仁的堂叔刘廷桂是丹阳县令，因为犯法，妻子儿女都被官府收押。刘体仁知晓后，立刻赶往京师，四处借贷，把他们赎了出来。

王士祯的《池北偶谈》也记载了一件刘体仁慷慨任侠的事情。刘体仁曾经到睢阳游玩，归程的时候，路过一座坟墓。刘体仁观看再三，认为位置虽然很好，但埋葬不得法，如果不赶紧迁坟，后辈会有灾祸。于是刘体仁就寻访到墓主人家，向他们陈述了前因后果。墓主人虽然想迁坟，但表示财力不够。刘体仁立刻倾囊相助，之后飘然而去。

刘体仁的妻子张氏也很贤惠，十分支持丈夫的义举。刘体仁有一个外甥因为被人诬陷而入狱，他虽然四处托人营救，但苦于囊中羞涩，无法成事。刘体仁一直为此事焦虑，深夜还在院中徘徊。张氏看他为难，就将数年来积攒的想用于赎回质押良田的二百两银子，全部拿出来交给刘体仁。最终，刘体仁靠着这笔钱，上下疏通，让外甥的冤案得以昭雪[②]。

刘氏家族早年以军功立家，后来虽然转为簪缨世族，但任侠之风浸染到了家族成员的血脉中。刘体仁的父亲刘廷传，在明朝末年，就以武力闻名，而刘体仁的性情也和他父亲相似。在明末清初的时候，他还从事抗击农民起义军以及反抗清军的活动，“数往来兵间，为诸大帅画策”[③]。他跟乙邦才关

① 康熙《颍州志》卷一四。

② 康熙《颍州志》卷一四。

③ 汪琬：《七颂堂识小录序》，《七颂堂集》，王秋生校点，黄山书社2008年版，第223页。

系也很密切，曾在军中效力，撰有《乙将军传》，收入《七颂堂集》。

与刘体仁同时代的文人评价他时，多称他“诗文好奇”[①]“诗有奇气”[②]。可见，刘体仁身上的豪侠之气，也融入他的诗文之中。这从他流传下来的几首游猎诗中就可见一斑。如《道中射鹊二发而二获》：“驴背拓弓弦，中做金石响。应心悟握机，何求行路赏。”刘体仁《戊申三月廿八日小集河亭赋柳枝词八首吴玉隋程蕉鹿董易农汪苕文程周量梁曰缉王阮亭程冀苍李湘北陈子端李召林同作》：“徒然猿臂笑侯封，射虎曾翻荆棘丛。老至遣春调白羽，垂杨百步一翎风。”

刘体仁在时人心目中留下的，也是豪侠的形象，“世多以豪侠目刘考功”[③]。时人留下的一些赞美刘体仁的诗词中，“侠气”“奇气”是最常见的标签。“刘生慕节侠，杜陵一男子。从军骠骑幕，长啸苏门里。万金轻鸿毛，妻子如脱屣。少日鲁朱家，为官偶然耳。”[④]“刘生侠气老不除，腰间玉具缨曼湖。”[⑤]“结客曾倾四公子，论兵欲动五诸侯。”[⑥]“王粲英雄记，扶风豪士歌。壮怀消七颂，奇气压山河。”[⑦]“曾用侠闻淮楚地，偶将身隐市朝中。”[⑧]

刘体仁晚年的时候，性情转为舒旷。钱林《文献征存录》记载，刘体仁曾经在寺里的松树下摆上酒菜，遇到有游人来，就拽过来一起饮酒为乐。他的诗集最初叫《蒲庵集》，后来之所以改为《七颂堂集》，就是因为他仰慕历史上的七位隐士。这七位人物分别是成连、陆贾、司马徽、桓伊、沈麟士、王绩、韦应物，刘体仁仰慕他们的为人，给每一位都写了一篇颂，并以此名堂[⑨]。

① 《清诗纪事初编》卷八。
② 《清史列传》卷七〇。
③ 康熙《颍州志》卷一四。
④ 王士祯：《刘考功公勇》，乾隆《阜阳县志》卷一九。
⑤ 王士祯：《苏门行寄公勇》。
⑥ 王士祯：《哭公勇吏部二首》，《渔阳精华录》。
⑦ 彭兆荪：《题刘公勇先生遗像》，《小谟觞馆诗集》卷四。
⑧ 李良年：《哭刘蒲庵吏部》。
⑨ 汪琬：《文献征存录·刘体仁》，《七颂堂集·附录》，王秋生校点，黄山书社2008年版，第253页。

（三）文坛领袖

刘体仁是清初文坛的风云人物，也是著名的文坛领袖之一。时至今日，我们能看到的有关刘体仁的资料，大多都是他与当时文人之间唱和往来的诗文。

刘体仁交游广泛，与当时的文坛名流关系密切。早在他还没有中进士的时候，他就曾经四处游历，结交志同道合的人。崇祯九年（1636），刘体仁曾游览南京，结识冒辟疆、徐唯适等人，并成为终生的好友。随后，他暂居南京，专心诗文，方志记载他“避地江南，时与四方名宿文行相砥砺”[①]。

刘体仁在京为官的时候，与王士祯、汪琬、董玉虬、梁曰缉、程周量等人结为诗社，“无旬日不过从相和”，结下了深厚的友谊[②]。方志记载他“居官三年，与海内诸名贤为文酒会，方州文学之士汲引问遗，若恐不及”[③]。王士祯、汪琬外放为官时，也时常作诗表达对在京为官的好友刘体仁的思念。

刘体仁辞官之后，还曾到石泉向当时的理学大师孙奇逢求学。后来又到太原，与明清之际的传奇人物傅山相互切磋。

刘体仁的诗文成就很高。他对自己的诗文水平也很有信心，曾自称自己的诗文片段像柴窑，因为柴窑瓷器在当时十分的名贵，即使是碎片也价同金玉。王士祯称赞他的诗很有风味，似唐代诗人孟郊。《清史列传》也说他的诗“诗有奇气，刻削似孟东野”[④]。道光《阜阳县志》记载，他在北京的时候，只要诗作一出，京师文人竞相传诵。他的诗集初名《蒲庵集》，后来改名《七颂堂集》，收录了各体诗三百余首，由当时著名诗人施闰章、徐乾学作序。施序评价称其诗“清隽遥深，自启疆宇”，徐序则称其诗“云蒸泉涌，丰容华赡”。

刘体仁在京的时候，文坛声望很高，新人一经他的提携，立刻身价骤升。据王士祯在《香祖笔记》记载，康熙初年，士人携诗文来北京的时候，首先

---

① 康熙《颍州志》卷一四《刘体仁行略》。

② 王士祯：《分甘余话》。

③ 乾隆《阜阳县志》卷一二。

④ 《清史列传》卷七〇。

要拜访龚鼎孳，其次就要拜访汪琬、刘体仁和王士祯三人。但三人对待后学的态度各不相同。相传，词人陈维崧之弟陈纬云初到北京的时候，曾经将自己的诗写了三份，准备送给刘体仁等三人。友人看到后笑着说："我给你试着推测下他们三位看完之后的态度：汪看到诗文肯定找出中间的瑕疵，一一批驳；王看到诗文肯定找出其中的精彩之处给予表扬；刘看完之后，会放到一边，不置可否。"后来情况果然如此[①]。

四、刘氏家族家训家风

刘氏家族是明清时期颍州的名门望族，他们的家风可以归纳如下几点：任侠豪爽、爱好文学。

（一）任侠之家，忠君爱国

太邱刘氏自始爵公刘奉先开始，都是以武立家，世代担任颍川卫镇抚。虽然在四世以后逐渐转文，但尚武任侠的风气融入刘氏后代的血液里，也成为刘氏家风中最为独特的部分。明清之际的刘氏后裔，大多重文尚武，既精通诗文，又弓马娴熟，忠君爱国。

刘体仁的青少年时代，明王朝处于风雨飘摇的时期，颍州地区社会动荡不安，多次遭到农民起义军的劫掠。刘体仁的父亲刘廷传、叔父刘廷石、姑父李栩等人，都在保卫颍州城安定的过程中，英勇战斗，最终牺牲。

刘廷传，字惟中，号太室。刘九畤之子。九畤早逝，廷传为叔父刘九光收养。乾隆《颍州府志》记载他"善马槊，尤喜谈兵"，《刘氏族谱》则称其"文武兼备"。清初大诗人汪琬曾经为他作传，称他"为人沉勇有智略，作诗歌不甚属草，多雄杰感慨之语，尤喜谈兵，与从弟廷石俱任侠，著闻河南北"[②]。

刘廷传很早就看出来天下将乱，因此就周游各地，结交当地豪杰，希望

① 王士祯：《香祖笔记》。

② 汪琬：《刘公传略》，乾隆《阜阳县志》卷一八。

能够锻炼自己，以图在乱世能够保家卫国。而他所过之处，地方豪杰也都愿意倾身与之结交，得其欢心。一些仰慕他气节的人，也争相追随他。

杨应龙在播州起义造反的时候，朝廷调发各地兵丁围剿。调令到达颍州的时候，颍州兵不愿，谋划杀死领兵者反叛。刘廷传私底下探知他们的阴谋，于是就携带酒食邀请这些士兵到城外，劝导他们立功报国，不要为乱，并且许诺不秋后算账，保证他们家室的安全，令这些士兵深受感动。最终，一场为祸颍州的兵变在刘廷传的周密协调下，消弭于无形。

崇祯八年（1635），农民起义军包围并猛攻颍州，刘廷传也参与了守城。当时北城城外有一座高楼，起义军攻下之后，在楼上可以随意箭射守城士兵，危害甚大。刘廷传面见颍州知府，认为形势危急，应该借用楼旁都是窄巷的地形，筛选百余名士兵出城接战，伺机焚烧高楼，一可打击对方的士气，二可使敌人失去一个制高点。但是他的提议并未被采纳，刘廷传只得率领子弟继续守城。

颍州沦陷以后，刘廷传遇害，时年57岁。

刘廷石，字洞甫，刘九光之子。乾隆《颍州府志》称他“平素矜气节、重然诺，闾里有大疑难，悉豫筹不爽”。

（二）爱好文学

颍州刘氏家族出了刘体仁这样一位大文豪之后，家族内部形成了一股爱好文学的风气。刘体仁四子刘碌，博览载籍，专攻诗古文辞，著有《鹤亭稿》《妙香斋诗》《小游仙诗》等诗文，乾隆《阜阳县志》评价称“皆清远可诵”。刘佐临著有《陌上吟词》《县居诗》《澹园集》《文亭政略》等书传世。

颍州刘氏家族除了男性爱好文学外，家族女性在文学方面也有着出色的表现，共同彰显了颍州刘氏爱好文学的家风。

我们目前所知颍州刘氏家族女性文学成就的资料，主要出自两条史料，一条是王士祯的《居易录》，一条是陈维崧的《妇人集》。前者记载：“颍川刘氏闺阁皆知书，同年公勇吏部往为予述其女侄，名第五，幼工诗，兼能古文。从侄搢妻李氏亦工诗，予壬子使蜀，时搢令洪洞，李以诗卷来相质，今皆殁矣。第五之女侄名令佑，嫁为公勇甥宁擢益贤子妇，今年才二十，诗词书迹以至金石篆刻皆臻妙。何巾帼之多才也？尝为余刻二小印，款云‘颍川女士’。”[①]后者记载：“颍水刘公勇比部（名体仁）寄王推官家集数种，中有《贤媛诗》三卷。一名《云锦楼诗》，系进士刘搢妻李氏著。李氏，中丞某女孙。一名《纫兰轩诗》，进士刘佐临女著。一名《宝田堂诗》，秀才刘振女著，俱可诵。汝颍风流，卯金为最。孝威诸妹，有天人之誉矣。”[②]王士祯和陈维崧都是清初词坛的领袖，颍州刘氏家族女性的诗词能得到他们的称赞，除照顾刘体仁的面子外，也说明李长宜等人的诗词确实有可赞许之处。

李长宜，是刘搢之妻，生卒年及生平事迹不详。不过根据《居易录》记载来看，可知李长宜在《居易录》成书的康熙四十年（1701）之前即已去世。李氏为某中丞之女孙，说明也出自官宦之家。《云锦楼诗》现在已经亡佚，《全清词》等书中尚能辑录李长宜词作六首，分别是《偶成》《点绛唇·春闺》《画堂春》《秋波媚·同诸女伴游春》《梦江南·寄五妹刘何减》《惜分钗》。

刘何减，是刘佐临之女，排行第五，嫁给阜阳亓敬存为妻。刘何减十二三岁时就表现出聪慧之处，刘体仁曾经向别人介绍自己这个侄女：“侄女幼寡言笑，其弟承初入塾，余见其诵鲁论，各标数语，至《事君》数章，驳注云：‘事君本不求荣何辞辱？’惊问出何人？则侄女所阅也。”[③]刘何减著有诗集《镜阁诗集》，镜阁是她平时居住的阁楼，也是刘体仁给取的名字，后来作为诗集名。刘何减传世的诗词目前所见有七八首。另外，在陈维崧的《妇人集》中，还介绍说刘体仁曾送给王士祯家集三种，其中《纫兰轩诗》也是刘佐临之女所著，或许也是刘何减的著作。

刘令佑，也被写作令右，字伊只，是刘体谦长子刘振之女，辈分上比李长宜、

① 王士祯：《居易录》，《七颂堂集·附录》，王秋生校点，黄山书社2008年版，第275页。

② 陈维崧：《妇人集》，《清代笔记小说》第29册，河北教育出版社1996年版，第353页。

③ 光铁夫编：《安徽名媛诗词征略》，黄山书社1986年版，第286页。

刘何減低一辈。刘令佑后来嫁给了刘体仁外甥宁擢之子，宁氏也是阜阳大姓。从王士祯的记载可知，刘令佑不仅工诗善文，而且多才多艺，年纪轻轻，诗词书画以及金石篆刻就已经达到“精妙”的地步。刘令佑著有《涓亭集》《宝田堂诗》，都已散佚，目前仅存诗词五首，散见于乾隆《颍州府志·艺文志》《众香词》《闺秀词钞》等书中。

除上述三位刘体仁的后辈外，刘体仁的侧室汪静宜也擅长诗词。汪静宜，又写作汪静仪，字秩娴，南京人。康熙乙酉年（1669），汪静宜在回阜阳的途中，覆舟而亡。汪静宜的诗作，目前仅见两首，见于王士祯《池北偶谈》。汪静宜虽然没有诗词集传世，但她去世后，同时代的吴山、陆羽嬉等女诗人都作诗悼念她。

明清安徽籍女作家在地域上呈现出南多北少的现象，颍州刘氏家族女性诗人却能够“一姓独秀”，其主要原因就在于家族文化的影响。一方面是刘氏世代书香门第，重视诗礼传家，女子深受家风浸染。另一方面，刘氏家族成员之间有着良好的吟诗唱和风气，刘体仁等家族男性又尽力提供便利，为她们刊刻诗集，并且向当时的文化名流推介她们的作品[①]。

刘氏家族在教育方面的投入，不论男女，都有机会接触知识，最终形成了爱好文学创作的独特家风。

① 邱瑰华：《清初颍州刘氏女性诗人述略》，《淮北师范大学学报》，2015 年第 6 期。

第十章
程门三提督，父子二知州：阜阳程氏家族

阜阳民间素有“阜阳八大家”之说，指的是明清以来阜阳的名门望族。阜阳地方文史专家李兴武先生认为，这“阜阳八大家”除张、李、王、刘、鹿、宁、连、储八姓外，还有程、倪、邓、潘、邢、同、吕、赵等八姓。其中，程氏一族后来居上，横空出世，成为20世纪新旧之交的颍州新宠，出现了以程文炳为代表，程允和、程之伟相辅相成，程敏达、程文葆交相辉映的程家方阵。前三者因久历戎行，供职军界，被誉为“程门三提督”。后两者为父子俩，先后任知州，被誉为“父子二知州。”到了程文炳之子程恩培、程恩普和程孝周这一代，程氏家族又在清末反清浪潮中留下了深深的历史痕迹[①]。

一、颍州程氏与程文炳家族谱系

程氏是中国历史上的一个著名姓氏，从古至今，贤才辈出，代不乏人，如春秋时期的义士程婴，汉代大将程不识、程普。在思想领域，程氏最著名的人物要数宋代理学家程颐、程颢兄弟了。程氏兄弟本籍河南洛阳，是故二程之学名曰“洛学”。

两宋以降，徽州程氏多祖二程，究其原因，无非是为了攀附名族，借以提高本家族在当地的地位以光宗耀祖。“光宗耀祖的主观愿望迫使宗族后裔必须尽可能地将宗族历史向前追溯，通常要上溯到三皇五帝。因此，攀附名贤、夸饰虚构就成为必然。宋代以后的‘氏族家法’，通常有两种方式：一是将

① 李兴武：《程文炳年谱》，黄山书社2012年版，第226—236页。

正史中同姓的将相名人凑合起来，贯成世系，再取离自己始祖最近的一位作为直系祖先。”①

程文炳家族亦难免俗，他们也尊奉二程为颍州程氏一世祖。据1991年重修《阜南程氏族谱》记载：

> 查我程氏，字派井然，有条不紊，自黄帝为一氏，七传至伯符，传六十七世至程婴祖，生二子即元谭、元标为六十八世，传至程埆为一百世（为大宗）。埆生二子即程颢—明道夫子，程颐—伊川夫子。自二夫子起为一世（为小宗），去二夫子十六世至克仁公（阜阳颍东枣庄），又三传至三奇公至程文炳公已二十八世矣！②

可见，程文炳为二程之第二十八世后裔。据清同治九年（1870）安徽阜阳程氏后裔程上达编修的《颍东程氏支谱》记载：

> 阜阳程氏系河南洛阳程氏后裔，明季迁颍者两支，一至颍之西南安舟岗（今安徽省阜南县曹集镇），一至颍东炉店之霍伊庙（今安徽省阜阳市颍东区老庙镇马圩村西南），吾族即霍伊庙之裔也。乾嘉年间尚有先博士克仁公牌照，先伯廷佑公犹及见之。惜咸同兵燹，重器荡失。按《洛邑宗谱》：克仁公去两夫子十六世，其迁颍之祖即克仁公之昭派，三传至三奇公，世续虽无紊，而名讳皆不复记忆矣！三奇公葬郡南古堆寺侧，先伯鸿儒、廷佑二公屡亲拜扫，不意兵乱墓失。上达与文炳少时常聆是言。自三奇公又传三世至希舜、希哲、希明三公，一移枣庄集北，一移留陵集（回流集）东北，一移老庙集西南，迄今宗族蕃衍，迁徙益多。

据程氏家谱载，颍东程氏谱派为：“登廷兆文章，传家裕永祥，元勋昭祖德，

---

① 冯剑辉：《二程家族与徽州关系考》，《史学月刊》2011年第3期。

② 李兴武：《程文炳年谱》，黄山书社2012年版，第189—190页。

松鹤寿年长。”续派：“乐道逢时瑞，天锡体用才，正心修孝友，万世太平开。”程文炳属“文”字辈。

程文炳（1834—1910），字从周，号静乐堂，安徽省阜阳县（今阜阳市颍东区枣庄镇童庄行政村后海子自然村）人。程文炳年少时即任侠好勇，喜从军事。《诰授建威将军封光禄大夫先大父壮勤公事略》记载：程文炳“少赋奇气，胆略过人，笃好诗书，以家寒不能多得书，常引以为憾。及长，好孙、吴之学，尝曰‘为将之道，贵临机应变。古人成法，不可不知，亦不可拘识者’”[①]。程文炳16岁时于亳地投奔袁甲三从军，作战勇猛，“统精骑为先锋，用善战获首虏多”，故得“不次擢用”。后累官至九江镇总兵、湖北提督、福建陆路提督、长江水师提督，并授光禄大夫、封号建威将军，得直折专奏之权。

关于程文炳的生卒年，据《清史稿·程文炳传》记载：“宣统二年卒，年七十有七。”宣统二年为公元1910年，是知程文炳生于公元1833年，即清道光十三年，本属无疑。后世所修相关资料皆本此说。而由程文炳后辈撰写的《程文炳事略》的记载看，其生卒年则有所出入。《程文炳事略》云：“公生于道光甲午年四月十三日巳时，卒于宣统二年十月初六日亥时，享寿七十有七。”生年有一年之误，盖古人纪年虚实之法所致。故而李兴武先生断定，程文炳生于公元1834年5月21日6时，卒于公元1910年11月7日12时[②]。

其先祖名讳可考者如下：

曾祖考登纯公，亦名邦彦，清诰授建威将军。

曾祖妣胡氏，清封一品夫人。

祖考廷序公，字亮采，清授建威将军。

祖妣季氏。

祖伯廷辅公，字殿英，清诰授建威将军。配张氏，清封一品夫人。

---

① 李兴武：《程文炳年谱》，黄山书社2012年版，第152页。

② 李兴武：《程文炳年谱》，黄山书社2012年版，第215—217页。

祖伯廷舞公，出继。

祖叔廷珍公，配胡氏。

父兆麟公，配黄氏。

继父兆贤公，配张氏，乏嗣承祀子。

兄文尉公，配牛氏，乏嗣继子。

弟文斗公，乏嗣继子，配某氏。

妻吕氏，清封一品夫人。宋氏，清封淑人。吕氏，清封宜人。

程文炳生有六子三女：

长子程焕章，英年早逝。配宁氏，乏嗣继子。

次子程云章，字绍周、名恩培，官浙江候补道，清授通议大夫，二品封典。妻周氏，封淑人。

三子程垚章，字叔岐，名述宪，官候补郎中，日本士官学校毕业，回国后任西北、青海等省总教练。承嗣先叔祖文光公。妻汪氏。

四子程锡章，字稚周，名恩普，官四川知县，弱冠至日本留学，同盟会会员，为皖省辛亥革命领导人之一。承嗣先伯祖文蔚公。妻李氏。

五子程鑫章，字彬儒，官军谘处科员，为袁世凯侄女婿。

六子程鉴章，一名森章，字孝周，肄业贵胄学堂。颍州辛亥志士。妻郭氏，纳某氏。

程文炳有孙十余人，有名字者：

长孙程传镳，焕章继子，程文炳去世后上谕“著以郎中用”。曾参与编撰《程壮勤公事略》。

次孙程传堃，云章次子，字勤孙，事迹不详。

三孙程传杰，事迹不详。

还有程传珍，鉴章之子，字聘臣，妻王氏。

程传景，字仰乔，垚章之子，妻倪氏。

程传颐，程恩普长子，1916 年出生。早年毕业于清华大学地学系，与钱伟长同学，后在苏州大学任教，2006 年去世。

程传江，程传颐弟，居上海。

程文炳还有三个女儿，在程文炳九个子女中，分别排行第二、第四、第八，均嫁于门当户对的官宦之家。因《事略》《支谱》无记载，均事迹不详[①]。

二、程文炳的品格与家风

纵观程文炳一生的行事作风，他少有任侠之风，长而投军，作战勇猛，使用雷霆治军的方式，扭转了清末军队低下的战斗力。他虽贵为将军，但依然关心民生，关心国家的前途，他爱民忧国的崇高品质，也激励着他的后辈，激励着后人，对程氏家风的形成与发展产生了极大的推动作用。

（一）雷霆治军的任侠之风

程文炳以军功起家，他年少时即喜读孙吴兵法，且有古任侠之气。程文炳年少孤弱，常被同乡少年欺负，程文炳竟直欲杀恶少以纾愤，足见其少年勇气。《皖志列传稿》载："文炳少孤贫，质重寡言笑，常为乡里恶少所劫持。文炳欲杀恶少，邑有巨室某两解之，得免。"[②]其后在邻里的调节下，才得以作罢。勇气强盛表现在军事斗争中，就是英勇善战。程文炳并非徒具勇力，他还能临机决断，鼓舞军心，化劣势而取胜。他早年一场漂亮的反击战，足以说明他的这一优良的军事素养。

晚清咸丰初年，颍州土匪蜂起，为害百姓，颍州府编制团练剿匪。团练虽不是清政府的正规军，但在清代后期的对内对外战争中，起着不可代替的作用，曾国藩、李鸿章等晚清名臣都是凭编制团练起家的。当颍州的地方官晓谕百姓参加团练时，因为农民多不知兵，所以部队的战斗力颇弱。其时，正值太平天国时期。太平军进入颍州，于是，年纪轻轻的程文炳上演了一幕闪电破敌的军事表演。据载：

① 李兴武：《程文炳年谱》，黄山书社2012年版，第2—4页。

② 《皖志列传稿》，1936年刊本，转自李兴武：《程文炳年谱》，黄山书社2012年版，第168页。

> 四年（咸丰四年，1854年——笔者注）二月，粤贼十余万取道颍上北窜，前锋已至回流集（今阜阳市颍州区三十里铺镇）东。公方弱冠，已被举为程家海子之圩长。诸练闻贼猝至，以为土匪也。及接近，始惊为发逆。咸曰："闻敌有邪术，枪炮不能伤。"几溃散。公（文炳）乃言于主者曰："贼是否有邪术，请以偏师试之。信而后退未晚也。"主者韪其言，公乃率十余骑陷阵，斩其酋归，持贼级耀于众。众乃奋，一鼓而大败之。匪逆绕道窜亳州。[①]

这一战，堪称程文炳初出茅庐的第一功。在战斗中，他既能统领部下，又能以身作则。《事略》记载，同治四年（1865），捻军兵进入今安徽涡阳县境内。一时间，势力又发展了几十万人，遂以涡阳为根据地，继续向四处进兵。当时，程文炳已经被提升为皖北总统，有三千兵丁，且因为连续作战，都已经十分疲惫。但是，程文炳善于聚集众心，提升士气。他"内结军心，外当大敌，筹战筹守，皆一人任之"。在与敌军交战的最紧张阶段，程文炳又一次显示出他的果敢意志。他回身鼓励战士背水一战才能求得生存，并且纵马当先，冲向敌军。最终，战士们被他的英勇所折服，奋勇争先，最终大败敌兵。在战斗中，程文炳左臂受伤，血染征袍，仍奋勇追敌。这一战有着重要意义，"自是，皖省各属，一律肃清"。

此后，程文炳率部队取得了一系列胜利，这与他高超的军事指挥能力是分不开的。勇猛直进，急战速决，是程文炳追剿捻军的方针。俗话说"穷寇勿追"，但程文炳总是反其道而行，命令士兵"速渡追贼，敢贪物误机者斩"。

与程文炳同时进军的李鸿章，实行的是"长围圈制之策"，即将起义军包围在一片区域内，再发兵搜捕，结果却是"匪纵横其中，日行一二百里。诸军更相角逐，互相休息"，不仅拖延日久，自己的部队也被搞得狼狈不堪。相反，这时候就显现出程文炳策略的高明了。他"自率一军独任追剿，不与

① 李兴武：《程文炳年谱》，黄山书社2012年版，第12页。

各军相更番。遇匪则战，匪退则追”。在程文炳的急速追剿下，敌军得不到及时的休养，逃兵越来越多，减员很厉害。最后，在大军的合力围堵之下，敌军只能束手就擒了。

程文炳取得如此辉煌的战绩，一方面源于他个人的英勇无畏和高超的指挥能力，另一方面则与他治军的严格密不可分。

光绪九年（1883），程文炳任湖北提督。此时，清代的主要军队是绿营兵，但由于政治腐败，全国的绿营兵管理废弛，湖北尤甚，兵丁缺乏训练，只是点卯拿饷而已。程文炳上任以后，推行“加饷抽练之法”，“申军律，定课程，兵官宿营，次习劳苦”。这样效果虽然明显，但也激起了一些懒惰者的不满，他们聚集起来，阴谋哗变。消息传到程文炳那里，有人劝他以此为鉴，以后不要太严格了，没想到程文炳却认为此时不用重典无以重振军威，坚决不妥协。程文炳立刻召集众将，斩杀阴谋哗变中为首者，其他从犯既往不咎，因而军心得以安定，从此军纪严明，战斗力得到极大提升。

（二）赦俘救困的仁将之风

程文炳虽以雷霆手段治军，但他并不是杀人不眨眼的军阀做派。相反，他宅心仁厚，曾坚决拒绝两江总督曾国藩的“杀俘”命令。曾国藩认为，对待农民军，应“除恶务尽，不可姑息，凡从贼而未返正者，系捕治之，无使漏网”。对于已经投降者，曾国藩也不放过，他说：“即已降者，亦当鉴于苗、李之故习，苟有反复，系予骈诛。”

面对曾国藩的“杀俘”令，程文炳召集部下展开了讨论。程文炳认为，那些叛军中，很多人都是被胁迫进去的，现在将他们都处死，实在不忍心，况且经过多年战乱，皖北人口凋零，更不应该杀降了。于是，他回复曾国藩：

> 所存者，皆无知之乡愚。昔虽从贼，固迫于贼势暴横，苟图身家安全。某统兵讨贼，终始其事。愧不能早日扑灭，以救灾黎。今贼去，又从而戮之，心实有所未忍。且自粤逆交横以来，亘十余年。皖北丁壮，非从贼而死，

即杀贼而死，消磨几尽，人心久厌乱矣！顾此孑遗之民，断不至再有苗、李之祸。某愿以身家性命保之。[①]

为了挽救无辜的降兵降将，程文炳竟愿以“身家性命保之”，最终曾国藩也不得不同意他的建议，并称赞他“语语推诚，有古仁将风”。

程文炳赦俘充分体现了他的仁厚之心，他的名望也因此日益盛隆，甚至其他农民起义军也都愿意向程文炳投降。《清史稿·程文炳传》记载过这样一件事。在李鸿章的指挥下，程文炳统帅15000人与总兵张得胜进击捻军，捻军首领战死之后，部众逃散，并大呼程文炳的名字求降。李鸿章很奇怪，于是令人拉来一个降卒问为什么找程文炳投降。降卒回答：“当初皖北之战后，程公愿意用身家性命保护乡人性命。现在我们穷困而乞求活命，程公也一定能拯救我们。”

程文炳的仁厚，还体现在他不争功劳，被人称为有东汉“大树将军”冯异的风范。他以身作则，作战勇猛，更善于治军用兵，故而战功颇丰。但他偏偏不爱报功，甚至有时功劳被人抢去。有旁观者为他感到不平，他却认为：“贼平，幸耳！奚争赏为？况战为凶事，不得已而杀人。必欲博为己荣，非余志也。且曾公勉余为仁将，虽不能至，心窃慕焉。”[②]

程文炳一生主要担任地方军事主官，但在民生问题上，他也十分关心人民的疾苦。光绪三年（1877），秦、晋地区发生大旱灾，饥民无数。河南巡抚鹿传霖奏称：“大旱奇荒，非常巨祲。”足见灾情之深重，情形之急迫。眼见饥民流离失所的悲惨遭遇，程文炳也难以安枕。他“首捐巨赀，设粥厂十三处，饥民就食者约数万人。自秋至夏，全活无算”[③]。军人的责任感促使他亲力亲为，巡视各个赈灾处，以免出现赈灾不力的情况。其认真负责的态度，令人感动落泪。

---

① 李兴武：《程文炳年谱》，黄山书社2012年版，第172页。

② 李兴武：《程文炳年谱》，黄山书社2012年版，第157页。

③ 李兴武：《清末大吏程文炳生平事迹述论》，《皖北文化研究集刊》第1辑，黄山书社2009年版，第179页。

（三）刚正不屈的自强之风

同治十二年（1873），程文炳任江西九江镇总兵。当时，外国势力已进入中国内地，所谓“华洋杂处”。程文炳见到当地的地方官对待外国领事格外谦卑，责问道：“睦邻，礼也。而乃自贬若此，如国体何？”体现了他高度的民族自尊心和责任感。还有一事，更能表现他刚正不屈的民族气节。《程文炳事略》载：

时有公故旧某，间乘公马赴江滨，道经租界，西人阻之，强以人马送领事，羁留之，不放归。公闻，即命左右传呼，将往领事署诘问。九江关道沈公劝阻。领事慑公威，自知理屈，亲至镇署道歉。公开阁，将校带刀侍立，领事免冠入见。公正言申明条约，领事唯唯而退。

在程文炳义正词严的质问下，国人不仅宣扬了正义，更打击了洋人的嚣张气焰。

程文炳在对外战争中属于“鹰派”人物。清政府在甲午海战战败以后，急于向日本低头求和。在朝野主和派占据绝对优势的情况下，程文炳敢说真话，坚持不与日本议和，还提出了旨在拖垮日本的“敝敌”战略。《事略》载：

公密疏请勿允，留此款以为军需。旷日持久，即不胜，亦足敝敌。疏中详陈日本国内财政困敝情形，万难久支。大致谓：“战事苟能接续，敌人虽不败于疆场，必败于市场矣！其国内有变，饷缺兵饥。我悉全力，起而乘之，可转败为胜。”①

作为一位军事主官，程文炳能如此有见识地从经济战略的层面提出“敝敌”战略，足见他坚决抵抗外来侵略的决心和出色的战略眼光。在外交事务中，程文炳也显示出其思虑深远的一面。程文炳指出，外交不可不办，但需要分

① 李兴武：《清末大吏程文炳生平事迹述论》，《皖北文化研究集刊》第1辑，黄山书社2009年版，第175—176页。

清敌我。真正的自强不是依靠外援，重要的是提高本国的整体实力。这正是程文炳所说的“联美自强，大计仍应自立”。他说：“日俄密迩，利我土地，不远交不足以树声威，不自立不足以绝觊觎。自强之道，未如开矿通商，裕饷源以练兵。”①

程文炳深刻分析了当前局势，他认为，日本、俄国妄图占有我们的土地，清政府必须联合其他国家来制衡日俄，但根本的自强之路还是增强自身实力。程文炳“远交以树声援，自立以绝觊觎”的建议，得到了慈禧太后的强烈认同。但是，由于守旧派的反对和排挤，程文炳最终离开朝廷，回乡避祸去了。

后来，清政府显然背离了程文炳所说的“远交自立”的战略主张，慈禧太后甚至妄想利用义和团来对抗外国势力，结果酿成了八国联军侵华事件。八国联军攻入北京城，占据紫禁城，大肆劫掠，成为中华民族历史上最为羞耻的一页。面对此情此景，程文炳痛心疾首，悲痛欲绝，说道：“乘舆播迁，宗庙阽危，庇匪者之罪也。国家养士数百年，不能为背城一战，我辈愧死矣！”②拳拳爱国之心和高度的军人责任感溢于言表，令后人动容。

（四）崇文重教的经世之风

程文炳家族以北宋二程为元祖，其家也以推崇文教自任。程文炳的字，从周，就出自《论语》的“郁郁乎文哉，吾从周”，足见其家族对后辈的期望之心。程文炳后虽以军功著起，仍不忘文教，时常以“仁将”自勉，教课子弟，既重言传也重身教。

程文炳目睹了日本一步步窥伺中国，侵略中国的阴谋，见国内不少地方都有日方人员在从事间谍侦察活动，而国内对于日本的情况却知之甚少，心有不甘。他说：“军事侦探，彼粗材乌足任之？且侦不得实，贻误滋大。”于是，他让儿子程恩培前往日本，考察日本的社会状况，并命之曰：“不得确耗，勿遽归。”程恩培谨遵父令，在日本考察数年，对日本的政治、军事、

① 《皖志列传稿·程文炳》，转引自李兴武：《清末大吏程文炳生平事迹述论》，《皖北文化研究集刊》第1辑，黄山书社2009年版，第177页。

② 李兴武：《程文炳年谱》，黄山书社2012年版，第160页。

文化情况颇为熟悉，后将其在日本的所见所闻，编写成一部书，名为《东瀛观兵纪事》[①]。

程文炳为官清正，为后辈树立了很好的典范。清朝末年，政治腐败，各地官员上下交通勾结，行贿之风依然为常态。当时，下级给上级行贿，尚美其名曰“汛费”。程文炳就任福建提督时，下级官吏为巴结上司，也照例送来“汛费”，被他严词拒绝，且严令禁止此贪腐之风。程文炳在福建任职期间，赢得了当地人民的爱戴，“兵民服其威惠”，其离任之时“送者塞途”[②]。

在程文炳的言传身教下，他的后辈子孙皆无大过，如其子程恩培、程恩普等，皆成事业，后文将详述之。

（五）心系国家的爱国之风

宣统二年（1910），程文炳77岁，他自知老病不能复起，但“痛时艰之孔棘，念军政之前途”，仍放不下国家大事，尤其是他关心了数十年的军政问题。所以，他在临终前，口述了一份遗折，由长子程恩培代笔，上奏朝廷：“上言救国大计，务远交欧、美，牵制日、俄蚕食疆土之祸，而根本则在自强。自强之道，莫如开矿通商，裕饷以练兵。”[③]“分编兵籍、节饷糈、增额缺、造器械、变操法五事。”[④]程文炳在《遗折》中具体论述了当前国家军队建设面临的困难，并提出了相关补救改进的措施。主要分为五项：

一是实行“兵籍之制”。程文炳指出，兵卒的招募，多以某一地区的壮年为主，这些士兵大多是同乡。若骤然以外省之人统御别地士卒，必然出现“兵与官不相习，将与士难一心”的情况，继而“猜嫌易起”，激成军士哗变的事故。于是，他提出，除了部分特殊位置，其余皆应以本省人将本省兵。有清一代的汉军制度，各省之绿营兵皆由兵部统一调度，使将不知兵，兵不知将，

① 李兴武：《清末大吏程文炳生平事迹述论》，《皖北文化研究集刊》第1辑，黄山书社2009年版，第176—177页。

② 李兴武：《清末大吏程文炳生平事迹述论》，《皖北文化研究集刊》第1辑，黄山书社2009年版，第181页。

③ 《程文炳传》（二），李兴武：《程文炳年谱》，黄山书社2012年版，第169页。

④ 李兴武：《清末大吏程文炳生平事迹述论》，《皖北文化研究集刊》第1辑，黄山书社2009年版，第184页。

以便控制。但是，这种做法在一定程度上也削弱了军队的积极性和协作能力。程文炳看到了这一点，自己作为一名军事主管，不避嫌疑，直言利害，可见他用心正大。彭玉麟赞其“光明磊落”，言之不虚。

二是节制军费开支。程文炳说：“夫文明军队之气象自与从前乡勇不同，而臣悉以为，事须核实，毋徒骛名，兵亦求其能战已耳，扬厉铺张无当也。”这体现可程文炳的精兵思想。曹操曾在《让县自明本志令》中说：“不可务虚名而受实祸。”奢侈之风行，势必带来军费增长，但军费的增加并不能提高这样的军队的战斗力，相反，战斗力愚弱，其战败的可能性就增大，反而会增加后勤补给与善后的军费预算，形成恶性循环。程文炳主张，减少部队不必要的支出，厉行节约，以提高军队战斗力为主要目标，打造一支精干的军事力量。正如他所说：“军人宜耐劳习苦，不宜养尊处优。治军之道宜信赏必罚，不宜姑息优容。军人之精神宜文明，军人之体魄则宜野蛮。”“文明的精神，野蛮的体魄”是程文炳军事建设的重要思想。这一思想对当前我们的军事建设依然很有启发意义。

三是循序渐进地增加兵额。程文炳绝不是只知道冲锋陷阵的军事长官，他对政治、经济问题的思考同样深入。他说：“兵额之配置，必合国家经济力与国民生活力衡量而定之。”为此，他主张应该有步骤地增加国家兵额，以应对日益复杂的国际国内局势。在重视军事发展的同时，程文炳依然不忘作深入的思考。他看到国家财力、民力对军事发展的重要支撑作用，“兵必需饷，饷出于民。兵多而饷力不给，则兵必变；饷多而民力不堪，则民亦必变”。程文炳精辟地论述了他眼中的“军”“民”关系。于是，他提出“先筹饷，再练兵”的意见，即“必先筹有一镇之饷，乃可开练一镇之兵”。

四是增强军工制造能力。清末虽然开展了洋务运动，但是，我国的工业化毕竟落后，很多高质量高水平的技术、设备还是依靠进口。我们不得不佩服程文炳思虑的周密长远。他说：“我不能自行制造，则中国添练一军，徒为外人增一利孔。”如果我国不能掌握先进器械的制造和使用技术，势必得依赖外国，难以自立自强。程文炳思想开放，与顽固的守旧派不同，他并不排斥国外的先进技术，他认为，精良的武器装备是提高军队战斗力的必要手段："有精良之兵无精良之械，与无兵同；器械仰给于人，制造不能由我，则有械与无械同。"

在看到国外先进军事制造技术的同时，程文炳并未完全抛弃中国优秀的军队建设传统。他认为中国传统武术和武风，依然值得继承，在短兵相接时，更能显示出它的优势。

五是重视江防。程文炳曾担任长江水师提督十余年，深知国家江防之弊端与其重要意义。他认为，办理江防是海防的基础，"办理海防，宜先自江防办起，即创办海军，亦当先从内江着手"①。清代水师是军事编制中一支重要力量。长江水师成立于同治六年（1867），是由曾国藩的湘江水师改编而成。它的主要职能是负责长江沿线的对外防御和对内缉盗维稳等管理工作。程文炳升任长江水师提督后，面对废弛多年的长江防务，展开了一系列整顿工作。他更新废旧武器，裁撤冗官庸兵，增补新生兵员，建立新式学堂培养专门人才等等②。程文炳《遗折》所奏，即是他一生军事生涯的经验教训，也可以说是他晚年任长江水师提督的实践总结。

三、程氏家风在同辈族人中的体现

程文炳心系国家的爱国之风、对待百姓的仁爱之风、崇文重教的经世之风，以及面对外敌欺侮的自立自强之风，在同族人中也有相应的体现。

（一）爱国仁厚的程允和将军

程允和（1844—1922），字平斋，道光二十四年（1844）出生于安徽省阜阳县（今阜阳市）。晚清淮军将领，历任四川松潘镇总兵、四川提督、广

① 李兴武：《清末大吏程文炳生平事迹述论》，《皖北文化研究集刊》第1辑，黄山书社2009年版，第184—185页。

② 关于程文炳整顿长江防务的相关内容，可参刘家富《程文炳与清末长江水师建设》，《阜阳职业技术学院学报》2015年第1期。

东陆路提督、长江水师提督等职。同治三年（1864）年仅19岁的程允和投军，英勇异常，他“每战必先”，随毅军转战河南、直隶、山东、陕西等省，屡著奇功，赏“克勇巴图鲁”勇号，25岁时已保至记名提督。光绪九年（1883），升毅军后路统领。又数年，被赏头品顶戴，驻军亳州[①]。

程允和和程文炳一样，虽出身于军旅，却仁厚家风犹存。他治军也极为严格，但待军士、百姓以恩信，故而“军民相安，如同家人”，以致他离任之后，“犹啧啧闻颂声焉”。程允和为人“温恭慈祥，蔼然可亲”，他对于家人乡亲，更是宽厚。程氏族员颇盛，程允和时常把自己的俸禄周济他兄弟子侄，甚至将自己的田产，也大都分给了亲人。家乡如有水旱等自然灾害，他总是慷慨捐款，帮助人民渡过难关，“地方赖以维持，皆公之力也”[②]。

程允和的功绩还体现在军事上。1894年，朝鲜东学道起义，朝鲜政府请求清政府派兵助剿。程允和随太原总兵聂士成由大沽口出发，赴朝鲜汉城，至牙山。后来，日本以“保护”使馆和侨民为由，进军朝鲜，并占领了汉城。7月，日本不宣而战，向在朝清军发动进攻，因为实力悬殊，加之日本准备日久，清军仓促应战，只得败退旅顺口。10月，日军进逼旅顺，旅顺保卫战打响。程允和率众在长岭子与日军激战，在清军将士的浴血奋战下，日军溃退。11月，程允和率部坚守案子山，日军突然向案子山堡垒发起猛烈进攻，程允和下令猛烈还击“开二十余炮”[③]。日军数度反攻，已经逼近案子山炮台仅百米，程允和指挥将士，冲出堡垒，向日军发起猛烈进攻，展开了残酷的白刃战。然而，虽然程允和进行了艰苦顽强的战斗，但依然不能改变清军溃败的局面。

有学者认为，金州、旅顺迅速失守的实质，是清军战术体系缺陷在战略要点守备层面的全面暴露，主要体现在指挥混乱、兵力不足、防御战术落伍

① 秦国经主编：《清代官员履历档案全编》第6卷，华东师范大学出版社1997年版，第532页。

② 李兴武：《程文炳年谱》，黄山书社2012年版，第204页。

③ 王彦威、王亮辑编：《清季外交史料》第5册，李育民、刘利民、李传斌、伍成泉点校整理，湖南师范大学出版社2015年版，第2020页。

等三个方面①。旅顺失守后，程允和被革职，仍留军营。也许是旅顺失守的耻辱，让他在以后的战斗中更加英勇。1895年，日军进犯太平山，程允和在战斗中战功卓著，“在太平山、田庄台等处接仗获胜，经四川提督宋庆保奏，奉旨加一级”②。我们如今虽无法还原那场激烈的战斗，但从主帅宋庆的电报中，我们仍能感受到战斗的激烈与紧张：

日寇二三千严守山之上下。程允和率毅右军直赴山前攻剿，毅前后两军李大川等奋勇当前，据登山头，姜桂题率毅军抄至山后，两面夹击，日势不支，败退数里，恐有埋伏，不敢穷追，各军分扎太平山前后各村等语。惟南路海山寨西海口等处，又由金、复添来悍寇数千，恐其抄出我后，袭夺营口。臣庆明日仍督马、程、姜三军，由太平山相机进剿，留毅前军宋得胜、嵩武军刘世俊等备御海山寨等股扑犯营口。俟吴大澂所派恺军炮队到齐，分剿大石桥等股，以期力取海、盖。今日刘树元各营会攻海城，俟捷报到，再行续奏。③

又：

十一大雪，日寇四五千冒雪来犯。据探报飞报，已离田庄台河南数里。当派马玉昆居左，宋得胜居右，庆督程允和由中路迎战，左右齐进，枪炮互施。自未至酉，鏖战三时之久。左、右翼由两路互抄，日始不支，纷纷遗退。追轰十余里，毙贼五六百名。因天晚收队，派马分探，再图进剿。各将领迭次血战，毙贼甚多。④

① 王鼎杰：《复盘甲午·重走近代中日对抗十五局》，上海人民出版社2016年版，第312页。

② 《程允和履历档案》，李兴武：《程文炳年谱》，黄山书社2012年版，第230页。

③ 王彦威、王亮辑编：《清季外交史料》第5册，李育民、刘利民、李传斌、伍成泉点校整理，湖南师范大学出版社2015年版，第2119页。

④ 王彦威、王亮辑编：《清季外交史料》第5册，李育民、刘利民、李传斌、伍成泉点校整理，湖南师范大学出版社2015年版，第2135页。

程允和因“且数月以来，风雪奔驰，昼夜防剿，虽未克复城池，而积劳已久，此次尤为异常出力”而“赏还顶戴，仍以提督记名简放”。此后，他历任朝阳练军、武卫左军、武卫新军各统领总统并赏头品顶戴，补授四川松藩镇总兵。八国联军侵华，因护驾有功①，得到重用，寻授四川提督，又调广东陆路提督。宣统二年（1910），程文炳去世，他接任长江水师提督。1911 年，辛亥革命爆发后，程允和放弃一切职务，隐居北京。程允和为官一生，参与了多次对外战争，虽有遗憾，但也尽职尽责，在地方上的业绩也不平庸。正如他自己说的：“自顾才轻任重，殊切兢兢，惟有殚心竭力，与文武官属、地方绅民，开诚布公，和衷共济，以报朝廷殊恩，而副师门厚望。”②这句话可以作为他一生的注脚。

（二）力抗日本的程之伟将军

程之伟，字魁斋，道光十五年（1835）生于安徽省阜阳县（今阜阳市）。他的成长经历与程文炳相似，也是自袁甲三军中起家的。咸丰七年（1857），程之伟进入袁甲三军营，此后，参加了泗灵战役、滁州守城等，因功，赏戴蓝翎。同治元年至五年（1862—1866），他参加了“克复定远”“克复泸州”“克复湖沟及浍北”等战役，战功卓著，经河南巡抚张之万奏保，加副将衔；后在曾国藩的保举下，“著交军机处记名，遇有总兵缺出，请旨简放”③。同治六年（1867）二月至六月期间，程之伟因剿灭捻军张五孩部，被授予“奇车博巴图鲁”称号。在围剿捻军的战斗中，程之伟“兜剿捻军，大获全胜”，经李鸿章保举，被清廷以“提督记名”简放。

① 直督李鸿章致枢垣遵旨调派陆海军分防近畿及东北各海口电云：饬平壤后路陆续添兵援应。大同江口以海军各舰梭巡奋击，山海关等沿海各口加意严防，腹地等省，有旧部兵勇得力者，迅即调派等因。查平壤现有卫、马，及东省丰都统到齐，计共马队一万四千人，可资控扼。津沽及沿海要口均须严防，难再抽调……又派总兵贾起勋、吴宏洛、姜桂题、程允和、赵怀业、卫汝成各募各营，驻扎天津，以固近畿重地。理合据实声明。——王彦威、王亮辑编：《清季外交史料》第 4 册，李育民、刘利民、李传斌、伍成泉点校整理，湖南师范大学出版社 2015 年版，第 1906 页。

② 杜春和、耿来金、张秀清编：《义和团资料丛编・荣禄存札》，齐鲁书社 1986 年版，第 336 页。

③ 《程之伟履历档案》，李兴武：《程文炳年谱》，黄山书社 2012 年版，第 234—235 页。

程之伟在西北大地上，也留下了足迹。在同山东巡抚张曜西征宁夏，平叛回乱的战斗中，屡立战功。回军后，于光绪十五年（1889）任山东兖州镇总兵；九月初二日，补授山西大同镇总兵。

《清代官员履历档案全编》中多提及程之伟在国内战争的活动，其实，他和程允和一样，也参加了多次对日作战。据史料记载，程之伟曾被调往旅顺负责防务，“旅顺防务紧要，请饬程之伟前往分扎。即着传谕该总兵，迅带所部，绕赴旅顺、金州一带，与姜桂题扼要分扎。山海关地方尤关紧要，吴凤柱带队抵津，即饬往驻扎”[①]。

但由于日军进攻旅顺时，程之伟的部队并未能按既定时间到达，因此受到了惩处：“其程之伟、赵怀业、佟茂荫等或屡催未至，或援救不力，均有贻误之咎，应请旨一并惩处，以昭惩儆。”[②]“日军占领貔子窝时，提督程之伟所率领的大同军已至复州，距金州只有80里，金州副部统连顺曾函催其火速前进，援救金州，程之伟以‘兵单而弱，闻战退回’。”[③]

关于旅顺失守的败况，清廷自身也进行了分析。在后来“战情分析”的奏折中说道：

> 旅顺一岛，孤悬海中，所筑炮台，专为备击洋面敌船而设。若论防守周密，必须于后路金州一带设立重兵。当无事时，莫不以为过计，且实无此财力。此次日兵于金州东北之皮子窝登岸，本非旅顺海口守台兵将所能远防。贼已袭据金州，则大连湾、旅顺俱成绝地。前因平壤事急，无兵可调，又将久驻该两处之铭军、毅军相继调出。其填扎者，除旅顺守台之亲庆六营外，余皆新募。所用毛瑟枪及旧炮，不如日兵之小口径快枪及连珠快炮子路远而且速，又操练未熟，心志不固。大连湾既失，旅顺更不可支。诸将以新军当巨寇，犹能坚守旬余，屡战获胜，终以宋

① 秦国经主编：《清代官员履历档案全编》第5卷，华东师范大学出版社1997年版，第138页。

② 王彦威、王亮辑编：《清季外交史料》第4册，李育民、刘利民、李传斌、伍成泉点校整理，湖南师范大学出版社2015年版，第2029页。

③ 朱成山主编：《日本侵华史研究》第1卷，南京出版社2015年版，第98页。

庆、程之伟等援师悬隔，贼来愈多，推原其故，实由众寡不敌，炮械悬殊，伤亡枕藉，尚非战阵不力。[①]

分析认为，旅顺防务事发突然，日本发动突然袭击，致使我军仓促迎战；加之日本武器精良，我军新兵操练未熟，故而致败。面对如此困境，清军将士进行了殊死抵抗，我们从程允和的战斗经历也可看出，“诸将以新军当巨寇，犹能坚守旬余，屡战获胜，终以宋庆、程之伟等援师悬隔，贼来愈多，推原其故，实由众寡不敌，炮械悬殊，伤亡枕藉，尚非战阵不力”[②]的结论，可以说是比较公允的。

程允和、程之伟与程文炳同宗同族，他们爱国、仁厚、勇敢的品质共同构成了程氏家族谦逊仁和、关心国家民生、极具社会责任感的家风。程氏后裔枝叶繁盛，后辈人数众多，大都各得其所，鲜有过错。在程氏家族文化的熏陶影响下，程文炳的后辈更是受程氏家风影响的代表人物。

四、程文炳家风家训对后辈的影响

程文炳对后辈教课甚严，他的行为品格，对后辈产生了较为深远的影响。程文炳一生，富国强兵是他最大的梦想。他对后辈的训诫和培养，也主要体现他的这一家训思想。程文炳“经世济民”“富国强兵”的思想在他的次子和四子身上，体现得较为明显。

（一）不得确耗，勿遽归

程恩培，字绍周，谱名程云章，程文炳次子。因长兄早逝，他在家中地位很高，程文炳对他期望也很大。程文炳去世前给朝廷所上《遗折》，即是

① 王彦威、王亮辑编：《清季外交史料》第4册，李育民、刘利民、李传斌、伍成泉点校整理，湖南师范大学出版社2015年版，第2020—2021页。

② 王彦威、王亮辑编：《清季外交史料》第4册，李育民、刘利民、李传斌、伍成泉点校整理，湖南师范大学出版社2015年版，第2020—2021页。

程恩培执笔。在父亲程文炳的荫蔽下，程恩培的人生道路一直比较顺利。他早年曾任职于户部、海军衙门，办理过厂务、矿务、盐务，署理过温处道道台，后又任浙江候补道，仕途可谓是一帆风顺。辛亥革命后，他曾两度出任瓯海关，1916 年 5 月至 1916 年 7 月期间任杭州海关监督[①]。其父是清王朝的忠臣，他在风云变幻的历史节点上，却是一位具有革命精神的人物。

当年，程恩培带着父亲“不得确耗，勿遽归”的嘱托，前往日本考察，一去就是四年。程恩培详细参观考察了日本的政治、经济、文化，通过切身感受，分析了日本强大、中国落后的原因。程恩培的留日经历，促进了他思想和眼光的开放。他起初是带着父亲“侦察敌情”的任务去的，从他的经历来看，确实完成了父亲交给的任务。程恩培于 1901 年 9 月赴日本考察，他受邀观摩了日本的军事演习，参观了许多现代化的学校和工厂，十分认真地将每日所见所闻以日记的形式详细记录下来，后来还出版了《东瀛观兵纪事》一书。

父亲关心时政，力求国家振兴的品质深刻影响了程恩培。程恩培早年曾参加过反清组织“哥老会”。哥老会是道光、咸丰年间逐渐兴起的一个帮派组织，又叫“哥弟会”。经学者考证，认为：“哥老会的产生，与道光、咸丰年间长江中下游木、帆船上的水手、纤夫们的行帮及沿岸的会党有着密切的关系。”[②]当时，长江中下游的货运、客运均靠船运，所以，从事这项工作的水手、纤夫数量很多。他们长年“漂泊在千里江湖之上，所从事的劳动极为艰苦，而且是集体性劳动，因此在生活与生产上，都需要彼此间互相帮助。他们往往采用歃血结盟的方式结拜弟兄”[③]。

后来，这一现象不断扩延，遍及全国。颍州是淮河流域的重要支流。“哥老会”依托颍州得天独厚的交通优势，得以迅速发展。安徽哥老会的领导人郭其昌（1866—1903），字世五，今界首西北大郭寨村人。他是光绪九年（1883）

---

① 浙江省政府志编纂委员会编：《浙江省政府志》上，浙江人民出版社 2014 年版，第 346 页。

② 白寿彝总主编：《中国通史》第 19 册上册，周远廉、龚书铎主编，上海人民出版社 2015 年版，第 735 页。

③ 白寿彝总主编：《中国通史》第 19 册上册，周远廉、龚书铎主编，上海人民出版社 2015 年版，第 735 页。

南京乡试的武举人，在赴京参加会试途中在开封遇到程恩培，“志趣相投，遂成莫逆之交”[①]。他们看到清政府的腐败无能，决计放弃功名，准备反清大事。据李兴武先生《程文炳年谱》记述：“光绪十六年（1890）三月初三日，郭家假借为程绍周接风洗尘之名，宴请群英，密谋组建起义组织。公推郭其昌为总督，程绍周为协总，马铁通为军师，以下设红、黄、蓝三旗，会员近千人。郭其昌倡议：起义队伍称哥弟会，又称哥老会，意思是凡参加队伍的人，不论身份高低，一律视为手足，亲如兄弟。宗旨是：反清驱洋，绥靖天下，保护百姓，安居乐业。”[②]

这里记载“哥老会”的成员已非水手、纤夫等文化素质低的人了。显然，越来越多的知识分子成为哥老会成员，程恩培就是其中的骨干力量。可惜的是，因走漏风声，郭其昌被捕，最终死于安庆臬司大牢。关于程恩培在此事件中的具体作用，目前尚无十分翔实的材料记载。笔者推测，程恩培强大的家族势力，足以让他脱身事外。

由于看到了世界发展的大形势，“戊戌变法”失败后，清政府统治集团颁行了一些有利于资本主义经济发展，也有利于民间资本主义实体发展的经济政策和经济措施。其措施之一即是“支持和鼓励民间创办资本主义工矿企业”。程恩培也参与了公司的创办，史载：“1904 年 4 月 16 日，清廷准商部奏保江苏在籍绅士张謇以创设商业公司卓著成效，请作为头等顾问官加三品衔。”1908 年 1 月，“清廷以庞元济创办机器造纸公司，赏给正二品封典”；同月，“清廷以祝大椿兴办实业，赏给二品顶戴。许鼎霖、刘世珩、程恩培、稃祖福创办公司，均赏给二品封典，加赏庞元济正一品封典”[③]。据史料记载，1897—1908 年安徽资本万元以上工厂有 11 家，程恩培所创办的公司即名列其中。程恩培 1907 年注册兴办的裕兴榨油厂，注册资金 28 万，是皖北地区

① 李兴武：《程文炳年谱》，黄山书社 2012 年版，第 238 页。

② 李兴武：《程文炳年谱》，黄山书社 2012 年版，第 238 页。

③ 《中国经济发展史》编写组编：《中国经济发展史（1840—1849）》第 1 卷，上海财经大学出版社 2016 年版，第 79 页。

为数不多的大型企业之一[①]。程恩培还投身于矿产开发："是日，英国福公司与吴式钊、程恩培创设之河南豫丰公司，订立河南怀庆左右黄河以北诸山采矿合同。"[②]程恩培顺应形势，思想开明，力图在政治上、经济上求发展，求富强，这与父亲程文炳的影响和教导是分不开的。

（三）痛时艰之孔棘，念军政之前途

受父亲和二哥程恩培的影响，四弟程恩普的眼光高远，他也心存富国强兵的理想，在二哥的暗中支持下，投身于革命事业，走上了革命的道路。

程恩普（1882—1943），字稚周，谱名锡章，程文炳四子。1905 年，程恩普在日本加入中国同盟会，次年冬，在颍州成立同盟会外围组织安仁会，进行革命活动，后被推举为地方自治董事会总董事、商会总会长。1911 年 11 月 17 日，颍州宣布独立，建立淮北国民军，程恩普又被公推为军事统领，率军攻取涡阳，攻打亳州；失利后，退回颍州，解散部属；后居上海，从事新闻工作[③]。

1905 年，程恩普入日本同文书院读书。当时正值国内反清运动高潮，程恩普在日本横滨见到了流亡在日本的孙中山，由此加入了同盟会，成为一名革命者。孙中山遂命他和孙毓筠共同主持安徽的革命事业。程恩普一生最辉煌的经历莫过于响应辛亥革命，争取颍州独立了。

程恩普沉静少言，有古任侠气，颇具乃父之风，"弱冠，入安徽武备学堂，与柏文蔚（烈武）、卢镜寰（时佛）、廖少斋（后为烈士）、杨国弼（希悦）等相友善"[④]。此后，他奉孙中山之命，回颍州主持革命。为了避免"同盟会"引起清政府的注意，他建议组织成立"安仁会"。程恩普向孙中山报告了希望成立"安仁会"的想法，得到了孙中山的大力支持。孙中山亲自授以图帜，订立规约。安仁会以同盟会纲领为宗旨，以益智书局为总部，在颍州军政商

① 王鹤鸣、施立业主编：《安徽近代经济轨迹》，安徽人民出版社 1991 年版，第 326—327 页。
② 张耀南、陆丽云、孙宇阳：《戊戌百日志》，燕山出版社 1998 年版，第 67 页。
③ 《安徽历史名人词典》编辑委员会编：《安徽历史名人词典》下卷，安徽教育出版社 2008 年版，第 996 页。
④ 张珊：《辛亥安徽人物传系列·群英传》，安徽大学出版社 2012 年版，第 316 页。

学各界进行活动，发展革命力量，伺机进行革命[①]。

1911年，武昌起义打响了推翻清王朝的第一枪。随后，全国各地云集响应，一场轰轰烈烈的革命浪潮随之而来。

11月17日（农历九月二十六日），程恩普在阜阳城内农学堂召开“安仁会”会员大会，吕济川、宁隽元、陈子贞、李靖宇、宁少清、程旭亭、张锡三、方墨林、胡谦、马林、张成轩、薛少舫、张峻岭、吴少卿等一百余人参加了会议。程恩普慷慨致词，云：“义兵之兴，乃人心所向，扫专制之余威，登国民于衽席。愿我同胞执干戈以卫社稷，起义师于颍州，以讨清虏。”致词后，宣布颍州独立，建立“淮北国民军”，程恩普被推荐为淮北国民军军统[②]。

程恩普随即在阜阳城内发动起义，阜阳知县胡汝霖望风而降，颍州知府长绍，弃城而逃。于是，阜阳光复。史载：

> 是时淮上军亦已战败清兵张士元，张汇滔部队遂进驻阜阳。清兵张士元率领残部一营，逃到阜阳城西之龙王塘，阴谋反扑，但即为其部下所杀，所有官兵均跑到阜阳，投降了淮上军。从此阜阳境内，即无敌踪。革命军经过短期整理，在阜阳扩充了三千余人（包括清巡防营降兵三百人，安庆败散之新军二百余人），快枪共有二千支，比较从寿县出发时，兵力又大得多了。[③]

阜阳各地的义军齐聚阜阳，革命军一时无匹。据史料记载：1911年11月11日，淮上军副总司令兼参谋长张汇滔、孙多荫从寿州出发，西征颍州，粉碎了颍上县知县孙镜仁的抵抗，颍上光复。于11月24日进入颍州城，与程恩普统领的淮北国民军会师，队伍扩充到3000余人。11月28日，程恩普率军光复涡阳。宁治臣率军光复太和，直逼河南项城。12月5日，孙多荫率

① 安徽省政协文史资料委员会《安徽近现代史辞典》编委会编：《安徽近现代史辞典》，中国文史出版社1990年版，第141页。

② 李兴武：《程文炳年谱》，黄山书社2012年版，第242页。

③ 张湘炳、蒋元卿、张子仪：《辛亥革命安徽资料汇编》，黄山书社1990年版，第309页。

军光复蒙城。至此，颍州府属各县大部光复，史称“淮上军西征”[①]。

另外，程恩普又率领一支部队，进攻涡阳、亳州。部队于11月28日夺取涡阳后，立即挥兵前往亳州。亳州的官兵李辅勋见革命军威武严正，表示愿意投降，并邀请程恩普在亳州留子集会晤商讨投降事宜。程恩普为表示诚意，启程赴约。在路上，只见李辅勋带着许多人，“手举白旗，抬着礼品，呼着口号，敲着锣鼓，吹着唢呐，一路迎来”[②]。不料，清统领李辅勋是假投降！当时，他看革命军士气正盛，自己无力抵抗，所以动了投降的念头。但当他听到清军增援已到的消息，并接到内阁总理、钦差大臣袁世凯坚决扑灭革命军的命令后又改变了态度，于是，就上演了一出假投降的奸计。他表面上准备欢迎革命军接管亳县，暗地里调兵遣将，趁革命军没有防备时，展开突然袭击。程恩普等人军事斗争经验少，警惕性逐渐放松了，没有看出李辅勋假投降的计谋。当程恩普部队到达之前约定的会谈地点时，清兵开炮猛击。革命军仓促迎战，伤亡很大，程恩普在部下的保护下，侥幸杀出重围。在这次战役中，革命军的伤亡很大，“队官齐栋臣、排长齐元、书记宁文明、丁开有，炮目朱广德，步兵正目李仲三、盛玉怀等，均壮烈牺牲。士兵死者五十余人，伤者百余人”[③]。这对处在革命初期的革命军队伍，不能不说是一次很大的挫折[④]。

程恩普败退后，河南布政使兼武卫军左翼长倪嗣冲步步紧逼，展开钳形攻势，分兵两路，一路由西北取太和，一路则直逼阜阳城。倪嗣冲还联合当

① 安徽省政协文史资料委员会《安徽近现代史辞典》编委会编：《安徽近现代史辞典》，中国文史出版社1990年版，第27页。

② 李兴武：《程文炳年谱》，黄山书社2012年，第243页。

③ 倪嗣冲率清军且至，驻亳清统领李竹明阴与嗣冲通，阳徇亳人意，迎恩普约晤子亳南之溜子集。恩普方备握洽，竹明突起袭之，军仓卒应战，血肉相搏数小时，弹垂尽，复虑后路被断，乃退却。是役也，计阵亡队官齐栋臣，排长齐元，书记宁文明、丁开有，炮目朱德广，正目李仲三、盛怀玉，及兵士数十人，伤倍之。——中国人民政治协商会议安徽省委员会文史资料研究委员会：《安徽文史集萃丛·书·辛亥风雷》，安徽人民出版社1987年版，第133页。

④ 清宣统三年（1911）十一月，响应辛亥革命的淮上军挥师进军亳州，驻亳州清军统领李辅勋派人和淮上军接洽，假称愿意投降。十一月三十日，淮上军行至亳州溜子集时，清军开炮猛击，淮上军程恩普等仓促应战，士兵虽英勇战斗，但众寡悬殊，受到很大损失，牺牲50多人，伤100多人，被迫撤回颍州。——亳州市文联编：《亳州史话》，社会科学文献出版社2014年版，第25页。

地武装阜阳大地主周家恺，组成联军，合力攻阜阳城。负责守城的革命军将领张汇滔指挥军民构筑防御工事，坚决抵抗清军，以至于倪嗣冲连攻两日，阜城下死尸累累，也没能进阜城一步。倪嗣冲见强攻不行，暗地里想从内部瓦解革命军，他对投降革命军的巡防营管带朱兆勋、团防练勇管带徐金城进行策反，让他们在城内接应。十月二十五日，城破。清军涌入阜阳城，革命军进行了顽强的巷战，最后，终因寡不敌众，张汇滔突围而出，阜城陷落①。

先是，倪嗣冲占太和后，就接到清内阁电报，以与武昌方面已进行议和令其停战，但倪嗣冲奉袁世凯密令，秘而不宣，依然率部南下，攻陷阜阳。倪嗣冲的残暴行径，为后人所痛恨：

> 嗣冲行抵太和，已接清内阁电，以南北议和，令停战。嗣冲秘不宣，隽元与交涉，不之理。太和没，既陷郡城，辄搜捕革命党，并俘虏五百余人，悉坑之。皖人之痛恨嗣冲，自兹始。②

颍州于十一月十七日宣布独立，至十二月十五日倪嗣冲攻陷，不到30天③。时间虽短，但程恩普等革命先驱英勇奋斗的光辉历史，值得我们铭记。程恩普晚年，居住在上海。为了声援讨伐袁世凯，他变卖家产，在法租界永乐里五号密设淮北讨袁办事处，从事新闻出版工作，为讨袁造势。

后来，他生活日益窘迫，老同盟会员希望通过各种渠道来帮助他，被他婉言谢绝。他说："牺牲乃革命党人之本分，若望报偿，与术工投机者何异？稚周不忍为也。"④蒋介石听闻程恩普去世，亲书挽词"耆德旧勋"，以志其功。程恩普为了追求中国的民主与富强，用尽了心血，"痛时艰之孔棘，念

---

① 本部分参考安徽省地方志编纂委员会编：《安徽省志·军事志》，安徽人民出版社1995年版，第243页。

② 中国人民政治协商会议安徽省委员会文史资料研究委员会：《安徽文史集萃丛书·辛亥风雷》，安徽人民出版社1987年版，第134页。

③ 中国人民政治协商会议安徽省委员会文史资料研究委员会：《安徽文史集萃丛书·辛亥风雷》，安徽人民出版社1987年版，第134页。

④ 程恩普于民国三十二年（1943）七月病卒于上海，享年61岁。——李兴武：《程文炳年谱》，黄山书社2012年版，第247页。

军政之前途”是其父临终时所写《遗折》中的句子。这句话，也可以说是程恩普一生的写照。《遗折》既是程文炳一生政治军事智慧的总结，也是留给程氏后辈的精神训诫。程恩普继承了父亲的经世济民的精神，其父英灵有知，应该会感到安慰吧。

五、程氏家风家训文化的承载者——程氏宅院

程文炳宅院，又称“程文炳故居”，是清末著名爱国将领、长江水师提督程文炳的私人宅院，位于阜阳市颍东区袁寨镇，始建于清光绪年间，距今已有120多年历史，是阜阳市目前唯一保留较为完好的清代古建筑群，也是淮北地区最大的一处官吏私宅古建筑群。整个建筑群占地面积6700平方米，砖木结构，三进院落。整体建筑坐北朝南，地势前低后高。主体建筑为两层楼堂，左右回廊贯通前后院落。原有房屋100多间，现保存完好的还有50余间[①]。2004年10月28日“程文炳宅院”被安徽省人民政府批准为第五批文物保护单位。2006年，阜阳市制定了文物保护建设“十一五”发展规划，将“程文炳宅院”列为重点规划项目，后经阜阳市政府兴资修复，对“程文炳宅院”进行了较大规模的修缮工作。修复工作分为三期进行，一期修复工程于2006年9月1日开始，2007年5月竣工，二期工程于2009年6月至2010年2月竣工，工程总建筑面积1785平方米，总造价近210万元[②]。

程文炳宅院既有皖北民居的豪放大气，又有皖南民居的精美细致，“整体布局打破了皖南民居建筑在布局上的局促，以北方民居建筑开阔、大气的布局为特点；在具体建筑风格上，程宅以皖南民居建筑的精致雕刻、白墙黑瓦等风格为参照，融合了南北建筑的布局与风格。这种融合了南北建筑特点的民居建筑在皖北地区是独有的，展现了我国传统民居建筑的精华”。“经省古建专家考察认为，像这种具有江南风格的古民居在皖西北地区是独有

① 朱志刚：《安徽之旅（黄金版）》，广东旅游出版社2007年版，第94页。

② 王林：《修复中的“程文炳宅院”》，《群文天地》，2012年第8期。

的。”[①]

程文炳宅院集皖南皖北民居建设之优长，更是在细节设计上体现了程氏的家风文化。比如，静乐堂客厅里的茶几、桌椅的雕工就十分精细，两张太师椅正中心雕刻了一朵盛开的牡丹花，象征着主人家富贵吉祥。椅子下方雕刻了一条栩栩如生的龙，威严庄重，栩栩如生，符合主人高级将领的身份。又如房门楼飞檐木雕为出将入相图，更是将主人的功绩与身份烘托得淋漓尽致。除了威严肃穆的一面，程宅的文化气息也十分浓厚。其正门的四个门当上以及窗户四角都雕刻有梅、兰、竹、菊四君子，体现了程文炳的“儒将”气质。

程文炳宅院修缮完毕对外开放后，吸引了越来越多的游客前来参观学习。在三进院楼堂西北角有一株古石榴树，树高 6.5 米，树围 155 厘米，树龄约 120 年，相传，是建宅之初程文炳亲手所种的。石榴有着吉祥喜庆和子孙昌盛的美好寓意。所以，来程宅参观的游客，都会在石榴树下驻足观看，希望能沾染一些灵气和喜气[②]。

现如今，程文炳宅院不仅是一座清代官吏私宅，也是阜阳近代革命活动旧址。宅院内设皖北民俗博物馆，陈设有皖北民俗用品展、清末著名爱国将领程文炳事迹展、程建礼剪纸艺术展等。宅院一侧是程恩普纪念馆。它既是一座综合性文化博物馆，又是程氏家风文化的历史承载者、见证者。在新的历史时期，它将会继续传承这样一段光辉、厚重的历史记忆和文化遗产。

① 李强、王汉胜：《南北融合：程文炳宅院建筑特点分析》，《安徽建筑》，2016 年第 3 期。
② 李文化主编：《阜阳古树名木志》，安徽科学技术出版社 2016 年版，第 80 页。

参考文献

一、基本典籍

〔西汉〕司马迁：《史记》，中华书局 1982 年版。

〔东汉〕班固：《汉书》，中华书局 1962 年版。

〔东汉〕班固：《白虎通德论》，上海古籍出版社 1990 年版。

〔晋〕陈寿：《三国志》，中华书局 1982 年版。

〔南朝宋〕范晔：《后汉书》，中华书局 1965 年版。

〔清〕潘眉：《三国志考证》，《续修四库全书》，嘉庆十五年（1810）潘氏小遂初堂刻本。

〔清〕林国赞：《三国志裴注述》，清光绪学海堂刻本。

〔东汉〕曹操：《曹操集·文集》，中华书局编辑部编，中华书局 2013 年版。

〔清〕卢弼：《三国志集解》，中华书局 1982 年版。

〔清〕严可均：《全上古三代秦汉三国六朝文》，中华书局 1958 年版。

〔南朝梁〕刘勰：《文心雕龙注》，范文澜注，人民文学出版社 1958 年版。

《战国策》，〔宋〕鲍彪注，《四部丛刊》本。

《尔雅》，〔晋〕郭璞注，嘉庆六年（1801）刻本。

《左传》，杨伯峻《春秋左传注》本，中华书局 1981 年版。

〔北魏〕郦道元：《水经注》，陈桥驿注释，浙江古籍出版社 2001 年版。

〔唐〕李吉甫：《元和郡县图志》，中华书局 1983 年《中国古代地理总志丛刊》本。

〔清〕徐松辑：《宋会要辑稿》，中华书局 1957 年据 1935 年影印本缩印本。

〔宋〕李昉：《太平御览》，中华书局 1960 年影印本。

〔宋〕梦莘：《三朝北盟会编》，1908 年刻本。

〔宋〕郑樵：《通志》，中华书局 1987 年版。

〔元〕陶宗仪：《南村辍耕录》，中华书局 1980 年《元明史料笔记丛刊》句断本。

〔清〕张廷玉等：《明史》，中华书局 1974 年版。

〔明〕徐光启：《农政全书》，《四库全书》本。

〔明〕吴世济：《太和县御寇始末》，四川图书馆藏。

〔明〕傅凤翔：《皇明诏令》，明刻本。

〔明〕陈建：《皇明通纪》，明嘉靖三十四年（1555）刻本。

〔清〕顾炎武：《天下郡国利病书》，《四部丛刊三编》影印昆山图书馆藏原稿本。

〔清〕顾炎武：《日知录》，陈垣校注，安徽大学出版社 2007 年版。

二、文集、资料汇编

〔明〕贝琼：《清江诗集》卷七《秋思三首》，文渊阁四库全书本。

〔明〕焦竑：《献征录》卷一一，王世贞：《胡惟庸》，明万历间印本。

〔明〕刘辰：《国初事迹》，天一阁藏本。

〔清〕程恩培等：《先大父壮勤公事略》，北京师范大学图书馆藏民国石印本。

《丛书集成》，（上海）商务印书馆民国二十六年（1937）版。

《曲阜孔府档案史料选编》，齐鲁书社 1980 年版。

国家图书馆古籍馆：《中国古代地方人物传记汇编·皖志列传稿》，燕山出版社 2008 年版。

任继愈主编；《中华传世文选》，吉林人民出版社 1998 年版。

〔清〕刘体仁：《七颂堂集》，王秋生校点，黄山书社 2008 年版。

张湘炳等编：《辛亥革命安徽资料汇编》，黄山书社 1990 年版。

秦国经主编：《清代官员履历档案全编》，华东师范大学出版社 1997 年版。

王彦威、王亮：《清季外交史料》，李育民、刘利民、李传斌、伍成泉点校整理，湖南师范大学出版社 2015 年版。

徐平主编：《甲午战争·中日军队通览（1894—1895）》，解放军出版社 2015 年版。

杜春和、耿来金、张秀清编：《义和团资料丛编·荣禄存札》，齐鲁书社 1986 年版。

李良玉：《倪嗣冲函电集》，社会科学文献出版社 2011 年版。

三、地方志

〔明〕正德《颍州志》、嘉靖《荆州志》，王秋生校注，黄山书社 2017 年版。

〔清〕王敛福纂辑：《颍州府志》，阜阳市地方志办公室整理，黄山书社 2006 年版。

〔清〕李复庆：《阜阳县志》，阜阳市地方志办公室整理，黄山书社 2009 年版。

〔民国〕张星桥主编：《颍上县志》，颍上县地方志办公室整理，黄山书社 2009 年版。

〔道光〕《颍上县志》，〔清〕刘耀椿、李同等纂修，颍上县地方志办公室整理，黄山书社 2008 年版。

民国《阜阳县志续编》，〔民国〕吕荫南总纂，阜阳市地方志办公室整理，黄山书社 2008 年版。

民国《太和县志》，丁炳烺主修，吴承志纂修，邓建设点校，黄山书社 2014 年版。

〔明〕余锖编：《宿州志》，马道魁、李需盈、张道引点校，黄山书社 2008 年版。

〔明〕弘治《中都志》，〔明〕嘉靖三十年（1551）补刊本。

〔明〕天启《凤阳新书》，〔明〕天启元年（1621）刻本。

〔明〕嘉靖《夏邑县志》，《天一阁藏明代方志选刊》，上海古籍书店影印原刊本1982年版。

〔明〕嘉靖《兰阳县志》，《天一阁藏明代方志选刊》，上海古籍书店影印原刊本1982年版。

〔明〕嘉靖《许州志》，《天一阁藏明代方志选刊》，上海古籍书店影印原刊本1982年版。

〔明〕嘉靖《寿州志》，《天一阁藏明代方志选刊》，上海古籍书店影印原刊本1982年版。

〔明〕嘉靖《通许县志》，《天一阁藏明代方志选刊续编》，上海书店1990年版。

〔明〕嘉靖《太康县志》，《天一阁藏明代方志选刊续编》，上海书店1990年版。

〔明〕嘉靖《怀远县志》，《天一阁藏明代方志选刊续编》，上海书店1990年版。

〔明〕嘉靖《沈丘县志》，《天一阁藏明代方志选刊续编》，上海书店1990年版。

〔明〕嘉靖《永城县志》，《天一阁藏明代方志选刊续编》，上海书店1990年版。

〔明〕嘉靖《颍州志》，《天一阁藏明代方志选刊续编》，上海书店1990年版。

〔明〕嘉靖《归德志》，《天一阁藏明代方志选刊续编》，上海书店1990年版。

〔明〕嘉靖《沛县志》，《天一阁藏明代方志选刊续编》，上海书店1990年版。

〔明〕嘉靖《真阳县志》，《天一阁藏明代方志选刊续编》，上海书店

1990 年版。

〔明〕嘉靖《鄢陵县志》，《天一阁藏明代方志选刊续编》，上海书店 1990 年版。

〔清〕《五河县志》，江苏古籍出版社 1998 年版。

〔清〕《续萧县志》，江苏古籍出版社 1998 年版。

〔清〕康熙《蒙城县志》，〔清〕康熙十五年（1676）刻本。

〔清〕康熙《上蔡县志》，〔清〕康熙二十九年（1690）刻本。

〔清〕雍正《怀远县志》，中国书店影印本 1992 年版。

〔清〕乾隆《灵璧县志略》，江苏古籍出版社 1998 年版。

〔清〕乾隆《泗州志》，江苏古籍出版社 1998 年版。

〔清〕乾隆《杞县志》，〔清〕乾隆五十三年（1788）刻本。

〔清〕乾隆《江南通志》，《四库全书》本。

〔清〕乾隆《凤阳县志》，〔清〕光绪二年（1876）刻本。

〔清〕嘉庆《怀远县志》，1937 年铅印本。

〔清〕光绪《亳州志》，江苏古籍出版社 1998 年版。

〔清〕光绪《凤台县志》，江苏古籍出版社 1998 年版。

〔清〕同治《颍上县志》，江苏古籍出版社 1998 年版。

〔清〕同治《徐州府志》，〔清〕同治十三年（1874）刻本。

〔清〕同治《中牟县志》，〔清〕同治九年（1870）刻本。

〔清〕光绪《江苏通志》，〔清〕光绪三十二年（1906）铅印本。

〔清〕光绪《泗虹合志》，江苏古籍出版社 1998 年版。

〔清〕光绪《宿州志》，〔清〕光绪十五年（1889）刻本。

〔清〕光绪《重修五河县志》，〔清〕光绪二十年（1894）刻本。

〔清〕光绪《续修睢州志》，〔清〕光绪十八年（1892）刻本。

〔清〕光绪《祥符县志》，〔清〕光绪二十四年（1898）刻本。

民国《涡阳县志》卷一五，《兵事》，黄佩兰修，王佩箴等纂，民国十四年（1925）铅印本。

民国《涡阳风土记》，江苏古籍出版社 1998 年版。

民国《重修蒙城县志》，江苏古籍出版社 1998 年版。

民国《太和县志》，江苏古籍出版社 1998 年版。

民国《江苏通志稿》，抄本，南京大学图书馆存。

民国《沛县志》，商务印书馆 1920 年铅印本。

民国《铜山县志》，1926 年刻本。

民国《宿迁志》，1935 年铅印本。

民国《通许县志》，1934 年铅印本。

民国《淮阳县志》，1933 年铅印本。

安徽省地方志编纂委员会编：《安徽省志・军事志》，安徽人民出版社 1995 年版。

浙江省政府志编纂委员会:《浙江省政府志》,浙江人民出版社 2014 年版。

淮南田家庵区地方志编纂委员会编:《廖家湾村志》,黄山书社 2000 年版。

四、族谱族训

〔清〕鹿祐：《鹿氏族谱》，红格钞本。

民国《续修宁氏族谱》，宁氏后人 2005 年整理本。

民国《徐氏宗谱》，徐溥保等纂修，民国九年（1920）刊刻。

民国《太邱刘氏族谱》，刘氏后人 1998 年续修本。

民国《太邱刘氏族谱》，刘氏 1998 年续修本。

民国《颍上掩龙刘氏族谱》，刘氏后人 2008 年续修。

（安徽）青阳墩头《曹氏宗谱・曹氏家谱序》，清代曹氏族人修，清道光三十五年（1855）活字本。

钟氏族谱编修委员会编：《颍川钟氏族谱》，2000 年。

长乐钟氏壁公源流编委会：《钟氏壁公源流志》，1994 年。

广东省平远县钟氏族谱编纂委员会:《平远县钟氏族谱(颍川堂)》,2007 年。

中共建德市纪律检查委员会、建德市地方志办公室、建德市家谱文化研究会合编，戴荣芳选编：《建德史志丛书》第2辑《建德家训精选·颍川钟氏家训》，中国文史出版社2015年版。

民国《汤氏家族谱》。

五、今人著述

李兴武：《程文炳年谱》，黄山书社2012年版。

庞海丽:《骑猎红尘中: 两晋南北朝名门往事》,郑州大学出版社2016年版。

徐顺炜、何黄彬、项有仁编著：《汤和信俗》，金兴盛总主编，潘旭宏，项玉燕主编，浙江摄影出版社2014年版。

张德信等：《明太祖周围的群星》，黄山书社1989年版。

汤锦程：《中华汤姓源流》，中国文联出版社2006年版。

沉度、应列等:《国民党高级将领传略》(第二版),华文出版社2005年版。

孙治安：《帝师家族：寿州孙半城》，黄山书社2017年版。

王鼎杰：《复盘甲午·重走近代中日对抗十五局》，上海人民出版社2016年版。

朱成山：《日本侵华史研究》，南京出版社2015年版。

白寿彝总主编：《中国通史》，上海人民出版社2015年版。

《中国经济发展史》编写组：《中国经济发展史（1840—1849）》，上海财经大学出版社2016年版。

王鹤鸣、施立业：《安徽近代经济轨迹》，安徽人民出版社1991年版。

张耀南、陆丽云、孙宇阳：《戊戌百日志》，戴逸主编，北京燕山出版社1998年版。

《安徽历史名人词典》编辑委员会编：《安徽历史名人词典》，安徽教育出版社2008年版。

张珊：《辛亥安徽人物传系列·群英传》，安徽大学出版社2012年版。

安徽省政协文史资料委员会《安徽近现代史辞典》编委会编：《安徽近现代史辞典》，中国文史出版社 1990 年版。

中国人民政治协商会议福建省武平县委员会文史与学习宣传委员会编：《武平文史资料》第 24 辑，2015 年。

中国人民政治协商会议安徽省委员会文史资料研究委员会：《安徽文史集萃丛书·辛亥风雷》，安徽人民出版社 1987 年版。

瓯海区委员会文史资料委员会编：《瓯海文史资料》第 9 辑，2002 年。

亳州市文联编：《亳州史话》，社会科学文献出版社 2014 年版。

钱穆：《略论魏晋南北朝学术文化与当时门第之关系》，钱穆：《中国学术思想史论丛》（三），三联书店 2009 年版。

陈来：《从传统家训家规中汲取优良家风滋养》，《学习月刊》2017 年第 2 期。

杨绛：《孔夫子的夫人》，中共浙江省委宣传部编：《开卷有益·和谐》，浙江人民出版社 2014 年版。

徐敏:《孔子先世考辨》,《中国社会科学院研究生院学报》1997 年第 4 期。

王蕴智：《略伦“孔”和孔姓的起源》，《华夏考古》1997 年第 4 期。

吕钢文：《从孔府档案看孔氏族规家训的内容与特点》，《孔子研究》1998 年第 3 期。

孔祥林:《诗礼传家一脉长——孔子子孙的祖训与家风》,《石家庄日报》2015 年 11 月 11 日。

王磊：《汤和墓石像生的艺术价值及旅游资源开发研究》，《艺术科技》2016 年第 11 期。

姜群英：《汤和信俗：七月十五汤和节》，《浙江档案》2008 年第 9 期。

蚌埠市博物展览馆：《明汤和墓清理简报》，《文物》1977 年第 2 期。

邱国珍、陈洁琼：《民间信仰的历史传承与申遗策略——以温州宁村“汤和信仰”为例》，《温州大学学报》2009 年第 5 期。

中国人民政治协商会议安徽省淮南市委员会文史资料研究委员会编：《淮

南文史资料选辑》第 4 辑，1984 年。

廖运周：《我的回忆》，《安徽省文史资料》第 35 辑，中国文史出版社 1990 年版。

廖运泽：《我的戎马生涯》，《安徽省文史资料》第 35 辑，中国文史出版社 1990 年版。

廖光凤：《廖运升传》，《安徽省文史资料》第 35 辑，中国文史出版社 1990 年版。

廖传枢：《戎马倥偬前半生》，《淮南文史资料》第 8 辑，1987 年。

廖麟：《风雨苍苍六十年》，《淮南文史资料》第 8 辑，1987 年。

光达、国光：《廖宜民事略》，《淮南文史资料》第 8 辑，1987 年。

廖乐群、顾明清：《辛亥革命烈士廖多芳》，《淮南文史资料》第 8 辑，1987 年。

廖光龙整理：《国民党一一〇师的重建和义乌起义经过》，《淮南文史资料》第 6 辑，1983 年。

廖运周：《国民党一一〇师的组建及淮海战场举义经过》，《淮南文史资料》第 6 辑，1983 年。

廖运泽：《保卫阜阳之战》，《淮南文史资料》第 6 辑，1983 年。

管德宏：《一个爱国家族的兴盛和发展——淮南“廖家湾现象”初探》，刘飞跃、王建刚主编：《文化传承与创新发展》，合肥工业大学出版社 2014 年版。

吴玉清：《孙家鼐》，罗明、杨益茂主编：《清代人物传稿》下编第十卷，辽宁人民出版社 1994 年版。

王一之、戴建：《状元·帝师·五部尚书——孙家鼐传略》，张召奎、刘诠、陈金沙主编：《安徽著名历史人物丛书·政界人物》第二分册，中国文史出版社 1991 年版。

孙锡三：《孙多森简历》，上海市政协文史资料委员会编：《上海文史资料存稿汇编·工业商业》，上海古籍出版社 2001 年版。

廖运周：《碧血洒洪湖青春献中华——回忆青年将军孙一中同志》，中国人民政治协商会议廖光凤：《孙一中》，王淇、陈志凌主编：《中共党史人物传》，陕西人民出版社 1996 年版。

汪谦干：《论安徽寿县孙家鼐家族对中国近代经济发展的贡献》，《民国档案》2004 年第 2 期。

熊言安：《清代安徽颍州籍女性诗词辑考》，《楚雄师范学院学报》2013 年第 5 期。

付莉：《清初颍州诗人刘体仁交游考》，《阜阳师范学院学报》2014 年第 5 期。

邱瑰华：《清初颍州刘氏女性诗人述略》，《淮北师范大学学报》2015 年第 6 期。

冯剑辉：《二程家族与徽州关系考》，《史学月刊》2011 年第 3 期。

刘家富：《程文炳与清末长江水师建设》，《阜阳职业技术学院学报》2015 年第 1 期。

王林：《修复中的“程文炳宅院”》，《群文天地》2012 年第 8 期。

李强、王汉胜：《南北融合：程文炳宅院建筑特点分析》，《安徽建筑》2016 年第 3 期。

六、主要网站

孔子宗亲网

安徽曹氏家谱网

后记

我在进行所主持的教育部人文社会科学研究规划基金项目“元明以降淮北地区社会变迁研究”（14YJA770008）项目研究时，涉及淮河流域不少的名门望族及其变迁，因此产生了搜集相关资料，予以梳理、研究的想法。因此，这本书可以说是上述研究项目的延续，或者称之为“副产品”，又适逢吴海涛教授主持编写“淮河文化系列丛书”，故被纳入该系列丛书之中。

本书是集体智慧的结晶。全书由我提出编写思路，设计提纲，并进行统稿。吕壮协助组稿，以及统稿。全书写作分工是：梁家贵：“中华第一家：孔子家族”“名将世家：汤氏家族”“书香世家：淮安丁氏家族”；吕壮：“大官小官一百三：淮南廖氏家族”“孙半城：寿州孙氏家族”“簪缨世家：阜阳太邱刘氏家族”；戚裴诺，“刑门之余：龙亢桓氏家族”“帝王之家：亳州曹氏家族”；尚宇昌，“天下钟氏宗归颍川：颍川钟氏”；华鑫文，“程门三提督，父子二知州：阜阳程氏家族”。

本书在编写过程中，参考了大量的研究文献和研究成果，有的已经注明，有的因为诸多原因，未能注明，在此一并致谢。

本书的主旨是为了进一步深化淮河文化研究，并积极服务于社会主义精神文明建设。由于能力有限，加上时间原因，本书还存在诸多不足之处，祈请方家不吝赐教。

梁家贵

2019 年 6 月于阜阳西清河畔